内 容 简 介

本书是高等学校生化医农类"高等数学"基础课的教材.本书是修订版.全书共分上、下两册出版.上册共分六章,内容包括:微积分的准备知识(函数、极限、连续性),微商与微分,微分中值定理及其应用,不定积分,定积分,空间解析几何;下册共分五章,内容包括:多元函数微分学,重积分,曲线积分与曲面积分,无穷级数,常微分方程.每节配有适量习题,书末附有习题答案与提示,供教师和学生参考.

本书第1版于1985年出版,发行5万余套,普遍受到教师和学生的好评.为了适应新世纪的教学要求,作者经过多年教学实践并征求其他任课教师16年来使用该套教材的意见,对第一版教材作了修订.本次修订对原书的内容作了增删,结构作了调整.本书增加了泰勒公式、牛顿近似求根法、傅里叶级数与傅里叶积分等内容,使之内容更丰富、体系更完整,更适合生物、化学、医学、农科及有关专业的教学需要.

本书可作为综合大学、高等师范院校生物、化学、医学、农科各专业的本科生教材,也可作为工科及相关专业本科生的教材或学习参考书.

高等学校数学基础课教材

高 等 数 学

（生化医农类）

（修 订 版）

上 册

周建莹　张锦炎　编著

北京大学出版社

·北 京·

图书在版编目(CIP)数据

高等数学(上册).生化医农类/周建莹,张锦炎编著.—2版(修订版).—北京:北京大学出版社,2002.8
ISBN 978-7-301-05379-9

Ⅰ.高… Ⅱ.①周… ②张… Ⅲ.高等数学-高等学校-教材 Ⅳ.O13

中国版本图书馆 CIP 数据核字(2001)第 084982 号

书　　　名:高等数学(生化医农类)(修订版)(上册)
著作责任者:周建莹　张锦炎　编著
责任编辑:刘　勇
标准书号:ISBN 978-7-301-05379-9/O·0527
出版发行:北京大学出版社
地　　　址:北京市海淀区成府路 205 号　100871
网　　　址:www.pup.cn
电　　　话:邮购部 62752015　发行部 62750672　编辑部 62752021
　　　　　　出版部 62754962
电子邮箱:zpup@pup.pku.edu.cn
印　刷　者:北京虎彩文化传播有限公司
经　销　者:新华书店
　　　　　　850×1168　32 开本　10.375 印张　250 千字
　　　　　　1985 年 12 月第 1 版　2002 年 8 月修订版
　　　　　　2022 年 8 月第 11 次印刷
定　　　价:39.00 元

未经许可,不得以任何方式复制或抄袭本书之部分或全部内容。
版权所有,侵权必究
举报电话:010-62752024　电子邮箱:fd@pup.pku.edu.cn

修订版前言

（第二版说明）

我们编写的《高等数学》(上下册)自1985年出版以来,已经在北京大学及其他高等院校的生物、化学及医学类各专业使用16年了,总发行量5万余套.在这十多年的教学实践中,我们积累了不少经验,也得到了使用这套教材的其他教师的许多宝贵建议.为了进一步反映这些年来的使用经验,提高这套教材的质量,使之更符合教学规律和教育改革的要求,这次我们花了较长的时间,重新审查了全书各章节的文字叙述与例题和习题的配置,做了必要的修改,并在内容上做了一定的增添.

在这次修订中,我们增加了泰勒公式、牛顿近似求根法、关于重积分变量替换的一般公式等,特别是增加了傅里叶级数与傅里叶积分,以使得这套教材在内容上更丰富,在体系上更加完整.并使这套教材的适用对象更加广泛：生、化、医、农及工科各专业都可选用.需要说明的是,所加内容都是相对独立的,所以在学时不足的情况下,少讲或不讲其中某些内容也是可取的.这应当由不同的专业根据实际情况决定.

在这次修订中,我们充实了习题.增加了一部分有助于理解数学概念的题目和一部分应用性题目.另外,适当添加了一些较难的题目,以训练学生的独立思考能力.在习题答案部分增加了提示与解答,以期对有困难的同学有所帮助.习题中还有一些带星号的题目,这些题目是留给有兴趣、有余力的同学练习的.它们超出了教学的基本要求.因此,不做这些题目,或做不出其中的某些题目,不能被认为没有达到教学要求.

在这次修订后,本书篇幅虽略有增加.但我们仍然希望它是一本重点突出的简明教程.根据我们的经验,由于现在学生能力有所提高,而且使用过程中教员可根据教学要求对本教材的内容进行取舍,所以增加了内容并不要求增加学时;也就是说,这套教材依然适用于两学期(每周 4 学时)的课程.

北京大学出版社刘勇同志促成了这次修订工作,并为此付出了辛勤劳动.我们谨在此表示衷心感谢!

我们诚恳地欢迎使用此书的各位教师与学生随时提出批评与建议,并请把意见反馈给我们.

张锦炎　周建莹

于北京大学数学学院

2002 年 2 月

前　言

本书是根据作者在北京大学多次讲授化学类高等数学时所用的讲义编写成的．内容包括一元、多元微积分，空间解析几何，级数与常微分方程．讲授约需 140 学时．

作为一本化学类高等数学简明教程，我们力图讲清概念，并着重阐明如何从物理、化学等问题抽象出这些概念．理论的要求则适当放低．例如，明确地承认实数连续函数的性质．对证明较难或技巧较高的定理只严格地叙述而不加证明．这样做不影响这些定理的应用，也不影响内容的系统性．书中多数定理的证明过程比较直接简单，我们希望通过这些证明来训练读者一定的推理能力；基本的计算方法多半包含在例题与习题之中，所以做这些例题是讲课不可缺少的一部分．此外，同学们还必须做一定数量的习题，才能真正把方法学到手．

为了照顾到不同类型读者的需要书中内容比大纲稍多一些．我们希望读者学完本教程后能够应用高等数学这一工具，并且初步具备自学其他数学的条件．当然这些都只是作者的愿望，因为我们的经验有限，水平不高，一定有很多缺点，甚至还有错误之处，衷心地希望得到各方面的批评与指正．

编写过程中蒋定华、徐信之等使用过原来讲义的同志们提出了不少建设性的意见．徐信之同志加配了习题并给出了全部习题的答案，在此一并表示感谢．

张锦炎　周建莹
于北京大学数学系
1985 年 11 月

目 录

修订版前言(第二版说明) ……………………………… (1)
前言 …………………………………………………… (3)
第一章 微积分的准备知识 …………………………… (1)
 §1 实数与其绝对值 ………………………………… (1)
  1. 实数 …………………………………………… (1)
  2. 实数的绝对值 ………………………………… (2)
  习题 1.1 …………………………………………… (2)
 §2 变量与函数 ……………………………………… (3)
  1. 常量与变量 …………………………………… (3)
  2. 变量间的函数关系 …………………………… (4)
  3. 函数的图形 …………………………………… (6)
  4. 奇函数、偶函数与周期函数 ………………… (8)
  5. 有界函数 ……………………………………… (9)
  习题 1.2 …………………………………………… (10)
 §3 反函数·复合函数·初等函数 ………………… (13)
  1. 反函数与复合函数的概念 …………………… (13)
  2. 基本初等函数 ………………………………… (17)
  3. 初等函数 ……………………………………… (20)
  习题 1.3 …………………………………………… (20)
 §4 函数极限的概念 ………………………………… (22)
  1. 整变量函数的极限(序列极限) ……………… (22)
  2. 连续变量函数的极限(函数极限) …………… (29)
  3. 无穷大量 ……………………………………… (39)
  习题 1.4 …………………………………………… (40)

§5 函数极限的运算法则 …………………………… (43)
    1. 无穷小量的概念与运算 ………………………… (43)
    2. 极限的运算法则 ………………………………… (46)
    3. 极限存在的准则·两个重要极限 ……………… (49)
    习题 1.5 ……………………………………………… (56)

§6 函数的连续性 …………………………………… (58)
    1. 函数连续性的概念 ……………………………… (58)
    2. 连续函数的运算 ………………………………… (62)
    3. 初等函数的连续性 ……………………………… (63)
    4. 连续函数的性质 ………………………………… (65)
    习题 1.6 ……………………………………………… (67)

第二章 微商与微分 …………………………………… (70)

§1 微商的概念 ……………………………………… (70)
    习题 2.1 ……………………………………………… (79)

§2 微商的运算法则 ………………………………… (81)
    习题 2.2 ……………………………………………… (87)

§3 隐函数与反函数的微商·高阶导数 …………… (89)
    1. 隐函数及其导数 ………………………………… (89)
    2. 反三角函数的导数 ……………………………… (91)
    3. "取对数"求导法 ………………………………… (93)
    4. 高阶导数 ………………………………………… (94)
    习题 2.3 ……………………………………………… (96)

§4 微分 ……………………………………………… (98)
    1. 无穷小量阶的比较 ……………………………… (99)
    2. 微分的概念 ……………………………………… (101)
    3. 微分的几何意义 ………………………………… (103)
    4. 微分的求法 ……………………………………… (104)
    5. 一阶微分形式的不变性 ………………………… (105)
    6. 微分的应用 ……………………………………… (106)

习题 2.4 ································ (110)

第三章 微分中值定理及其应用 ·············· (112)

§1 微分中值定理 ························ (112)
　　习题 3.1 ······························ (119)

§2 函数的单调性·极值 ·················· (121)
　　1. 函数的单调性 ······················ (121)
　　2. 函数的极值 ························ (122)
　　习题 3.2 ······························ (127)

§3 最大、最小值问题 ···················· (127)
　　习题 3.3 ······························ (131)

§4 曲线的凹凸性与拐点·函数图形的作法 ······ (133)
　　1. 曲线的凹凸性与拐点 ················ (133)
　　2. 函数图形的作法 ···················· (137)
　　习题 3.4 ······························ (140)

§5 求未定式的极限 ······················ (141)
　　1. $\frac{0}{0}$ 型未定式 ·············· (141)
　　2. $\frac{\infty}{\infty}$ 型未定式 ······ (143)
　　习题 3.5 ······························ (146)

§6 泰勒公式 ···························· (147)
　　习题 3.6 ······························ (152)

§7 牛顿近似求根法 ······················ (153)
　　习题 3.7 ······························ (158)

第四章 不定积分 ·························· (159)

§1 原函数与不定积分的概念 ·············· (159)
　　习题 4.1 ······························ (162)

§2 基本积分表·不定积分的简单性质 ········ (162)
　　习题 4.2 ······························ (164)

§3 换元积分法 ·························· (164)

　　　　习题 4.3 ………………………………………… (171)
　§4　分部积分法 ……………………………………… (172)
　　　　习题 4.4 ………………………………………… (177)
　§5　有理函数的积分 ………………………………… (177)
　　　　习题 4.5 ………………………………………… (184)
　§6　三角函数有理式的积分 ………………………… (184)
　　　　习题 4.6 ………………………………………… (188)
　§7　几种简单的代数无理式的积分 ………………… (189)
　　　　习题 4.7 ………………………………………… (193)

第五章　定积分 …………………………………………… (194)
　§1　定积分的概念 …………………………………… (194)
　　　　1. 曲边梯形的面积 …………………………… (194)
　　　　2. 质点沿直线作变速运动所走的路程 ……… (196)
　　　　3. 变力所作的功 ……………………………… (197)
　　　　4. 定积分的定义 ……………………………… (198)
　　　　5. 定积分的几何意义 ………………………… (200)
　　　　6. 关于函数的可积性 ………………………… (201)
　　　　习题 5.1 ………………………………………… (203)
　§2　定积分的基本性质 ……………………………… (204)
　　　　习题 5.2 ………………………………………… (210)
　§3　微积分基本定理·变上限的定积分 …………… (211)
　　　　1. 微积分基本定理 …………………………… (211)
　　　　2. 上限为变量的定积分·连续函数的原函数的存在性 ……… (213)
　　　　习题 5.3 ………………………………………… (217)
　§4　定积分的换元积分法与分部积分法 …………… (218)
　　　　1. 定积分的换元积分法则 …………………… (218)
　　　　2. 定积分的分部积分法则 …………………… (224)
　　　　习题 5.4 ………………………………………… (226)
　§5　定积分的应用举例 ……………………………… (228)

　　　　1. 旋转体的体积 …………………………………… (228)

　　　　2. 曲线的弧长 ……………………………………… (231)

　　　　3. 微元法 …………………………………………… (234)

　　　　4. 旋转体的侧面积 ………………………………… (236)

　　　　5. 引力的计算 ……………………………………… (237)

　　　　6. 静止液体对薄板的侧压力 ……………………… (239)

　　　　习题 5.5 …………………………………………… (241)

　　§6　定积分的近似计算法 ………………………………… (244)

　　　　1. 矩形法 …………………………………………… (245)

　　　　2. 梯形法 …………………………………………… (246)

　　　　习题 5.6 …………………………………………… (248)

　　§7　广义积分 ……………………………………………… (248)

　　　　1. 无穷积分 ………………………………………… (248)

　　　　2. 瑕积分 …………………………………………… (255)

　　　　习题 5.7 …………………………………………… (259)

第六章　空间解析几何 …………………………………… (260)

　　§1　空间直角坐标系 ……………………………………… (260)

　　　　习题 6.1 …………………………………………… (262)

　　§2　向量代数 ……………………………………………… (262)

　　　　1. 向量的概念 ……………………………………… (262)

　　　　2. 向量的线性运算 ………………………………… (263)

　　　　3. 向量的坐标表示法 ……………………………… (266)

　　　　4. 向量的方向余弦 ………………………………… (268)

　　　　5. 两个向量的数量积 ……………………………… (269)

　　　　6. 两个向量的向量积 ……………………………… (272)

　　　　习题 6.2 …………………………………………… (277)

　　§3　平面与直线的方程 …………………………………… (279)

　　　　1. 平面的方程 ……………………………………… (279)

　　　　2. 点到平面的距离·平面的法式方程 …………… (282)

  3. 直线的方程 ………………………………… (283)

  习题 6.3 ……………………………………… (286)

 §4 二次曲面 …………………………………… (288)

  1. 椭球面 ……………………………………… (289)

  2. 椭圆抛物面 ………………………………… (291)

  3. 椭圆锥面 …………………………………… (292)

  4. 椭圆柱面 …………………………………… (294)

  5. 双曲柱面 …………………………………… (294)

  6. 抛物柱面 …………………………………… (295)

  7. 单叶双曲面 ………………………………… (295)

  8. 双叶双曲面 ………………………………… (296)

  9. 双曲抛物面 ………………………………… (297)

  习题 6.4 ……………………………………… (299)

习题答案与提示 …………………………………… (300)

第一章 微积分的准备知识

§1 实数与其绝对值

1. 实数

从生产实践过程中,人类最早认识的是自然数:$1,2,\cdots$. 由于作加减法的需要,增添了零与负整数,便将自然数扩充为一般整数. 对整数作乘除法,便产生了有理数. 任一有理数都可表为 $\frac{m}{n}$ 的形式,其中 m,n 为整数且 $n\neq 0$. 公元前五百多年,古希腊人发现了等腰直角三角形的腰与斜边没有公度,从而证明了 $\sqrt{2}$ 不是有理数. 这样,人们便发现了无理数的存在. 所谓无理数,可理解为无限不循环小数. 全体有理数与全体无理数合并所成的集合,称为**实数集合**,通常用 R 表示实数集合. 简言之,有理数与无理数统称为**实数**.

引进数轴(即在一条直线上取定了原点,并规定了单位长度及正方向)后,全体实数与数轴上的全体点之间便有了一一对应的关系.

给定两个实数 a 与 b ($a<b$),我们把满足 $a\leqslant x\leqslant b$ 的全体 x 组成的数集合称为**闭区间**,记作 $[a,b]$,它在数轴上表示从 a 到 b 的有限线段(包含两个端点). 满足 $a<x<b$ 的全体 x 的数集合称为**开区间**,记作 (a,b),它在数轴上表示夹在 a 与 b 之间的有限线段(不包含两个端点). 满足 $a<x\leqslant b$ 或 $a\leqslant x<b$ 的全体 x 的数集合称为**半开**或**半闭区间**,分别记作 $(a,b]$ 或 $[a,b)$. 此外,无穷区间 $(a,+\infty)$ 是指满足不等式 $a<x$ 的全体 x 的数集合. 还有 $(-\infty,b)$,$[a,+\infty)$,$(-\infty,b]$,$(-\infty,+\infty)$ 等等,意义类似. 需要

1

注意,"$+\infty$"与"$-\infty$"都是符号,不能当作实数来看待.

2. 实数的绝对值

任一实数 a 的**绝对值**记作 $|a|$,它的定义是
$$|a| = \begin{cases} a, & a \geqslant 0, \\ -a, & a < 0. \end{cases}$$
由定义可看出,对任意实数 a,下列各式总成立:
$$|a| \geqslant 0, \quad |a| = |-a|, \quad -|a| \leqslant a \leqslant |a|, \quad \sqrt{a^2} = |a|.$$

从数轴上看,a 的绝对值 $|a|$ 就是 a 到原点的距离.因此,给定了一个正数 r,满足 $|x| \leqslant r$ 的全体 x 的数集合恰好是闭区间 $[-r, r]$.也就是说,绝对值不等式 $|x| \leqslant r$ 与普通不等式 $-r \leqslant x \leqslant r$ 是等价的,即
$$|x| \leqslant r \iff -r \leqslant x \leqslant r, \quad r > 0.$$

今后我们经常要用到形如 $|x - x_0| < r$ 的不等式,其中 x_0, r 是给定的数且 $r > 0$. 由上可知
$$|x - x_0| < r \iff -r < x - x_0 < r$$
$$\iff x_0 - r < x < x_0 + r.$$
也就是说,满足 $|x - x_0| < r$ 的全部 x 组成的数集合,是一个以 x_0 为中心,长度为 $2r$ 的开区间(见图 1.1). 我们把这个开区间称为**点 x_0 的 r 邻域**,记作 $U_r(x_0)$,即
$$U_r(x_0) = \{x \in \mathbf{R} \mid |x - x_0| < r\}.$$
将点集 $U_r(x_0) \setminus \{x_0\} \equiv (x_0 - r, x_0) \cup (x_0, x_0 + r)$ 称为 x_0 的**空心 r 邻域**.

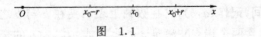

图 1.1

习 题 1.1

1. 设 a, b 为两实数,证明下列不等式:

(1) $|a+b| \leqslant |a|+|b|$；　　(2) $||a|-|b|| \leqslant |a-b|$.

2. 求下列方程的解：

(1) $|3x+5|=4$；　　(2) $|6-5x|=7$.

3. 求下列不等式的解集合所对应的区间：

(1) $|x+3|<1$；　　(2) $\left|\dfrac{x-1}{2}\right|<1$；

(3) $\left|\dfrac{2x+1}{3}\right|<1$；　　(4) $\left|\dfrac{x}{2}-1\right| \leqslant 1$.

4. 将下列区间表成绝对值不等式 $|x-x_0|<r$ 的形式：

(1) $3<x<9$；　　(2) $-5<x<3$.

5. 对下列各题中所给出的函数 $y=f(x)$，定值 y_0，以及正数 r. 问：当 x 在哪个区间内取值时，才能保证 $f(x)$ 的值位于 y_0 的 r 邻域内？

(1) $y=x^2$，$y_0=100$，$r=1$；

(2) $y=\sqrt{x-7}$，$y_0=4$，$r=0.1$；

(3) $y=\dfrac{120}{x}$，$y_0=5$，$r=1$.

6. 对下列各题中所给出的函数 $y=f(x)$，数 x_0 与 y_0，以及正数 r. 当 x 在哪个区间内取值时，才能使 $f(x) \subset U_r(y_0)$？请将 x 所在的区间表成 $|x-x_0|<\delta$ 的形式.

(1) $y=-\dfrac{x}{2}+1$，$x_0=6$，$y_0=-2$，$r=\dfrac{1}{2}$；

(2) $y=mx$，$x_0=2$，$y_0=2m$，$r=0.03$，$m \neq 0$.

7. 一圆柱形容器的半径为 6 cm，要使该容器内所盛液体的体积与 1000 cm³ 的误差不超过 10 cm³. 问：容器内该液体的液面高度 h 必须控制在何范围内？

§2　变量与函数

1. 常量与变量

在生产实践和科学实验中，人们常常遇到各种各样的量，如长度、面积、体积、时间、温度、质量、压力等等. 在某个过程中, 有的量保持固定的值, 称之为**常量**; 有的量可以取不同的值, 称为**变量**. 例如, 把一个密闭容器内的气体加热时, 气体的体积和气体分子的个数是常量, 而气体的温度和压力是变量.

高等数学与初等数学的重要区别在于: 高等数学主要是处理变量的, 而初等数学则大体上是处理常量的. 因此, 变量是高等数学的基本研究对象.

2. 变量间的函数关系

在很多实际问题中, 常常能发现其中一个变量依赖于另外一个或几个变量. 在微积分学中, 首先要研究的就是变量之间的某种确定的依赖关系, 也就是研究两个或两个以上的变量之间的函数关系. 本章中我们只讨论两个变量的情形. 粗略地说, 两个变量之间的函数关系, 就是它们的数值之间的一种对应关系. 在给出函数定义之前, 先举几个实例.

例 1 在初速为 0 的自由落体运动中, 落体经过的路程 S 与时间 t 是两个变量. 如果时间 t 是从运动开始时计算起的, 且当 $t=0$ 时, $S=0$, 则 S 与 t 之间存在着如下的关系:

$$S = \frac{1}{2}gt^2 \quad (0 \leqslant t \leqslant t_0),$$

其中 t_0 是着地时间, g 是重力加速度. 根据上面的公式, 我们可以求出在每一个时刻 $t=t_1(0 \leqslant t_1 \leqslant t_0)$ 落体降落的路程

$$S_1 = \frac{1}{2}gt_1^2.$$

例 2 一个地区一天中的气温 T 是随着时间 t 而变化的. 某地区的气象台用自动记录器记录了某一天 24 小时的气温随时间而变化的情况. 自动记录器记下来的是一条曲线. 虽然我们不可能找到像例 1 中那样的表达式, 但是, 根据这个图形我们可以知道这个地区在每一个时间 $t_0(0 \leqslant t_0 \leqslant 24)$ 的气温 T_0 (见图 1.2).

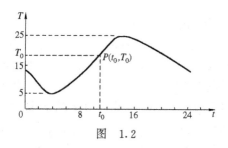

图 1.2

例3 信件的邮资 S 是由信件的重量 w 来确定的. 按邮局规定,寄往国内外埠的平信,首重 100 克内,每重 20 克(不足 20 克按 20 克计算)邮资 0.8 元,续重 101~2000 克内,每重 100 克(不足 100 克按 100 克计算)邮资 2 元. 我们可以把 S 与 w 的关系列成下表.

$w(g)$	$0<w\leqslant 20$	$20<w\leqslant 40$	…	$80<w\leqslant 100$	$100<w\leqslant 200$	…	$1900<w\leqslant 2000$
S(元)	0.8	1.6		4	6		42

一般信件的重量都不超过 20 g,所以贴上 8 角的邮票即可,但是对于较重的信件,就必须秤出信件的重量 w,再按上表确定邮资 S.

以上三个实例的内容虽各不相同,但是,它们有一些共同点:第一,每个例子中都有两个变量,它们的地位有所不同,其中一个变量随另一个变量的变化而变化. 第二,一个变量的变化域为已知,对这个变量在变化域中的每一个值,都可以惟一地确定另一个变量的值. 把这两点精确化,我们就得到函数的定义:

定义 设在同一个过程中有两个变量 x 与 y,已知 x 的变化域是 X. 如果对于变量 x 在 X 中的每一个值,依照某一对应规则,变量 y 都有惟一的一个值与之对应,我们就说变量 y 是变量 x 的函数;这时 x 称为**自变量**,y 称为**因变量**,记作

$$y=f(x) \quad (x\in X)^{①},$$

---

① "$\in$"表示"属于","$x\in X$"就表示"x 属于 X".

这里 f 表示 x 到 y 的对应规则[①].

给定 x 的变化域 X 和函数的对应规则后就可以确定出 y 的变化域 $Y=f(X)=\{y|y=f(x),x\in X\}$.我们把自变量 x 的变化域 X 称为函数的**定义域**,把因变量 y 的变化域 Y 称为函数的**值域**.

再来看前面的三个例子.在例 1 中路程 S 是时间 t 的函数,函数关系(即对应规则)由公式 $S=gt^2/2$ 给出;这个函数的定义域是闭区间 $[0,t_0]$,值域是闭区间 $[0,gt_0^2/2]$.在例 2 中,气温 T 是时间 t 的函数,函数关系由曲线给出,其定义域是闭区间 $[0,24]$,值域也是一个闭区间(如图 1.2 所示).在例 3 中,信件的邮资 S 是信件的重量 w 的函数,函数关系由表格给出,其定义域是半闭区间 $(0,2000]$,值域是由有限个数 $\{0.8,1.6,2.4,\cdots,4.6,\cdots,42\}$ 组成的.在以上三个例子中,函数关系的表示方法是不同的:例 1 是由公式给出的;例 2 是由图形给出的;例 3 是由表格给出的.一般地说,函数关系的表示方法大致就分这样三种.在微积分学中我们主要研究由公式给出的函数,也叫做有**分析表达式**的函数.

一个由表达式给出的函数的定义域是使得该表达式有意义的自变量的一切值,如 $y=\ln(x+1)$ 的定义域是 $\{x|x>-1\}$.在实际问题中提出的函数的定义域由其实际意义来确定.

注 1 前面我们取字母"f"作为函数关系的记号,为区别不同的函数关系,有时也采用字母"F","φ"等等.有时为表明"y 是 x 的函数",就用 $y=y(x)$.

注 2 对给定的函数 $y=f(x)$,我们用 $f(x_0)$ 来表示 x_0 对应的变量 y 的值.如已知 $y=f(x)=1/(1+x^2),x\in(-\infty,+\infty)$,则 $x=1$ 对应的函数值为 $f(1)=1/(1+1^2)=1/2$.

3. 函数的图形

在平面上取定一个直角坐标系 Oxy.所谓函数 $y=f(x)$ 的图

[①] 有时人们也把对应规则 f 称为函数,记作 $f: X\to \boldsymbol{R}$.

形,就是横坐标 x 与纵坐标 y 之间满足关系式 $y=f(x)$ 的点的轨迹(见图 1.3). 一般说来,函数的图形是一条或几条曲线.

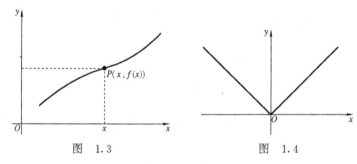

图 1.3　　　　　　　图 1.4

例 4　函数 $y=|x|=\begin{cases} x, & x\geq 0, \\ -x, & x<0, \end{cases} x\in(-\infty,+\infty)$ 的图形如图 1.4 所示.

例 5　对每一实数 x,记号 $[x]$ 表示不超过 x 的最大的整数. 如 $[3.6]=3$,$[-3.6]=-4$,$[-4]=-4$. 则函数 $y=[x]$,$x\in(-\infty,+\infty)$ 的图形如图 1.5 所示.

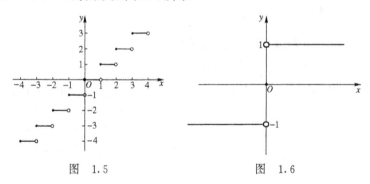

图 1.5　　　　　　　图 1.6

例 6　符号函数

$$y=\operatorname{sgn}x=\begin{cases} 1, & x>0, \\ 0, & x=0, \\ -1, & x<0 \end{cases}$$

的图形如图 1.6.

7

例7 函数
$$y = \begin{cases} x+1, & -1 \leqslant x \leqslant 0, \\ x, & 0 < x \leqslant 1 \end{cases}$$
的图形如图 1.7.

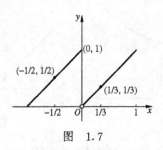

图 1.7

例 6 与例 7 中的函数关系当自变量在不同的范围内时由不同的公式给出. 我们把这种函数叫做分段定义的函数或简称**分段函数**.

从上述函数的图形, 我们往往可以立刻看出函数的某些特性. 正因为函数图形具有直观性的优点, 所以它是研究函数时不可缺少的工具.

4. 奇函数、偶函数与周期函数

若函数 $f(x)$ 定义在对称区间 I 上, 且满足 $f(-x) = f(x)$, $x \in I$, 则称 $f(x)$ 为**偶函数**; 如果函数 $f(x)$ 满足 $f(-x) = -f(x)$, $x \in I$, 则称 $f(x)$ 为**奇函数**. 例如 $x^{2k}, \cos x$ 为偶函数, 而 $x^{2k+1}, \sin x$ 为奇函数, 其中 $k = 0, 1, 2, \cdots$. 不难看出, 偶函数的图形关于 y 轴对称, 奇函数的图形关于原点对称. 奇函数与偶函数还有下列性质:

(i) 两个偶函数或两个奇函数的乘积是偶函数;

(ii) 偶函数与奇函数的乘积是奇函数.

下面我们来证明性质(ii).

设 $f(x), g(x)$ 分别为奇、偶函数. 那么根据定义即有
$$f(-x) = -f(x), \quad g(-x) = g(x).$$

考虑函数 $F(x)=f(x)\cdot g(x)$,我们有
$$F(-x)=f(-x)\cdot g(-x)=-f(x)\cdot g(x)=-F(x),$$
所以 $F(x)$ 为奇函数.

性质(i)的证明留给读者.

设函数 $y=f(x)$ 在 X 上有定义.若存在非零常数 T,使对任意 $x\in X$,都有 $x\pm T\in X$ 且
$$f(x+T)=f(x),$$
则称 $f(x)$ 为**周期函数**,称常数 T 为 $f(x)$ 的一个**周期**.

显然,若 T 是 $f(x)$ 的一个周期,则 $kT(k=\pm 1,\pm 2,\cdots)$ 也是 $f(x)$ 的周期,所以任何周期函数都有无穷多个周期,若其中有一个最小的正数,则称它为最小正周期,也简称为**周期**.如函数 $y=\sin x$ 有周期 2π,而函数 $y=|\sin x|$ 有周期 π.函数 $y=\tan x$ 也有周期 π.

5. 有界函数

设函数
$$y=f(x),\quad x\in X.$$
若存在一个实数 M,使对一切 $x\in X$,都有
$$f(x)\leqslant M,$$
则称函数 $f(x)$ 在 X 上是有上界的,并称 M 为 $f(x)$ 的一个上界.如函数 $y=\sin x+\cos x$ 在整个实轴 $\boldsymbol{R}$ 上是有上界的;函数 $y=\mathrm{e}^x$ 在 $\boldsymbol{R}$ 上是无上界的.

不难看出,$\sqrt{2}$ 是 $\sin x+\cos x$ 的一个上界,且任何一个大于 $\sqrt{2}$ 的实数也都是 $\sin x+\cos x$ 的上界.由此可见,有上界的函数的上界不是惟一的.

类似地,若存在一个实数 N,使对一切 $x\in X$,都有
$$f(x)\geqslant N,$$
则称 $f(x)$ 在 X 上是有下界的,并称 N 是 $f(x)$ 的一个下界.如函数 $y=\sin x+\cos x$ 与 $y=\mathrm{e}^x$ 在 $\boldsymbol{R}$ 上都是有下界的.但函数 $y=-\mathrm{e}^x$ 在 $\boldsymbol{R}$ 上就没有下界.

既有上界又有下界的函数称为**有界函数**. 即若存在两个实数 M 与 N, 使得
$$N \leqslant f(x) \leqslant M, \quad \forall\, x \in X, \tag{1}$$
则称 $f(x)$ 在 X 上是**有界函数**. 如 $y=\sin x+\cos x$ 在 $\boldsymbol{R}$ 上是有界函数, 但 $y=e^x$ 及 $y=-e^x$ 在 $\boldsymbol{R}$ 上都不是有界函数.

显然, 若(1)式成立, 则 $f(x)$ 的值域 $Y=f(X)$ 包含在有穷区间 $[N,M]$ 内, 反之也对. 由此可得到函数有界性的一个等价的定义: 若存在大于零的常数 K, 使
$$|f(x)| \leqslant K, \quad \forall\, x \in X,$$
则称 $f(x)$ 在 X 上是有界的.

习 题 1.2

1. 求出下列各函数的定义域:

(1) $y=\arccos(2\sin x)$; (2) $y=\dfrac{1}{\sqrt{2x^2+5x-3}}$;

(3) $y=\lg(x+2)+\lg(x-2)$; (4) $y=\lg\sqrt{\dfrac{1+x}{1-x}}$;

(5) $y=\dfrac{\sqrt[4]{x+2}}{\sin\pi x}$; (6) $y=\sqrt{\sin x}+\sqrt{16-x^2}$.

2. 设 $f(x)=\lg x^2$, 求 $f(-1), f(-0.001), f(100)$.

3. 设 $f(x)=\dfrac{1-x}{1+x}$, $(x\neq -1,0,1)$, 求 $f(-x), f(x+1), f(x)+1, f\left(\dfrac{1}{x}\right), \dfrac{1}{f(x)}$.

4. 设 $f(x)=\dfrac{1}{1+x}$, $\varphi(x)=\dfrac{1}{2-x}$, 试求: $f(1), \varphi(-1), f(x)-\varphi(t), f(x-t), f(\varphi(0)), \varphi(f(t)), f\left(\dfrac{1}{u}\right)$; 并证明:
$$f(x)=\varphi(1-x), \quad f\left(\dfrac{1}{x}\right)\varphi(3-2x)=f(x)\varphi\left(\dfrac{1}{x}\right).$$

5. 若 $f(x)=\begin{cases} 0, & 0\leqslant x<1, \\ \dfrac{1}{2}, & x=1, \\ 1, & 1<x\leqslant 2. \end{cases}$ 求 $f(0), f\left(\dfrac{1}{2}\right), f(1)$,

$f\left(\dfrac{5}{4}\right), f(2)$.

6. 设 $\varphi(t) = t^3 + 1$,求 $\varphi(t^2)$,$[\varphi(t)]^2$.

7. 设 $f(x) = e^x$, $g(x) = \ln x$. 写出 $f[g(x)]$,$g[f(x)]$,$f[f(x)]$,$f\{f[f(x)]\}$,$f\{g[f(x)]\}$.

*8. 设 $f(x) = \sin x$, $g(x) = \arccos x$,写出 $y = f[g(x)]$ 及 $y = g[f(x)]$ 的表达式并化简.

9. 作下列函数的略图:

(1) $y = \sqrt{x+1}$; (2) $y = \cos 2x$;

(3) $y = \sin\left(x + \dfrac{\pi}{3}\right)$; (4) $y = \begin{cases} x^2, & 0 \leqslant x \leqslant 1, \\ x-1, & -1 \leqslant x < 0; \end{cases}$

(5) $y = |x-2|$; (6) $y = |x| - 2$;

(7) $y = |x+2|$; (8) $y = -|x-2|$;

(9) $y = x - [x]$; (10) $y = \dfrac{1}{2}(\sin x + |\sin x|)$;

(11) $y = \dfrac{1}{2}(|\sin x| - \sin x)$; *(12) $y = |x+1| + |x-3|$.

10. 下列函数哪些是偶函数?哪些是奇函数?哪些是非奇非偶函数?

(1) $y = |x| \sin \dfrac{1}{x}$; (2) $y = \ln(x + \sqrt{x^2+1})$;

(3) $y = e^{|x|}$; (4) $y = \cos(\sin x)$;

(5) $y = \operatorname{sgn} x = \begin{cases} 1, & x > 0, \\ 0, & x = 0, \\ -1, & x < 0; \end{cases}$ (6) $y = \sqrt{\operatorname{sgn} x}$ $(x > 0)$.

11. 图 1.8~图 1.10 是定义在 $[-2, 2]$ 上的函数 $f(x)$ 的图形的一部分,试画出 $f(x)$ 在 $[-2, 2]$ 上的整个图形:(i) 设 $f(x)$ 是偶函数;(ii) 设 $f(x)$ 是奇函数.

12. 设 $f(x) = \begin{cases} x^2, & x \geqslant 0, \\ x, & x < 0, \end{cases}$ 作下列函数的图形:

(1) $y = f(x)$; (2) $y = |f(x)|$;

(3) $y = f(-x)$; (4) $y = f(|x|)$.

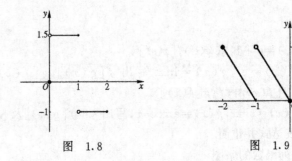

图 1.8   图 1.9

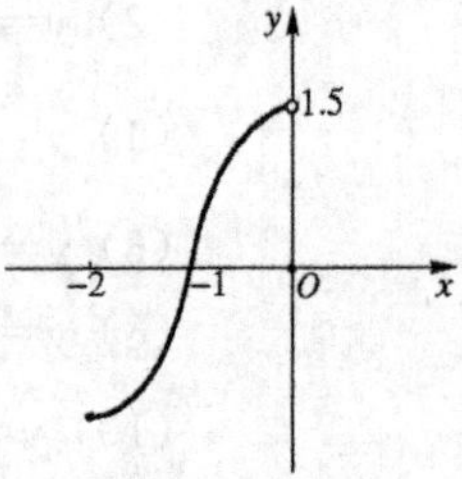

图 1.10

*13. 求下列各题中的 $g(x)$ 的表达式并画出 $f(x)$ 的图形:
(i) 设 $f(x)$ 是偶函数;(ii) 设 $f(x)$ 是奇函数:

(1) $y=f(x)=\begin{cases} g(x), & x<0, \\ 0, & x=0, \\ \dfrac{1}{x}, & x>0; \end{cases}$

(2) $y=f(x)=\begin{cases} g(x), & x<0, \\ x^{2/3}, & x\geqslant 0. \end{cases}$

14. 下列函数中哪些函数是有界函数:

(1) $y=\tan x, 0\leqslant x<\dfrac{\pi}{2}$;   (2) $y=\tan x, -\dfrac{\pi}{4}\leqslant \pi\leqslant \dfrac{\pi}{3}$;

(3) $y=x\sin x, -\infty<x<+\infty$; (4) $y=\dfrac{1}{x}\cos x, 0<x\leqslant 1$;

(5) $y=\dfrac{x}{\cos x}, 0<x\leqslant 1$;   *(6) $y=\dfrac{\sin x}{x}, 0<x\leqslant 1$.

15. 设直线 $y=ax+b$ 过两点 $(1,3)$ 及 $(2,1)$,求常数 a,b 的值.

16. 在边长为 a 的正方形薄片的各角割去相等的小正方形,用剩余的薄片做一个无盖的盒子. 设小正方形的边长为 x, 试将盒子的体积 V 表为 x 的函数.

17. 由半径为 R 的圆割去一扇形,把剩下的部分围成一圆锥,试将圆锥的容积表为剩下角度 x(弧度)的函数.

18. 等腰梯形 $ABCD$ 中,底 $AD=a, BC=b(a>b)$,高 $HB=h$,引直线 MN 平行于 HB. 设 $AM=x(0\leqslant x\leqslant a)$. 将梯形内位于直线 MN 之左的面积表为 x 的函数(图 1.11).

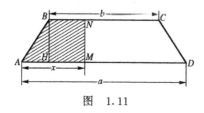

图 1.11

*19. 设 $f(x)=\dfrac{|2+x|-|x|-2}{x}$.

(1) 求 $f(-4), f(-1), f(-2), f(2)$ 的值;

(2) 将 $f(x)$ 表成分段函数.

20. 作函数 $f(x)=|x-1|+|x-2|$ 之图形.

§3 反函数·复合函数·初等函数

1. 反函数与复合函数的概念

(1) 函数单调性的概念

设给定一个函数 $y=f(x)(x\in X)$. 如果对于 X 内的任意两数值 $x_1<x_2$,都有 $f(x_1)\leqslant f(x_2)$,我们就说函数 $y=f(x)$ 在 X 上是递增的,或简称 $y=f(x)$ 是**递增函数**;如果对于 X 内任意两数值 $x_1<x_2$,都有 $f(x_1)\geqslant f(x_2)$,我们就说函数 $y=f(x)$ 在 X 上是递减的,或简称 $y=f(x)$ 是**递减函数**. 在这个定义中,若 $f(x_1)\leqslant f(x_2)(f(x_1)\geqslant f(x_2))$ 换成严格的不等式 $f(x_1)<f(x_2)(f(x_1)>$

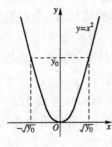

图 1.12

$f(x_2))$,则称函数 $f(x)$ 在 X 上是**严格递增**（**严格递减**）的. 例如, 函数 $y=x^2(0\leqslant x<+\infty)$ 是严格递增的, 而函数 $y=x^2(-\infty<x\leqslant 0)$ 是严格递减的（见图 1.12）. 递增函数与递减函数统称为**单调函数**. 而严格递增函数与严格递减函数统称为**严格单调函数**. 严格单调函数有这样的性质：对于值域 Y 内的任意一个值 $y=y_0$, 定义域 X 内只有惟一的一个值 $x=x_0$ 使

$$y_0 = f(x_0);$$

从图形上来看（见图 1.13, 1.14）, 即平行于 x 轴的直线与曲线仅有一个交点. 这一性质可以用反证法来证明：

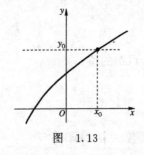

图 1.13

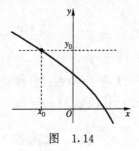

图 1.14

设对于 $y=y_0$, 有 x_1 与 x_2 且 $x_1<x_2$, 使 $f(x_1)=y_0$, 同时 $f(x_2)=y_0$, 于是

$$f(x_1) = f(x_2).$$

而这与严格递增性或严格递减性矛盾.

(2) 反函数的概念

在例 1 中路程 S 是时间 t 的函数：

$$S = f(t) = \frac{1}{2}gt^2$$

$(0\leqslant t\leqslant t_1)$, 函数关系 "$f$" 表示将自变量平方再乘以 $\frac{1}{2}g$. 如果把路

程 S 取作自变量,则时间 t 是它的函数

$$t = \varphi(S) = \sqrt{\frac{2}{g}S} \quad \left(0 \leqslant S < \frac{1}{2}gt_1^2\right),$$

函数关系"φ"表示将自变量乘以 $\frac{2}{g}$ 再开平方. 我们把后一函数 $t = \varphi(S)$ 称为前一函数 $S = f(t)$ 的反函数(当然前者也是后者的反函数).

一般地说,设给定一个函数 $y = f(x)$,其定义域是 X,值域是 Y. 如果对于 Y 内的每个数值 $y = y_0$, X 内都只有惟一的一个数值 $x = x_0$,使 $f(x_0) = y_0$,那么我们就确定了从 Y 到 X 的一个对应,也即在 Y 上确定了一个函数,这个函数被称为 $y = f(x)$ 的**反函数**,记作

$$x = f^{-1}(y) \quad (y \in Y),$$

或简单地记作

$$x = f^{-1}(y).$$

这个函数的自变量是 y,因变量是 x,定义域是 Y,值域是 X. 这就是说,恰好把原来函数关系中的自变量与因变量对调. 从严格单调函数的性质看出,**严格单调函数必有反函数**.

例1 函数 $y = 2x + 3(-\infty < x < +\infty)$ 的反函数是

$$x = \frac{1}{2}y - \frac{3}{2} \quad (-\infty < y < +\infty).$$

例2 考虑函数 $y = x^2(-\infty < x < +\infty)$,求其反函数.

对于值域 $(0, +\infty)$ 内的每一个值 y_0,定义域 $(-\infty, +\infty)$ 内有两个值 $x = \pm\sqrt{y_0}$ 满足

$$y_0 = (\pm\sqrt{y_0})^2.$$

这不符合反函数的定义,所以在整个 $(-\infty, +\infty)$ 内不能确定出 $y = x^2$ 的反函数. 为确定出 $y = x^2$ 的反函数,我们把定义域分为 $(-\infty, 0]$ 与 $[0, +\infty)$ 两部分,在每一部分上函数 $y = x^2$ 都是严格单调的,因而有反函数. 具体地说,函数

$$y = x^2 \quad (0 \leqslant x < +\infty)$$

的反函数是 $x=\sqrt{y}$,而函数

$$y = x^2 \quad (-\infty < x \leqslant 0)$$

的反函数是 $x=-\sqrt{y}$.

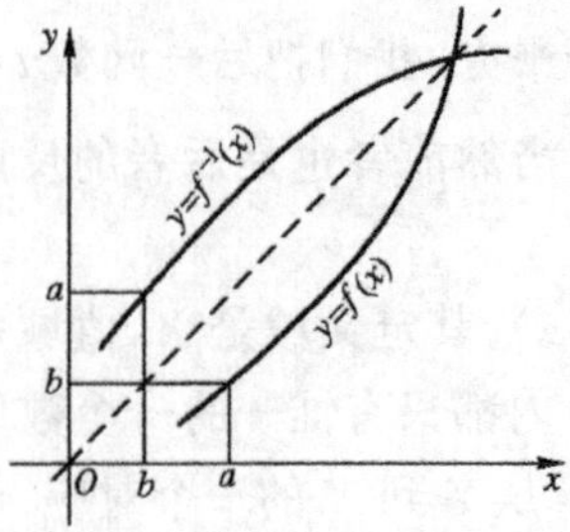

设 $x=f^{-1}(y)\,(y\in Y)$ 是 $y=f(x)$ $(x\in X)$ 的反函数,若把它们画在同一坐标系内,则它们的图形显然重合. 但是,习惯上我们常用字母 x 来表示自变量,用字母 y 表示函数,所以我们把 $y=f(x)$ 的反函数 $x=f^{-1}(y)$ 写成 $y=f^{-1}(x)$. 经过这种符号的调换以后,如果把 $y=f(x)$ 与 $y=f^{-1}(x)$ 的图形画在同一个坐标系内,那么它们就不再重合,而关于第一、三象限的分角线 $y=x$ 对称(见图 1.15).

图 1.15

(3) 复合函数的概念

今后我们常常会遇到由两个函数复合起来而得到的函数. 例如,函数 $T=mv^2/2$ 与函数 $v=gt$ 复合给出函数 $T=mg^2t^2/2$;又如函数 $z=\sqrt{1-x^2}$ 是由函数 $y=1-x^2$ 与 $z=\sqrt{y}$ 复合起来的. 一般说来,设函数 $y=f(u)$ 的定义域是 U,函数 $u=\varphi(x)$ 的定义域是 X,值域是 U',如果 U' 包含在 U 中,我们就可以在 X 上确定一个函数

$$y = f[\varphi(x)] \quad (x \in X).$$

这个函数被称为由 $u=\varphi(x)$ 与 $y=f(u)$ 复合而成的**复合函数**. 有时,也将复合函数 $f[\varphi(x)]$ 写成 $(f\circ\varphi)(x)$ 的形式.

考虑复合函数的定义域时,必须注意要求 $u=\varphi(x)$ 的值域 U' 包含在 $y=f(u)$ 的定义域 U 内. 例如函数 $y=\sqrt{u}$ 的定义域是 $[0,+\infty)$,于是复合函数 $y=\sqrt{1-x^2}$ 的定义域是 $[-1,1]$. 这是因为只有当 x 在区间 $[-1,1]$ 内时,才能保证 $u=1-x^2$ 的值域包含在区间 $[0,+\infty)$ 内.

同样,复合函数也可以由三个或三个以上的函数复合而给出.

2. 基本初等函数

所谓基本初等函数,是指以下这几类函数：

(1) 常数函数

函数
$$y = c \quad (x \in X)$$
称为**常数函数**(其中 c 为常数). 其特点是：当自变量 x 在 X 内取值时,对应的函数值恒等于常数 c. 其图形是一条与 x 轴平行的直线(见图 1.16).

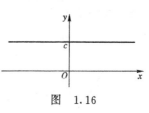

图 1.16

(2) 幂函数

函数
$$y = x^\alpha$$
称为**幂函数**,其中 α 是任意实数,它的定义域由 α 的值而定,例如 $\alpha = 1/3$ 时,其定义域为 $(-\infty, +\infty)$；而当 $\alpha = -1/2$ 时,其定义域为 $(0, +\infty)$,但是无论 α 是何值,该函数的定义域总含有区间 $(0, +\infty)$. 幂函数 $y = x^\alpha$ 的性质,当 $\alpha > 0$ 与 $\alpha < 0$ 时有本质的不同(见图 1.17 与图 1.18).

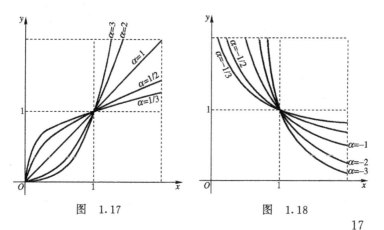

图 1.17   图 1.18

(3) **指数函数**

函数
$$y = a^x \quad (a \text{ 是不等于 } 1 \text{ 的正的常数})$$

称为**指数函数**,它的定义域是 $(-\infty, +\infty)$. 因为对任意 x 总有 $a^x > 0$, 又 $a^0 = 1$, 所以指数函数的图形总是在上半平面, 且通过点 $(0,1)$(见图 1.19).

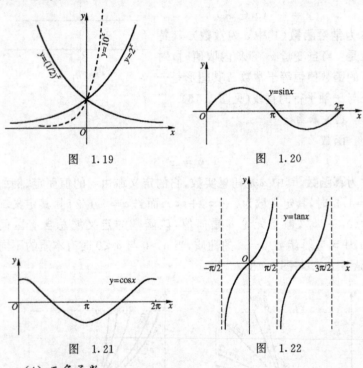

图 1.19

图 1.20

图 1.21

图 1.22

(4) **三角函数**

三角函数有 6 个:

$$y = \sin x, \quad y = \cos x, \quad y = \tan x,$$
$$y = \cot x, \quad y = \sec x, \quad y = \csc x.$$

其中 $\sin x, \cos x$ 的定义域是 $(-\infty, +\infty)$, $y = \tan x$ 与 $y = \sec x$ 的定义域是除掉 $x = (2k+1)\dfrac{\pi}{2}(k = 0, \pm 1, \pm 2, \cdots)$ 的一切实数, $y =$

$\cot x$ 与 $y=\csc x$ 的定义域是除掉 $x=k\pi(k=0,\pm 1,\pm 2,\cdots)$ 的一切实数(见图 1.20~1.23).

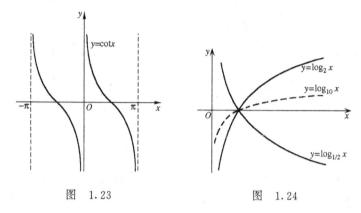

图 1.23   图 1.24

如不特别声明,本书中三角函数中的角度总是以弧度为单位.

(5) **对数函数**

指数函数 $y=a^x(-\infty<x<+\infty)$ 的反函数记作
$$y=\log_a x \quad (0<x<+\infty).$$
这类函数称为**对数函数**(见图 1.24).

(6) **反三角函数**

6 个三角函数的反函数称为**反三角函数**,分别记作:

$y=\arcsin x,\qquad y=\arccos x,\qquad y=\arctan x,$

$y=\text{arccot}\, x,\qquad y=\text{arcsec}\, x,\qquad y=\text{arccsc}\, x,$

因为 6 个三角函数在定义域内都不是严格单调函数,所以考虑反函数时,我们必须在它们的定义域内取一部分,使得在这部分上,函数是严格单调的.例如,对于正弦函数 $y=\sin x$,常取 x 的变化范围为区间 $[-\pi/2,\pi/2]$.在这个区间上 $y=\sin x$ 严格递增,故有反函数,并约定记此反函数为
$$y=\arcsin x \quad (-1\leqslant x\leqslant 1),$$
其中 y 满足 $-\pi/2\leqslant y\leqslant \pi/2$.这个函数称为反正弦函数的"主值"(见图 1.25).

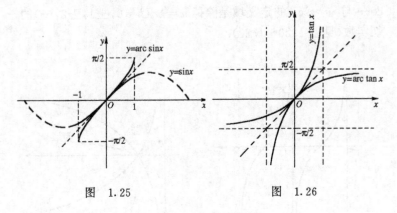

图 1.25   图 1.26

同理当限制 $0 \leqslant y \leqslant \pi$ 便得反余弦函数的主值 $y=\arccos x$，当限制 $-\pi/2 < y < \pi/2$ 时为反正切函数的主值 $y=\arctan x$（见图 1.26）等等.

3. 初等函数

所谓初等函数是指这样的函数：它是由基本初等函数经过有限次四则运算以及复合而得到的. 例如，有理函数是由常数与幂函数经过四则运算而得到的，所以是初等函数. 又如 $y=\sqrt{1-x^2}$ 是多项式 $u=1-x^2$ 与幂函数 $y=u^{\frac{1}{2}}$ 复合而成，而多项式 $1-x^2$ 又是常数 1 与幂函数 x^2 之差，所以 $y=\sqrt{1-x^2}$ 是初等函数.

我们接触到的函数并非都是初等函数，如符号函数 $y=\operatorname{sgn} x$ 就不是初等函数，从图形上看（见图 1.6），这个函数的图形在原点是断开的. 而所有初等函数的图形在其定义域内都是连续的（这点在§5 中将详细说明）.

习 题 1.3

1. 求下列函数的反函数：

(1) $y=\sin x\left(\dfrac{\pi}{2}\leqslant x\leqslant\dfrac{3\pi}{2}\right)$；   (2) $y=\dfrac{x+1}{x-1}$；

(3) $y = \frac{1}{2}\left(x - \frac{1}{x}\right)$ $(0 < x < +\infty)$;

*(4) $y = \frac{1}{2}(e^x + e^{-x})$ $(0 \leq x < +\infty)$（提示：计算 $y + \sqrt{y^2 - 1}$）；

*(5) $y = \frac{1}{2}(e^x - e^{-x})$ $(-\infty < x < +\infty)$（提示：计算 $y + \sqrt{y^2 + 1}$）.

2. 若 $f(x) = x + 5, \varphi(x) = x^2 - 3$，求下列函数值或表达式：
(1) $f(\varphi(0))$; (2) $\varphi(f(0))$; (3) $f(\varphi(x))$;
(4) $\varphi(f(x))$; (5) $f(f(-5))$; (6) $\varphi(\varphi(2))$;
(7) $f(f(x))$; (8) $\varphi(\varphi(x))$.

3. 若 $u(x) = 4x - 5, v(x) = x^2, f(x) = \frac{1}{x}$，求下列表达式：
(1) $u(v(f(x)))$; (2) $u(f(v(x)))$; (3) $v(u(f(x)))$;
(4) $v(f(u(x)))$; (5) $f(u(v(x)))$; (6) $f(v(u(x)))$.

4. 将下表中空白处填上：

	$\varphi(x)$	$f(x)$	$(f \circ \varphi)(x)$
(1)		$\sqrt{x - 5}$	$\sqrt{x^2 - 5}$
(2)	$\frac{x}{x-1}$	$\frac{x}{x-1}$	
(3)		$1 + \frac{1}{x}$	x
(4)	$\frac{1}{x}$		x

*5. 设 $y = 2x + |2 - x|, -\infty < x < +\infty$. 试将 x 表成 y 的函数.

6. 证明：对一切实数 x，都有 $|\sin x| \leq |x|$（提示：比较单位圆中，中心角为 x（弧度）的圆扇形 OAB 与三角形 OAB 的面积）.

21

§4 函数极限的概念

极限概念是贯穿着整个微积分学的基本概念.微积分学中几乎所有的基本概念(如连续、微商、定积分、级数的收敛性等等)都建立在极限概念的基础上.本章所讲的极限概念、基本性质和运算法则都是以后各章讨论的基础.

1. 整变量函数的极限(序列极限)

粗略地说,一个整变量函数 x_n 的极限是 a(或 x_n 以 a 为极限),就是指当 n 无限增大时,x_n 的值无限地接近于 a.现在我们先来看两个例子.

例1 $x_n = \dfrac{(-1)^n}{n}$ $(n=1,2,\cdots)$. 把 x_n 的值按 n 增大的顺序排列起来,就得到序列

$$-1, \frac{1}{2}, -\frac{1}{3}, \frac{1}{4}, \cdots, \frac{(-1)^n}{n}, \cdots$$

当 n 无限增大时,x_n 的值时而为负,时而为正,但总的变化趋势是无限地接近 0 这个数.因此,$x_n=(-1)^n/n$ 的极限是 0.

例2 计算由抛物线 $y=x^2$,x 轴以及直线 $x=1$ 所围成的"曲边三角形"的面积.

解 我们用分点

$$0, \frac{1}{n}, \frac{2}{n}, \frac{3}{n}, \cdots, \frac{n-1}{n}, 1$$

将区间 $[0,1]$ 分成 n 个等长的小区间;以每一个小区间为下底作矩形,使矩形的高等于该小区间左端点对应的函数值.

显然,这 n 个矩形的底边长都是 $1/n$,而它们的高分别为

$$0, \left(\frac{1}{n}\right)^2, \left(\frac{2}{n}\right)^2, \left(\frac{3}{n}\right)^2, \cdots, \left(\frac{n-1}{n}\right)^2.$$

这样,我们就得到了由 n 个矩形组成的阶梯形(图 1.27),令 S_n 表

示这个阶梯形的面积,于是有

$$S_n = 0 \cdot \frac{1}{n} + \left(\frac{1}{n}\right)^2 \frac{1}{n} + \left(\frac{2}{n}\right)^2 \frac{1}{n} + \cdots + \left(\frac{n-1}{n}\right)^2 \frac{1}{n}$$
$$= \frac{1}{n^3}[1^2 + 2^2 + \cdots + (n-1)^2] = \frac{n(n-1)(2n-1)}{6n^3}$$
$$= \frac{2n^2 - 3n + 1}{6n^2},$$

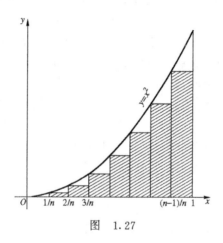

图 1.27

化简后我们有

$$S_n = \frac{1}{3} - \left(\frac{1}{2n} - \frac{1}{6n^2}\right). \tag{1}$$

从几何直观上看,当 n 无限增大时,阶梯形的面积 S_n 将无限地接近曲边三角形的面积.另一方面,从表达式(1)来看,当 n 无限增大时,等式右端括弧内的值无限地接近 0,因而 S_n 无限地接近 $1/3$,也就是 S_n 以 $1/3$ 为极限.所以可以认为我们要求的曲边三角形的面积是 $1/3$.

上面我们给出了序列极限的一种粗略的说法.这种说法比较含糊,这主要是对什么叫"n 无限增大"和"x_n 无限地接近于 a"没有精确的刻画."当 n 无限增大(记作 $n \to \infty$)时,x_n 无限接近于 a"

这句话的含意是什么呢?我们可以进一步解释说,这是指在 n 的数值无限增大的过程中,x_n 与 a 的差的绝对值 $|x_n-a|$ 可变得任意小.更确切一点地说,$|x_n-a|$ 可以小到任意指定的程度,只要 n 充分大.例如在例 1 中要使 $|x_n-0|=1/n<1/100$,只要 $n>100$ 就能满足;要使 $|x_n-0|<1/1000$,只要 $n>1000$.同样,对于任何一个比 1/1000 更小的正数,例如 $1/10^{10}$,要使 $|x_n-0|=1/n<1/10^{10}$,只要 $n>10^{10}$.但是,小的正数是无穷无尽的,我们不能无止境地这样作下去,而必须给出一个一般的说法.我们用 ε(希腊字母,读作 êpsiong)来代表任意给定的小正数.例 1 中的 x_n 有这样的性质:对任意给定的正数 ε,我们有 $|x_n-0|=1/n<\varepsilon$,只要 $n>1/\varepsilon$;也就是说,当 $n>1/\varepsilon$ 时,就有 $|x_n-0|<\varepsilon$.一般说来,$1/\varepsilon$ 不一定是整数,我们取一个正整数 $N=[1/\varepsilon]+1$,于是,当 $n>N$ 时,就有 $n>1/\varepsilon$,从而有 $|x_n-0|=1/n<\varepsilon$.因此"当 n 无限增大时,$x_n=(-1)^n/n$ 无限接近于 0"的含义更精确的描述就是:对于任意给定的小正数 ε,不论它怎样小,都存在这样一个正整数 N,使得当 $n>N$ 时,就有

$$|x_n-0|<\varepsilon.$$

一般的序列极限的精确定义可以叙述如下:

定义 1 序列 $\{x_n\}$ 以常数 a 为极限是指:对于任意给定的正数 ε,都存在一个正整数 N,使得当 $n>N$ 时,就有

$$|x_n-a|<\varepsilon. \qquad (2)$$

记成 $\lim\limits_{n\to\infty}x_n=a$ 或 $x_n\to a$ $(n\to\infty)$.

"序列 $\{x_n\}$ 以常数 a 为极限"有时也说成"当 n 趋于无穷时,x_n **趋于** a 或**收敛于** a".

如果我们把数对 $(n,x_n)(n=1,2,\cdots)$ 作为 Onx 平面上的点画出来,由于不等式(2)可写成等价的形式 $-\varepsilon<x_n-a<\varepsilon$ 即 $a-\varepsilon<x_n<a+\varepsilon$,那么"$x_n$ 以 a 为极限"的**几何意义**是:对于任意给定的正数 ε,不论它多么小,总存在着一个正整数 N,使得横坐标从 $N+1$ 开始以后的一切点

$(N+1, x_{N+1}), (N+2, x_{N+2}), \cdots, (n, x_n), \cdots$
都夹在两直线 $x=a-\varepsilon$ 及 $x=a+\varepsilon$ 之间(见图 1.28).

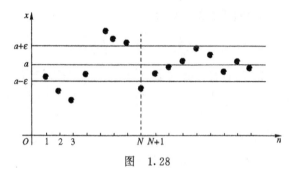

图 1.28

现在,我们利用极限的严格定义,来证明例 2 中阶梯形的面积 S_n 以 $1/3$ 为极限.

首先,我们可以看到
$$\left|S_n - \frac{1}{3}\right| = \frac{1}{2n} - \frac{1}{6n^2} < \frac{1}{2n}.$$
对于任意给定的 $\varepsilon>0$,要使不等式
$$\left|S_n - \frac{1}{3}\right| < \varepsilon$$
成立,只要不等式
$$\frac{1}{2n} < \varepsilon \quad 或 \quad n > \frac{1}{2\varepsilon}$$
成立即可. 所以我们取 $N=[1/2\varepsilon]+1$,那么当 $n>N$ 时,就有
$$\left|S_n - \frac{1}{3}\right| < \varepsilon.$$
这就证明了 $\lim\limits_{n\to\infty} S_n = \frac{1}{3}$.

在以上证明过程中,我们没有直接从不等式
$$\left|S_n - \frac{1}{3}\right| = \frac{1}{2n} - \frac{1}{6n^2} < \varepsilon \tag{3}$$
来求 N,而是由不等式

$$\frac{1}{2n} < \varepsilon \tag{4}$$

来求 N. 这样做的根据是：因为

$$\frac{1}{2n} - \frac{1}{6n^2} < \frac{1}{2n} \quad (n \geqslant 1), \tag{5}$$

所以满足不等式(4)的 n 必满足不等式(3). 这种方法俗称"适当放大法"，即将不等式 $\frac{1}{2n} - \frac{1}{6n^2} < \varepsilon$ 的左端适当放大成 $\frac{1}{2n}$，再由不等式 $\frac{1}{2n} < \varepsilon$ 求出 N.

例3 设 $0 < |q| < 1$，证明 $\lim\limits_{n \to \infty} q^n = 0$.

证 对于任意给定的 $\varepsilon > 0$（我们不妨设 $\varepsilon < 1$），要使不等式

$$|q^n| < \varepsilon$$

成立，只要不等式

$$|q|^n < \varepsilon \quad \text{或} \quad n \lg |q| < \lg \varepsilon \quad \text{或} \quad n > \frac{\lg \varepsilon}{\lg |q|}$$

成立即可. 所以只要取 $N = [\lg \varepsilon / \lg |q|] + 1$，那么当 $n > N$ 时，就有

$$|q^n| < \varepsilon.$$

这就证明了 $\lim\limits_{n \to \infty} q^n = 0$.

例4 设 $a > 1$，证明 $\lim\limits_{n \to \infty} a^{1/n} = 1$.

证 对任意给定的正数 ε，要使不等式

$$|a^{1/n} - 1| < \varepsilon$$

成立，只要（注意 $a > 1$）不等式

$$a^{1/n} < 1 + \varepsilon \quad \text{或} \quad \frac{1}{n} \lg a < \lg(1 + \varepsilon) \quad \text{或} \quad n > \frac{\lg a}{\lg(1 + \varepsilon)}$$

成立即可. 所以只要取 $N = [\lg a / \lg(1 + \varepsilon)] + 1$，那么当 $n > N$ 时，就有

$$|a^{1/n} - 1| < \varepsilon.$$

这就是所要证明的.

最后指出，若序列 $\{x_n\}$ 以 a 为极限，那么，给定 $\varepsilon > 0$ 以后，正

整数 N 的取法不是惟一的.这是因为对于任意给定的 $\varepsilon>0$,如果存在一个正整数 N,使得当 $n>N$ 时有 $|x_n-a|<\varepsilon$,那么,任取另一个正整数 $N_1(N_1>N)$,当 $n>N_1$ 时,也必有 $|x_n-a|<\varepsilon$. 在证明一个序列 $\{x_n\}$ 以某个常数 a 为极限时,我们关心的是 N 的存在性(即对于任给 $\varepsilon>0$,能否找到这样的 N),而不关心 N 的值的大小.

***例 5** 设 $x_n = \dfrac{(2n-1)!!}{(2n)!!} = \dfrac{1\cdot 3\cdots\cdot(2n-1)}{2\cdot 4\cdots\cdot(2n)}$,证明:
$$\lim_{n\to\infty} x_n = 0.$$

证 首先注意:当 $n\geqslant 2$ 时,有
$$\frac{n+1}{n} < \frac{n}{n-1},$$
于是
$$\begin{aligned}
x_n &= \frac{3}{2}\cdot\frac{5}{4}\cdots\cdot\frac{2n-1}{2(n-1)}\cdot\frac{1}{2n}\\
&< \frac{2}{1}\cdot\frac{4}{3}\cdots\cdot\frac{2(n-1)}{2n-3}\cdot\frac{1}{2n}\\
&= \frac{1}{x_n}\cdot\frac{2n-1}{2n}\cdot\frac{1}{2n}.
\end{aligned}$$
由此推出
$$x_n^2 < \frac{2n-1}{(2n)^2} < \frac{1}{2n+1} < \frac{1}{2n},$$
即
$$0 < x_n \leqslant \frac{1}{\sqrt{2n}}.$$
用适当放大法,任给 $\varepsilon>0$,取 $N=\left[\dfrac{1}{2\varepsilon^2}\right]+1$,那么当 $n>N$ 时就有
$$|x_n|<\varepsilon.$$
这就证明了 $\lim\limits_{n\to\infty} x_n = 0$.

今后我们还要用到子序列的概念.子序列是由原序列中抽出无穷多项并保持原有的次序而组成的新序列.比如我们在 $\{x_n\}$ 中抽出其全部偶数项:

$$x_2, x_4, \cdots, x_{2k}, \cdots,$$

这就组成一个子序列$\{x_{2k}\}$. 这子序列中的第k项,恰好是原序列$\{x_n\}$中的第$2k$项.

一般说来,如果我们在$\{x_n\}$中首先选出第n_1项$x_{n_1}(n_1 \geqslant 1)$作为子序列的第1项,然后在x_{n_1}之后再选第n_2项$x_{n_2}(n_2 > n_1)$作为第2项,$\cdots$,如此继续下去,就得$\{x_n\}$的一个子序列

$$x_{n_1}, x_{n_2}, \cdots, x_{n_k}, \cdots.$$

该子序列的第k项恰好是原序列的第n_k项. 不难看出$n_k \geqslant k$.

关于子序列的极限与原序列极限之间的关系,下列两个事实今后常要用到.

命题 1 设序列$\{x_n\}$有极限a,则该序列的任意一个子序列$\{x_{n_k}\}$也以a为极限.

＊证 由假设知,对任意给定的$\varepsilon > 0$,存在自然数N,使当$n > N$时便有$|x_n - a| < \varepsilon$. 特别有

$$|x_{n_k} - a| < \varepsilon, \quad 只要 n_k > N.$$

现由于$n_k \geqslant k$,故只要$k > N$,便有$n_k > N$,也就有

$$|x_{n_k} - a| < \varepsilon.$$

这证明了$\{x_{n_k}\}$以a为极限.

命题1说明了:只要原序列有极限,则其任一子序列也有极限,且所有子序列的极限都相同. 由此可推得一个证明序列无极限的方法.

推论 若能找到序列$\{x_n\}$的两个子序列,它们都有极限,但极限值不相同,则$\{x_n\}$就无极限.

例 6 设$x_n = \sin \dfrac{n\pi}{2}$. 证明:$\{x_n\}$无极限.

证 不难看出$x_{2k} \equiv 0, x_{4k+1} \equiv 1, k = 0, 1, 2, \cdots$. 所以两子序列$\{x_{2k}\}$与$\{x_{4k+1}\}$分别以0与1为极限,由推论即可得$\{x_n\}$无极限.

命题 2 若$\{x_n\}$的两个子序列$\{x_{2k}\}$与$\{x_{2k-1}\}$都有极限且极限值相同,记之为a,即

$$\lim_{k\to\infty}x_{2k}=\lim_{k\to\infty}x_{2k-1}=a,$$

则 x_n 也以 a 为极限,即有

$$\lim_{n\to\infty}x_n=a.$$

命题 2 的证明只需利用极限的定义. 读者可试着自己完成.

2. 连续变量函数的极限(函数极限)

对连续变量函数(简称函数)的极限,要分以下几种极限过程来研究:

(1) 当自变量 x 趋于一个常数 x_0 时,函数 $f(x)$ 的极限

设函数 $f(x)$ 在点 x_0 的一个邻域内(点 x_0 本身可以除外)有定义,即存在一个正数 r,使得区间 (x_0-r, x_0+r) 内的一切点(点 x_0 可以除外)都在 $f(x)$ 的定义域内. 粗略地说,当 x 趋于 x_0 时 $f(x)$ 以 A 为极限乃是指: 当 x 无限接近 x_0 时, $f(x)$ 无限接近 A. 那么,怎样的一个数值 A(如果存在的话)可以被认为与 $f(x)$ 无限接近(当 x 无限接近 x_0 时)呢? 显然应该有这样的性质: 函数值 $f(x)$ 可以被控制在以 A 为中心以 $\frac{1}{10}$ 为半径的一个区间内,只要将 x 限制在以 x_0 为中心以某个较小的数 δ_1 为半径的一个区间内(可以除去 x_0 这一点)(见图 1.29). 但仅有这点是不充分的,因为可能出现这样的情况: 当 x 趋向于 x_0 时, $f(x)$ 的数值在区间 $\left[A-\frac{1}{10}, A+\frac{1}{10}\right]$ 内不断摆动但并不趋向于 A. 为防止这种情况,

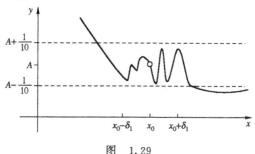

图 1.29

应该强调 $f(x)$ 与 A 能非常非常接近,所以 $f(x)$ 的数值应该可以控制在更小的区间内,如可控制在 $\left[A-\dfrac{1}{100}, A+\dfrac{1}{100}\right]$ 内,只要 x 在 x_0 的某个空心 δ_2 邻域内. 但若仅有这一点,同样也是不充分的. 同理,即使 $f(x)$ 的值可被控制在区间 $\left[A-\dfrac{1}{10^{10}}, A+\dfrac{1}{10^{10}}\right]$ 内,只要 x 在 x_0 的某个空心 δ_3 邻域内,也同样不足以说明 $f(x)$ 以 A 为极限. 以上三种说法的共同弊病在于: 只说 $f(x)$ 的值可控制在以 A 为中心以某个固定数为半径的区间内(当 x 在 x_0 的某个空心邻域内时). 因为这些说法都不足以保证当 x 趋向于 x_0 时 $f(x)$ 趋向于 A. 为保证 $x \to x_0$ 时 $f(x) \to A$,需要要求 $f(x)$ 有这样的性质:对以 A 为中心的任意一个小区间,不论它多么小(这样的区间有无穷多个),我们总能找到一个相应的数 δ,使当 x 限制在 x_0 的空心 δ 邻域内时,$f(x)$ 的值便落在这个小区间内. 习惯上,我们把以 A 为中心的任意小的小区间,用 $(A-\varepsilon, A+\varepsilon)$ 表示,其中 ε 表示任意给定的小正数. 根据以上分析,不难理解下述函数极限的定义.

定义 2 设函数 $f(x)$ 在 x_0 的某个空心邻域内有定义. 如果存在常数 A:对于任意给定的正数 ε,总存在一个正数 δ,使得当 $0<|x-x_0|<\delta$ 时,便有
$$|f(x)-A|<\varepsilon,$$
那么我们就说,当 x 趋向于 x_0 时,**函数 $f(x)$ 以 A 为极限**,或函数 $f(x)$ 在点 x_0 处**有极限 A**,记作
$$\lim_{x \to x_0} f(x) = A$$
或
$$f(x) \to A \quad (x \to x_0).$$

在这个定义中,要注意满足不等式 $0<|x-x_0|<\delta$ 的一切 x 对应的点集合是区间 $(x_0-\delta, x_0+\delta)$ 中除去 $x=x_0$ 以外的一切点. 所以当考虑 $x \to x_0$ 时 $f(x)$ 的极限时,要求的是开区间 $(x_0-\delta, x_0+\delta)$ 中除去 $x=x_0$ 的一切 x 所对应的函数值 $f(x)$ 都满足

$|f(x)-A|<\varepsilon$. 在极限定义中对 $x=x_0$ 处的函数值没有任何要求,甚至在点 x_0 处函数可以没有定义.

用邻域的语言来表述 $\lim_{x\to x_0} f(x)=A$,就是:对于无论多么小的正数 ε,总存在一个小正数 δ,使当 $x\in U_\delta(x_0)\setminus\{x_0\}$ 时,就有 $f(x)\in U_\varepsilon(A)$.

如果我们把函数 $y=f(x)$ 的图形在 Oxy 平面上画出来,那么"当 x 趋于 x_0 时,$f(x)$ 以 A 为极限"的**几何意义**是:对于任意给定的正数 ε,不论它多么小,总存在一个正数 δ,使得当 x 在小区间 $(x_0-\delta, x_0+\delta)$ 内且 $x\neq x_0$ 时,相应的函数图形上的点都夹在两条直线 $y=A-\varepsilon$ 与 $y=A+\varepsilon$ 之间(见图 1.30).

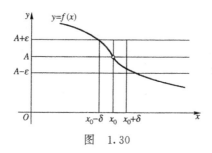

图 1.30

从函数极限的定义可以看出,对于任意给定的 $\varepsilon>0$,δ 的取法不是惟一的,这与在序列极限中 N 的取法不惟一是类似的. 事实上,如果当 $0<|x-x_0|<\delta$ 时,有 $|f(x)-A|<\varepsilon$,那么对于任意一个 δ_1: $0<\delta_1<\delta$,当 $0<|x-x_0|<\delta_1$ 时,一定也有 $|f(x)-A|<\varepsilon$.

下面我们再举几个例子:

例 7 证明 $\lim_{x\to 1}\dfrac{3x^2-2x-1}{x-1}=4$.

证 首先,我们有
$$\left|\frac{3x^2-2x-1}{x-1}-4\right|=\left|\frac{(3x+1)(x-1)}{x-1}-4\right|,$$
注意考虑 $x\to 1$ 的极限过程时,可以不考虑函数在 $x=1$ 时的情况,简言之,可设 $x\neq 1$. 所以在 $\dfrac{3x^2-2x-1}{x-1}$ 中可约去分子与分母的公因子 $x-1$,因而这时

$$\left|\dfrac{3x^2-2x-1}{x-1}-4\right|=|3x+1-4|=3|x-1|,$$

故对任意给定的 $\varepsilon>0$,只需取 $\delta=\varepsilon/3$,那么当 $0<|x-1|<\delta$ 时,就有

$$|f(x)-4|<\varepsilon.$$

这就证明了

$$\lim_{x\to 1}\dfrac{3x^2-2x-1}{x-1}=4.$$

例8 设 $a>0$,证明 $\lim\limits_{x\to a}\sqrt{x}=\sqrt{a}$.

证

$$|\sqrt{x}-\sqrt{a}|=\dfrac{|x-a|}{\sqrt{x}+\sqrt{a}}\leqslant\dfrac{1}{\sqrt{a}}|x-a|.$$

对任意给定的 $\varepsilon>0$,要使不等式

$$|\sqrt{x}-\sqrt{a}|<\varepsilon$$

成立,只要不等式

$$\dfrac{1}{\sqrt{a}}|x-a|<\varepsilon \quad 或 \quad |x-a|<\sqrt{a}\,\varepsilon$$

成立即可.

又题中要求 $x\geqslant 0$,为此 x 必须在 a 的一个半径小于或等于 a 的邻域内取值,即要求 $\delta\leqslant a$,所以我们取 $\delta=\min(a,\sqrt{a}\,\varepsilon)$,这里 $\min(a,\sqrt{a}\,\varepsilon)$ 表示 a 与 $\sqrt{a}\,\varepsilon$ 中较小的那一个数,则当 $|x-a|<\delta$[①]时,便有

$$|\sqrt{x}-\sqrt{a}|<\varepsilon.$$

这样,就证明了

---

① 在例8中,$f(x)=\sqrt{x}$ 在 $x=a$ 处有定义且当 $x=a$ 时,$|f(x)-A|=0<\varepsilon$,所以对满足 $|x-x_0|<\delta$ 的一切 x 都有 $|f(x)-A|<\varepsilon$,故可省去不等式 $0<|x-a|$. 这与极限的定义并不矛盾. 下同.

$$\lim_{x \to a} \sqrt{x} = \sqrt{a}.$$

例9 证明：$\lim\limits_{x \to a} \sin x = \sin a$，$\lim\limits_{x \to a} \cos x = \cos a$.

证 $|\sin x - \sin a| = 2\left|\cos\dfrac{x+a}{2}\sin\dfrac{x-a}{2}\right| \leqslant 2\left|\sin\dfrac{x-a}{2}\right|$

$\leqslant 2\dfrac{|x-a|}{2} = |x-a|.$

最后一个不等式是因为对一切实数 x，都有 $|\sin x| \leqslant |x|$. 对于任意给定的 $\varepsilon > 0$，要使

$$|\sin x - \sin a| < \varepsilon$$

成立，只要

$$|x - a| < \varepsilon$$

成立即可. 所以，取 $\delta = \varepsilon$，那么当 $|x-a| < \delta$ 时，便有

$$|\sin x - \sin a| < \varepsilon.$$

这样，我们就证明了

$$\lim_{x \to a} \sin x = \sin a.$$

类似地可证

$$\lim_{x \to a} \cos x = \cos a.$$

我们指出，当自变量 x 趋于一个固定值时，函数极限不存在的例子是很多的.

例10 当 x 趋于 1 时，函数 $1/(x-1)$ 没有极限. 因为在点 $x=1$ 的任一邻域内，$1/(x-1)$ 总可以取绝对值任意大的值（见图 1.31），所以它不可能与某个常数无限接近.

例11 当 x 趋于 0 时，函数 $\sin\dfrac{1}{x}$ 没有极限. 从直观上看，这是显然的. 因为当 x 无限地接近 0 时，$\sin\dfrac{1}{x}$ 的值在 -1 与 1 之间无穷无尽

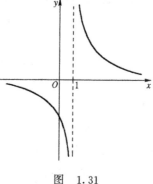

图 1.31

地摆动(见图 1.32),所以它不可能与某一个固定值无限接近,即它没有极限.

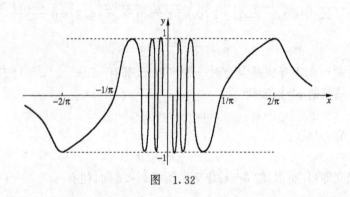

图 1.32

(2) 当 $|x|$ 趋于无穷(记作 $x \to \infty$)时,函数 $f(x)$ 的极限

在考虑整变量函数 x_n 的极限时,自变量 n 是离散地取正整数值而趋于无穷.现在考虑在自变量的绝对值 $|x|$ 连续变化而趋于无穷时,函数 $f(x)$ 的极限.

定义 3 设函数 $f(x)$ 在 $(-\infty, a)$ 及 $(b, +\infty)$ 上有定义,a,b 为常数.若存在常数 A:对于任意给定的正数 ε,都存在这样一个正数 X,使得当 $|x|>X$ 时,就有 $|f(x)-A|<\varepsilon$.则称当 x 趋于无穷时,**函数 $f(x)$ 以 A 为极限**,记作

$$\lim_{x \to \infty} f(x) = A,$$

或

$$f(x) \to A \quad (x \to \infty).$$

定义 3 中的 X 相当于定义 1 中的 N,但 X 不一定是整数.从图形上看,$\lim_{x \to \infty} f(x) = A$ 的几何意义是:对于任意给定的正数 ε,总存在一个正数 X,使当 $x<-X$ 或 $x>X$ 时,函数 $y=f(x)$ 相应的图形都位于两直线 $y=A-\varepsilon$ 与 $y=A+\varepsilon$ 之间(见图 1.33).

例 12 证明 $\lim_{x \to \infty} \dfrac{1}{x^m} = 0$,其中 m 为正整数.

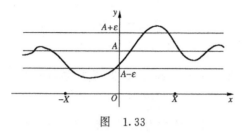

图 1.33

证
$$|f(x) - A| = \left|\frac{1}{x^m} - 0\right| = \frac{1}{|x|^m}.$$

对于任意给定的正数 ε，要使

$$|f(x) - A| < \varepsilon \quad 即 \quad \frac{1}{|x|^m} < \varepsilon$$

成立，只要

$$|x|^m > \frac{1}{\varepsilon} \quad 或 \quad |x| > \frac{1}{\sqrt[m]{\varepsilon}}$$

成立即可. 取 $X = 1/\sqrt[m]{\varepsilon}$，则当 $|x| > X$ 时，便有

$$\left|\frac{1}{x^m}\right| < \varepsilon.$$

这就证明了

$$\lim_{x \to \infty} \frac{1}{x^m} = 0.$$

(3) 单侧极限

在前面我们定义 $x \to x_0$ 的过程中 $f(x)$ 的极限时，我们要求自变量 x 是从 x_0 的两侧趋向于 x_0 的，也就是说，既要考虑 x 从 x_0 的左侧（即 $x < x_0$）趋于 x_0 时 $f(x)$ 的变化情况，也要考虑 x 从 x_0 的右侧（即 $x > x_0$）趋于 x_0 时 $f(x)$ 的变化情况. 在有些问题中，只要考虑 x 从 x_0 的一侧趋于 x_0 时 $f(x)$ 的变化趋势.

定义4 设函数 $f(x)$ 在 (a, x_0) 上有定义. 若存在常数 A：对任意给定的正数 ε，都存在正数 δ，使得当 $0 < x_0 - x < \delta$ 时，便有

$$|f(x)-A|<\varepsilon,$$

则称 A 为 $f(x)$ 在 $x=x_0$ 处的**左极限**,记作

$$\lim_{x\to x_0-0}f(x)=A.$$

仿此请读者写出右极限的定义.右极限被记作

$$\lim_{x\to x_0+0}f(x)=A.$$

左极限与右极限统称为**单侧极限**.前面定义的极限 $\lim\limits_{x\to x_0}f(x)$ 也称为**双侧极限**.

例 13 设函数

$$f(x)=\begin{cases}x+1, & -1\leqslant x\leqslant 0,\\ x, & 0<x\leqslant 1\end{cases}$$

(见图 1.34).证明:(i) $\lim\limits_{x\to 0-0}f(x)=1$;(ii) $\lim\limits_{x\to 0+0}f(x)=0$.

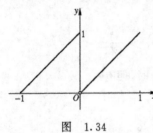

图 1.34

证 (i) 这里 $A=1, x_0=0$. 当 $x<0$ 时,$|f(x)-A|=|x+1-1|=|x|=-x$. 对任给 $\varepsilon>0$,取 $\delta=\varepsilon$,则当 $0<x_0-x=-x<\delta$ 时,就有 $|f(x)-1|=-x<\varepsilon$,这就证明了

$$\lim_{x\to 0-0}f(x)=1.$$

(ii) 这里 $A=0, x_0=0$. 当 $x>0$ 时,$|f(x)-A|=|x-0|=|x|=x$,对任给 $\varepsilon>0$,取 $\delta=\varepsilon$,则当 $0<x-x_0=x<\delta$ 时,就有 $|f(x)-0|=x<\varepsilon$.这就证明了

$$\lim_{x\to 0+0}f(x)=0.$$

本例中 $f(x)$ 在 $x=0$ 处的左、右极限都存在,但彼此不相等.从图上可以看出,$f(x)$ 在 $x=0$ 处的极限不存在.一般说来,$f(x)$ 在 x_0 处的极限与左、右极限之间有下列关系:$f(x)$ 在 x_0 处有极限的充分必要条件是 $f(x)$ 在 x_0 处的左、右极限都存在而且相等.这个结论的证明留给读者.

例 14 证明 $\lim\limits_{x\to 0}a^x=1\ (a>0)$.

证 当 $a=1$ 时,$a^x \equiv 1$. 显然 $\lim\limits_{x \to 0} a^x = 1$. 以下只需考虑 $a \neq 1$ 的情况.

先证 $\lim\limits_{x \to 0+0} a^x = 1$,即先考虑 $x > 0$ 的情况.

(i) 当 $a > 1$ 时,对任给 $\varepsilon > 0$,要使
$$|f(x) - A| = |a^x - 1| < \varepsilon \quad \text{即} \quad a^x - 1 < \varepsilon$$
或
$$a^x < 1 + \varepsilon,$$
只要
$$x \lg a < \lg(1+\varepsilon) \quad \text{或} \quad x < \frac{\lg(1+\varepsilon)}{\lg a}.$$
取 $\delta = \dfrac{\lg(1+\varepsilon)}{\lg a}$,则当 $0 < x < \delta$ 时,就有 $|a^x - 1| < \varepsilon$.

(ii) 当 $0 < a < 1$ 时,对任给 $\varepsilon > 0$(不妨设 $\varepsilon < 1$),要使
$$|a^x - 1| < \varepsilon \quad \text{即} \quad 1 - a^x < \varepsilon$$
或
$$a^x > 1 - \varepsilon,$$
只要
$$x \lg a > \lg(1-\varepsilon) \quad \text{或} \quad x < \frac{\lg(1-\varepsilon)}{\lg a}.$$
取 $\delta = \dfrac{\lg(1-\varepsilon)}{\lg a}$,则当 $0 < x < \delta$ 时,就有 $|a^x - 1| < \varepsilon$.

综合上述,即得 $\lim\limits_{x \to 0+0} a^x = 1 \ (a > 0)$.

用类似的方法可以证明 $\lim\limits_{x \to 0-0} a^x = 1$:注意到 $a > 1$ 时 $|a^x - 1| = 1 - a^x$,对任给的 $\varepsilon > 0$(不妨设 $\varepsilon < 1$),取 $\delta = \dfrac{-\lg(1-\varepsilon)}{\lg a}$;而当 $a < 1$ 时 $|a^x - 1| = a^x - 1$,对任给 $\varepsilon > 0$,取 $\delta = \dfrac{\lg(1+\varepsilon)}{-\lg a}$.

由 $\lim\limits_{x \to 0+0} a^x = \lim\limits_{x \to 0-0} a^x = 1$,推得 $\lim\limits_{x \to 0} a^x = 1 \ (a > 0)$.

同样,对于 $|x|$ 趋于无穷的过程,如果限制 $x > 0$,就称 x 趋于正无穷,记作 $x \to +\infty$;如果限制 $x < 0$,就称 x 趋于负无穷,记作

$x \to -\infty$. 若 $x \to +\infty$ 时 $f(x)$ 以 A 为极限,记作 $\lim\limits_{x \to +\infty} f(x) = A$;若 $x \to -\infty$ 时 $f(x)$ 以 A 为极限,记作 $\lim\limits_{x \to -\infty} f(x) = A$. 这两个极限式的定义,请读者自己写出来.

我们可以证明:$\lim\limits_{x \to \infty} f(x)$ 存在的充分必要条件是:$\lim\limits_{x \to +\infty} f(x)$ 及 $\lim\limits_{x \to -\infty} f(x)$ 都存在而且相等①.

例 15 设 $f(x) = \arctan x$ ($-\infty < x < +\infty$),易见

$$\lim_{x \to +\infty} f(x) = \frac{\pi}{2}, \quad \lim_{x \to -\infty} f(x) = -\frac{\pi}{2},$$

它们不相等,所以 $x \to \infty$ 时,$f(x)$ 无极限.

下面指出有极限的函数的几个重要性质. 为简便起见,考虑 $x \to x_0$ 的极限过程.

(i) 若极限 $\lim\limits_{x \to x_0} f(x)$ 存在,则当 $x \to x_0$ 时 $f(x)$ 是有界变量. 即存在常数 $\delta > 0$ 及 $M > 0$,使当 $0 < |x - x_0| < \delta$ 时便有

$$|f(x)| \leqslant M.$$

证 记 $\lim\limits_{x \to x_0} f(x) = A$. 由于已知极限存在,所以对于特别选定的正数 $\varepsilon = 1$,必存在一个常数 $\delta > 0$,使当 $0 < |x - x_0| < \delta$ 时,便有

$$|f(x) - A| < 1,$$

由上式即可推出 $|f(x)| \leqslant |A| + 1$. 令 $M = |A| + 1$,则当 $0 < |x - x_0| < \delta$ 时便有 $|f(x)| \leqslant M$,即 $x \to x_0$ 时 $f(x)$ 是有界变量.

(ii) 设极限 $\lim\limits_{x \to x_0} f(x) = A$ 存在. 若 $A > 0$,则存在常数 $\delta > 0$,使当 $0 < |x - x_0| < \delta$ 时,有 $f(x) > 0$.

证 由于极限 $\lim\limits_{x \to x_0} f(x)$ 存在,对于选定的 $\varepsilon = \dfrac{A}{2} > 0$,必存在 $\delta > 0$,使当 $0 < |x - x_0| < \delta$ 时,便有

---

① 在序列极限的定义中,我们用了记号 $\lim\limits_{n \to \infty} x_n$,这本应记成 $\lim\limits_{n \to +\infty} x_n$,但由于对于数列,不存在 $n \to -\infty$ 的过程,所以就简记为 $\lim\limits_{n \to \infty} x_n$.

$$|f(x) - A| < \frac{A}{2},$$

由上式即可推出 $f(x) > A - \frac{A}{2} = \frac{A}{2} > 0$. 证毕.

类似地可证明：设 $\lim\limits_{x \to x_0} f(x) = A$ 存在，若 $A < 0$，则存在 $\delta > 0$，使当 $0 < |x - x_0| < \delta$ 时，有 $f(x) < 0$.

(iii) 设极限 $\lim\limits_{x \to x_0} f(x) = A$ 存在. 若存在常数 $\delta > 0$，使当 $0 < |x - x_0| < \delta$ 时 $f(x) > 0$，则 $A \geq 0$.

证 反证法. 若 $A < 0$，则由(ii)知，当 x 在 x_0 的某个空心邻域内时，必有 $f(x) < 0$. 这与假设 $f(x) > 0$ 矛盾. 证毕.

以上我们对 $x \to x_0$ 的极限过程，指出了有极限的函数的三个性质. 对于其他极限过程，此三性质仍然成立，请同学们自己叙述并加以证明.

3. 无穷大量

现在我们引进无穷大量的概念. 粗略地讲，无穷大量是这样一种因变量：当自变量在某个极限过程中变化时，这种因变量的绝对值能大于任意给定的正数. 用更精确的语言说(以 $x \to x_0$ 的极限过程为例)，若对任意给定的正数 M，总存在一个正数 δ，使得当 $0 < |x - x_0| < \delta$ 时，就有

$$|f(x)| > M,$$

则称当 $x \to x_0$ 时，$f(x)$ 是**无穷大量**，记作

$$\lim_{x \to x_0} f(x) = \infty.$$

注意，记号 $\lim\limits_{x \to x_0} f(x) = \infty$ 只表示当 $x \to x_0$ 时 $f(x)$ 是无穷大量，但我们并不认为这时 $f(x)$ 有极限. 只有 $\lim\limits_{x \to x_0} f(x) = A (A \neq \infty)$ 时才叫做当 $x \to x_0$ 时 $f(x)$ 有极限.

类似地，读者可以写出整变量函数 x_n 是无穷大量的定义，以及 $x \to \infty$ 时 $f(x)$ 是无穷大量的定义.

例 16 证明 $\lg n$ 是无穷大量.

证 对于任意给定的正数 M,要使
$$|\lg n| = \lg n > M,$$
只要
$$n > 10^M.$$
我们取正整数 $N \geqslant 10^M$,则当 $n > N$ 时,就有
$$|\lg n| > M.$$
这样,就证明了
$$\lim_{n\to\infty} \lg n = \infty.$$

设在某一个极限过程中,函数 u 是无穷大量.如果在此极限过程中某一时刻之后函数 u 总取正值,则我们记作
$$\lim u = +\infty\,^{①};$$
如果在此极限过程中某时刻之后,函数 u 总取负值,则我们记作
$$\lim u = -\infty.$$
例如,在例 16 中,可写成
$$\lim_{n\to\infty} \lg n = +\infty.$$

习 题 1.4

1. 设

(1) $x_n = \dfrac{(-1)^n}{n}$; (2) $x_n = \dfrac{n^2}{2n^3+1}$;

(3) $x_n = (-1)^n \left(\dfrac{3}{5}\right)^n$; (4) $x_n = \dfrac{1}{n!}$.

证明:$\lim\limits_{n\to\infty} x_n = 0$,并对以上四种情况,分别填写下表:

ε	0.1	0.01	0.001
N			

2. 图 1.35 中的 $\overset{\frown}{OA}$ 为抛物线 $y = \sqrt{x}/2$ 的一段弧,平面图形

---

① 这里,在极限号"lim"之下没有特别写出是哪一种极限过程,意指对一切极限过程都适用.以下不再作说明.

OAB 绕 x 轴旋转一周而构成一个立体,试求这个立体的体积 V. (提示:我们可以将这个立体切成薄片,每一薄片近似于图 1.36 中的小矩形旋转而成的圆柱体,用圆柱体的公式计算出每一薄片的体积的近似值,再求和取极限而得这个立体的体积.)

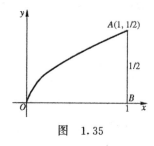

图 1.35

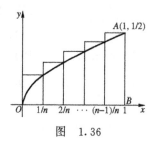

图 1.36

在题 3～12 中,证明各极限等式:

3. $\lim\limits_{n\to\infty}\dfrac{3n+1}{2n-1}=\dfrac{3}{2}$.

4. $\lim\limits_{n\to\infty}\dfrac{1}{2^n}=0$.

5. $\lim\limits_{n\to\infty}\dfrac{1}{n^a}=0$ (a 为任意正实数).

6. $\lim\limits_{n\to\infty}\dfrac{\sin n}{n}=0$.

7. $\lim\limits_{n\to\infty}\dfrac{\sqrt[3]{n^2}\sin n}{n+1}=0$.

8. $\lim\limits_{n\to\infty}\sqrt[n]{a}=1$ ($0<a<1$).

9. $\lim\limits_{n\to\infty}\dfrac{2^n}{n!}=0$.

10. $\lim\limits_{n\to\infty}nq^n=0$ ($|q|<1$).

11. $\lim\limits_{x\to 3}(3x+1)=10$.

12. $\lim\limits_{x\to 0}x\sin\dfrac{1}{x}=0$.

13. 写出下列各表达式的定义:

(1) $\lim\limits_{x\to+\infty}f(x)=A$;
(2) $\lim\limits_{x\to-\infty}f(x)=A$;
(3) $\lim\limits_{x\to\infty}f(x)=\infty$.

14. 证明:如果 $\lim\limits_{n\to\infty}x_n=a$ ($a>0$),则存在正整数 N,使当 $n\geqslant N$ 时有 $x_n>0$.

如果 $x_n>0$,对一切自然数 n 成立,且 $\lim\limits_{n\to\infty}x_n=a$,问是否一定有 $a>0$?

15. 设 $\lim\limits_{n\to\infty}x_n=A$,证明:$\lim\limits_{n\to\infty}|x_n|=|A|$,反过去是否成立?

16. 设 $\lim\limits_{n\to\infty}x_n=A$. 证明:

(1) 存在自然数 N,使 $n>N$ 时有 $|x_n|<|A|+1$;

(2) 当 $A\neq 0$ 时,存在自然数 N_1,使 $n>N_1$ 时
$$|x_n|>|A|/2.$$

17. 设 $\lim\limits_{n\to\infty}x_n=A$. 证明:

(1) 对任意取定的常数 $R>A$,存在自然数 N,使 $n>N$ 时
$$x_n<R;$$

(2) 对任意取定的常数 $r<A$,存在自然数 N_1,使 $n>N_1$ 时
$$x_n>r.$$

18. 求 $\lim\limits_{x\to 0+0}\dfrac{|x|}{x}$ 和 $\lim\limits_{x\to 0-0}\dfrac{|x|}{x}$.

19. 设 $f(x)=\arctan\dfrac{1}{x}$,问 $\lim\limits_{x\to 0}f(x)$ 是否存在?

20. 设 $f(x)=\begin{cases}\dfrac{-1}{x-1}, & x<0,\\ 0, & x=0,\\ x, & 0<x<1,\\ 1, & 1\leqslant x<2.\end{cases}$ 求下列极限:$\lim\limits_{x\to 0+0}f(x)$,
$\lim\limits_{x\to 0-0}f(x)$,$\lim\limits_{x\to 1+0}f(x)$,$\lim\limits_{x\to 1-0}f(x)$;问:$\lim\limits_{x\to 0}f(x)$ 及 $\lim\limits_{x\to 1}f(x)$ 是否存在?

21. 设 $\lim\limits_{x\to a}f(x)=A$,若 $A<0$,证明:存在 a 的一个空心邻域,使当 x 在此空心邻域内时,对应的 $f(x)$ 也小于零.

22. 设 $\lim\limits_{x\to a}f(x)=A$. 若当 $x\in(a-\delta,a+\delta)$ 时$(\delta>0)$,$f(x)<0$,证明:$A\leqslant 0$.

*23. 证明 $\lim\limits_{n\to\infty}\sqrt[n]{n}=1$. (提示:对任意取定的正数 ε,有 $\lim\limits_{n\to\infty}\dfrac{n}{(1+\varepsilon)^n}=0$.)

§5 函数极限的运算法则

本节介绍极限的四则运算法则,有了这些法则将大大便于极限的计算. 为证明这些运算法则,引进无穷小量的概念及其运算法则是有益的.

1. 无穷小量的概念与运算

在某个极限过程中,以零为极限的变量被称为**无穷小量**. 例如,当 n 趋于 ∞ 时,$1/n, 1/2^n$ 都是无穷小量;当 x 趋于 0 时,x, $\sin x, x^2$ 都是无穷小量;当 x 趋于 $+\infty$ 时,$1/x$ 也是无穷小量. 我们可用"$\varepsilon\text{-}\delta$"或"$\varepsilon\text{-}N$"语言给出它的确切定义. 例如,考虑函数 $f(x)$:若对任意给定的正数 ε,总存在正数 δ,使当 $0<|x-x_0|<\delta$ 时,就有
$$|f(x)|<\varepsilon,$$
则称当 $x \to x_0$ 时,$f(x)$ 是**无穷小量**. 类似地,请读者写出整变量函数 x_n 是无穷小量,以及当 $x \to \infty$ 时函数 $f(x)$ 是无穷小量的定义.

无穷小量在微积分中起着特殊的作用. 所以下面我们先讨论无穷小量的一些重要性质及运算法则. 在以下的证明中,我们仅就 $x \to x_0$ 的极限过程加以讨论,其他极限过程的证明完全类似.

命题 1 在同一极限过程中,有限个无穷小量的代数和是无穷小量.

证 为方便起见,我们仅以三个无穷小量的代数和为例进行证明. 设当 $x \to x_0$ 时,$\alpha(x), \beta(x), \gamma(x)$ 都是无穷小量. 于是对任给 $\varepsilon>0$,存在三个正数 $\delta_1, \delta_2, \delta_3$,使得当 $0<|x-x_0|<\delta_1$ 时,$|\alpha(x)|<\varepsilon/3$;当 $0<|x-x_0|<\delta_2$ 时,$|\beta(x)|<\varepsilon/3$;当 $0<|x-x_0|<\delta_3$ 时,$|\gamma(x)|<\varepsilon/3$. 取 $\delta=\min(\delta_1, \delta_2, \delta_3)$,则当 $0<|x-x_0|<\delta$ 时,有
$$|\alpha(x)+\beta(x)-\gamma(x)| \leqslant |\alpha(x)|+|\beta(x)|+|\gamma(x)|$$

$$< \frac{\varepsilon}{3} + \frac{\varepsilon}{3} + \frac{\varepsilon}{3} = \varepsilon.$$

这说明 $\alpha(x)+\beta(x)-\gamma(x)$ 是无穷小量. 证毕.

命题 2 有界变量与无穷小量的乘积是无穷小量.

证 设当 $x \to x_0$ 时 $f(x)$ 是有界变量,即存在正数 M 及 δ_1,使当 $0<|x-x_0|<\delta_1$ 时,有 $|f(x)| \leqslant M$. 又设当 $x \to x_0$ 时 $\alpha(x)$ 是无穷小量,于是对任意给定的正数 ε,存在正数 δ_2,使当 $0<|x-x_0|<\delta_2$ 时,有 $|\alpha(x)|<\varepsilon/M$. 我们取 $\delta = \min(\delta_1, \delta_2)$,则当 $0<|x-x_0|<\delta$ 时,就有

$$|f(x) \cdot \alpha(x)| = |f(x)| \cdot |\alpha(x)| < M \cdot \frac{\varepsilon}{M} = \varepsilon.$$

这说明 $x \to x_0$ 时 $f(x)\alpha(x)$ 是无穷小量. 证毕.

因为常量及无穷小量都是有界变量,所以由命题 2 立刻得出下列两个推论:

(i) 常量与无穷小量的乘积是无穷小量.

(ii) 有限个无穷小量的乘积是无穷小量.

例 1 当 $x \to 0$ 时,$\sin x \sin \frac{1}{x}$ 是无穷小量.

证 事实上,当 $x \to 0$ 时,$\sin x$ 是无穷小量,$\sin \frac{1}{x}$ 为有界变量,所以 $\sin x \sin \frac{1}{x}$ 是无穷小量.

命题 3 无穷小量除以极限不为零的变量,其商是无穷小量.

证 设 $x \to x_0$ 时,$\alpha(x)$ 是无穷小量,且 $f(x) \to A \neq 0$.

先证 $1/f(x)$ 当 $x \to x_0$ 时是有界变量. 为此我们只要证明 x 充分靠近 x_0 时 $|f(x)|$ 大于某个正数即可. 我们选取 $\varepsilon_0 = |A|/2$,对这样一个 ε_0,一定存在一个正数 δ,使当 $0<|x-x_0|<\delta$ 时,

$$|f(x) - A| < \varepsilon_0 = \frac{|A|}{2}.$$

又 $\qquad |f(x)-A| = |A-f(x)| \geqslant |A| - |f(x)|,$

所以当 $0<|x-x_0|<\delta$ 时,有

$$|A| - |f(x)| < \frac{|A|}{2} \quad 即 \quad |f(x)| > \frac{|A|}{2},$$

由此得
$$\frac{1}{|f(x)|} < \frac{2}{|A|}.$$

这说明 $1/f(x)$ 是有界变量. 于是

$$\frac{\alpha(x)}{f(x)} = \alpha(x) \cdot \frac{1}{f(x)}$$

是无穷小量与有界变量的乘积, 据命题 2, 它是无穷小量. 证毕.

最后, 我们指出无穷大量与无穷小量间的关系:

命题 4 如果在某一极限过程中函数 u 是无穷大量, 则函数 $1/u$ 是同一极限过程中的无穷小量. 如果在某一极限过程中函数 v 是无穷小量, 且 $v \neq 0$, 则函数 $1/v$ 是同一极限过程中的无穷大量.

我们只对整变量函数证明命题 4 的前一结论. 其他的极限过程及命题 4 的后一结论, 请读者自己完成.

证 设 $u = u_n$. 已知 $\lim\limits_{n \to \infty} u_n = \infty$, 要证明 $\lim\limits_{n \to \infty} 1/u_n = 0$. 对于任意给定的正数 ε, 要不等式

$$\left| \frac{1}{u_n} \right| < \varepsilon$$

成立, 也就是要不等式

$$|u_n| > \frac{1}{\varepsilon}$$

成立. 由题设 $\lim\limits_{n \to \infty} u_n = \infty$, 故对正数 $1/\varepsilon$, 必存在一个正整数 N, 使得当 $n > N$ 时,

$$|u_n| > \frac{1}{\varepsilon}.$$

于是, 当 $n > N$ 时, 就有

$$\left| \frac{1}{u_n} \right| < \varepsilon.$$

这就是所需要证明的.

例 2 证明: 当 $|q| > 1$ 时, $\lim\limits_{n \to \infty} q^n = \infty$.

证 因 $|q|>1$,故

$$0<\left|\frac{1}{q}\right|<1.$$

由 §4 的例 3 可知

$$\lim_{n\to\infty}\frac{1}{q^n}=\lim_{n\to\infty}\left(\frac{1}{q}\right)^n=0.$$

又对任意 $n,\frac{1}{q^n}\neq 0$,根据命题 4,

$$\lim_{n\to\infty}q^n=\infty.$$

2. 极限的运算法则

我们可以借助无穷小量的运算法则来证明一般的极限的运算法则.

定理 1 当 $x\to x_0$ 时,函数 $f(x)$ 以 A 为极限的充分必要条件是:当 $x\to x_0$ 时,$[f(x)-A]$ 是无穷小量.

证 必要性 由 $\lim_{x\to x_0}f(x)=A$,对任给正数 ε,必存在正数 δ,使当 $0<|x-x_0|<\delta$ 时,有 $|f(x)-A|<\varepsilon$. 由无穷小量的定义,这说明当 $x\to x_0$ 时,$[f(x)-A]$ 是无穷小量.

充分性 由 $\lim_{x\to x_0}[f(x)-A]=0$,对任给正数 ε,必存在正数 δ,使当 $0<|x-x_0|<\delta$ 时,有 $|f(x)-A|<\varepsilon$. 由极限的定义,这说明 $\lim_{x\to x_0}f(x)=A$. 证毕.

对其他极限过程,有与定理 1 相同的结论.

由于 $f(x)=A+[f(x)-A]$,所以定理 1 的另一叙述形式如下:$\lim_{x\to x_0}f(x)=A$ 的充分必要条件是 $f(x)$ 可表成 A 与某个无穷小量之和,即

$$f(x)=A+\alpha(x),$$

其中 $\alpha(x)$ 当 $x\to x_0$ 时是无穷小量.

定理 2 设 u,v 是同一个自变量的函数,并且在同一个极限

过程中都有极限:$\lim u = A, \lim v = B$,则有

(i) $\lim(u \pm v) = A \pm B = \lim u \pm \lim v$;

(ii) $\lim(u \cdot v) = A \cdot B = (\lim u) \cdot (\lim v)$;

(iii) 如果 $B \neq 0$,则 $\lim \dfrac{u}{v} = \dfrac{A}{B} = \dfrac{\lim u}{\lim v}$.

证 由假设及定理 1,设 $u = A + \alpha, v = B + \beta$,其中 α, β 是无穷小量.

(i) $u \pm v = (A \pm B) + (\alpha \pm \beta)$,由命题 1,$\alpha \pm \beta$ 是无穷小量.由定理 1,上式说明

$$\lim(u \pm v) = A \pm B = \lim u \pm \lim v.$$

(ii) $u \cdot v = (A + \alpha) \cdot (B + \beta) = AB + (A\beta + B\alpha + \alpha\beta)$,由命题 1 及 2 的推论,$(A\beta + B\alpha + \alpha\beta)$ 是无穷小量.由定理 1,上式说明

$$\lim(u \cdot v) = AB = (\lim u) \cdot (\lim v).$$

(iii) 当 $B \neq 0$ 时,

$$\frac{u}{v} - \frac{A}{B} = \frac{A + \alpha}{B + \beta} - \frac{A}{B} = \frac{\alpha B - A\beta}{B(B + \beta)},$$

上式右端的分子是无穷小量,分母以 $B^2 (\neq 0)$ 为极限,由命题 3 知,整个分式为无穷小量.这表明

$$\lim \frac{u}{v} = \frac{A}{B} = \frac{\lim u}{\lim v}.$$

证毕.

定理 2 中结论 (ii) 的一个特例是:当 $u = c$ (c 为常数),$v = f(x)$ 时,得

$$\lim_{x \to x_0} cf(x) = c \lim_{x \to x_0} f(x).$$

不难看出,定理 2 可以推广到有限个函数进行四则运算的情况.

应用推广后的定理可知,对任意正整数 n,有

$$\lim_{x \to x_0} x^n = \left(\lim_{x \to x_0} x\right)^n = x_0^n.$$

例3 设 $P(x) = a_0 x^n + a_1 x^{n-1} + \cdots + a_n$,求 $\lim\limits_{x \to x_0} P(x)$.

解 由定理2,我们有
$$\lim_{x \to x_0} P(x) = a_0 \lim_{x \to x_0} x^n + a_1 \lim_{x \to x_0} x^{n-1} + \cdots + a_n$$
$$= a_0 x_0^n + a_1 x_0^{n-1} + \cdots + a_n = P(x_0).$$

例4 求 $\lim\limits_{x \to 3} \dfrac{x^3 - 4x^2 - 2x + 1}{x^2 + x - 1}$.

解 因为 $\lim\limits_{x \to 3}(x^2 + x - 1) = 3^2 + 3 - 1 = 11 \neq 0$, 所以
$$原式 = \frac{\lim\limits_{x \to 3}(x^3 - 4x^2 - 2x + 1)}{\lim\limits_{x \to 3}(x^2 + x - 1)}$$
$$= \frac{3^3 - 4 \cdot 3^2 - 2 \cdot 3 + 1}{11} = -\frac{14}{11}.$$

不难证明,对于任意有理函数
$$R(x) = \frac{P(x)}{Q(x)},$$
其中 $P(x), Q(x)$ 为多项式,只要 $Q(x_0) \neq 0$,就有
$$\lim_{x \to x_0} R(x) = \frac{P(x_0)}{Q(x_0)} = R(x_0).$$

例5 求 $\lim\limits_{x \to -1} \dfrac{x-2}{x+1}$.

解 当 $x \to -1$ 时,分母 $x+1 \to 0$,但分子 $x-2 \to -3 \neq 0$. 于是 $(x+1)/(x-2)$ 是无穷小量,所以由命题4, $(x-2)/(x+1)$ 是无穷大量,即
$$\lim_{x \to -1} \frac{x-2}{x+1} = \infty.$$

以上结论具有一般性,即在某极限过程中,若分母函数的极限为0,而分子函数的极限不是0,则商函数是无穷大量.

例6 求 $\lim\limits_{x \to 3} \dfrac{x^2 - 4x + 3}{x^2 - 9}$.

解 当 $x \to 3$ 时,分母、分子同时趋于0,这时不能直接应用定理2,但注意到分母、分子有公因子 $x-3$,所以可以消去这个公因子后再求极限:

$$\lim_{x\to 3}\frac{x^2-4x+3}{x^2-9}=\lim_{x\to 3}\frac{x-1}{x+3}=\frac{3-1}{3+3}=\frac{1}{3}.$$

例7 求 $\lim\limits_{x\to\infty}\dfrac{2x^3+4x^2-5x}{9x^3-5x^2+3}$.

解 不难看出,当 $x\to\infty$ 时,分母、分子都趋于 ∞. 这时不能直接应用定理 2. 我们用 x^3 同时除分母、分子,即有

$$\lim_{x\to\infty}\frac{2x^3+4x^2-5x}{9x^3-5x^2+3}=\lim_{x\to\infty}\frac{2+\dfrac{4}{x}-\dfrac{5}{x^2}}{9-\dfrac{5}{x}+\dfrac{3}{x^3}}=\frac{2}{9}.$$

3. 极限存在的准则·两个重要极限

我们先来叙述判别极限存在的两个准则.

准则 I 设三个函数 $u=u(x), v=v(x), w=w(x)$ 满足下列条件:

(i) 存在一个正数 r,当 $0<|x-x_0|<r$ 时有
$$u(x)\leqslant v(x)\leqslant w(x); \tag{1}$$

(ii) $\lim\limits_{x\to x_0}u(x)=\lim\limits_{x\to x_0}w(x)=l$,

则 $\lim\limits_{x\to x_0}v(x)=l$.

证 由 $\lim\limits_{x\to x_0}u(x)=\lim\limits_{x\to x_0}w(x)=l$,对任给 $\varepsilon>0$,一定存在正数 δ_1 与 δ_2,使当 $0<|x-x_0|<\delta_1$ 时,有
$$|u(x)-l|<\varepsilon,$$
即
$$l-\varepsilon<u(x)<l+\varepsilon. \tag{2}$$
当 $0<|x-x_0|<\delta_2$ 时,有
$$|w(x)-l|<\varepsilon,$$
即
$$l-\varepsilon<w(x)<l+\varepsilon. \tag{3}$$
取 $\delta=\min(\delta_1,\delta_2,r)$,则当 $0<|x-x_0|<\delta$ 时,不等式(1),(2),(3)

同时成立,因而有
$$l - \varepsilon < u(x) \leqslant v(x) \leqslant w(x) < l + \varepsilon,$$
也就有
$$l - \varepsilon < v(x) < l + \varepsilon,$$
即
$$|v(x) - l| < \varepsilon.$$
这就证明了
$$\lim_{x \to x_0} v(x) = l.$$

准则 I 对其他极限过程也成立.准则 I 俗称"**夹逼定理**".

定义 1 若序列 $\{x_n\}$ 满足
$$x_1 \leqslant x_2 \leqslant x_3 \leqslant \cdots \leqslant x_n \leqslant \cdots (x_1 \geqslant x_2 \geqslant \cdots \geqslant x_n \geqslant \cdots),$$
则称 $\{x_n\}$ 为**单调上升(下降)序列**.

例如,$\{x_n = (n-1)/n\}$ 为单调上升序列,$\{x_n = 1/n\}$ 为单调下降序列.单调上升、单调下降序列统称为**单调序列**.

定义 2 设对于序列 $\{x_n\}$,存在正数 M,使对一切 $n(n=1,2,\cdots)$,都有 $|x_n| < M$,则称 $\{x_n\}$ 为**有界序列**.

定义 3 设对于序列 $\{x_n\}$,存在常数 $M(m)$,使对一切 $n(n=1,2,\cdots)$,都有 $x_n < M (x_n > m)$,则称 $\{x_n\}$ 为**有上界(下界)的序列**.

例如,$\{x_n = -n\}$ 为有上界的序列,而 $\{x_n = n\}$ 为有下界的序列.

准则 II 单调上升(下降)且有上界(下界)的序列必有极限.

这个结论从几何上看是显然成立的.以单调上升序列为例,它在数轴上对应的点随着 n 的增大而向右移动.这时只有两种可能,或者点列 $x_n(n=1,2,\cdots)$ 移向无穷远,或者 $x_n(n=1,2,\cdots)$ 无限趋近于某一个定点 A(见图 1.37).对于有上界的序列而言,上述第一种情况不可能发生,而第二种情况意味着 x_n 以 A 为极限.准则 II 的证明要用到实数理论,这里不证了.

图 1.37

应用准则 I 和准则 II，可以证明两个极限公式，这两个公式在微分学中起着重要作用.

(1) $\lim\limits_{x \to 0} \dfrac{\sin x}{x} = 1$

我们先来证明，当 $0 < x < \pi/2$ 时，有不等式

$$\sin x < x < \tan x. \qquad (4)$$

在单位圆内，考虑锐角 $\angle AOB = x$，弦 AB 以及在点 A 处圆周的切线 AD（如图 1.38）. 于是我们有：

△AOB 的面积 < 扇形 AOB 的面积 < △AOD 的面积，即

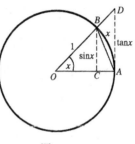

图 1.38

$$\frac{1}{2}\sin x < \frac{1}{2}x < \frac{1}{2}\tan x,$$

消去因子 1/2，就得到不等式 (4).

在 $0 < x < \pi/2$ 的假设下，由不等式 (4) 可得到

$$\cos x < \frac{\sin x}{x} < 1. \qquad (5)$$

当 $-\pi/2 < x < 0$ 时，令 $x' = -x$，则 $0 < x' < \pi/2$，由以上的结论，我们有

$$\cos x' < \frac{\sin x'}{x'} < 1. \qquad (6)$$

又因为

$$\cos x' = \cos(-x) = \cos x,$$
$$\frac{\sin x'}{x'} = \frac{\sin(-x)}{(-x)} = \frac{\sin x}{x},$$

所以由 (6) 式得到

$$\cos x < \frac{\sin x}{x} < 1.$$

综上所述，当 $0 < |x| < \pi/2$ 时，(5) 式成立. 注意到

$$\lim\limits_{x \to 0} \cos x = 1, \quad \lim\limits_{x \to 0} 1 = 1,$$

由准则 I，我们有
$$\lim_{x \to 0} \frac{\sin x}{x} = 1.$$
利用上面这个极限，我们可以求出许多其他函数的极限．

例 8 求 $\lim\limits_{x \to 0} \dfrac{\sin 5x}{x}$．

解 $\lim\limits_{x \to 0} \dfrac{\sin 5x}{x} = \lim\limits_{x \to 0} \dfrac{5 \cdot \sin 5x}{5x} = 5 \lim\limits_{5x \to 0} \dfrac{\sin 5x}{5x} = 5.$

例 9 求 $\lim\limits_{x \to 0} \dfrac{\tan x}{x}$．

解 $\lim\limits_{x \to 0} \dfrac{\tan x}{x} = \lim\limits_{x \to 0} \dfrac{1}{\cos x} \cdot \dfrac{\sin x}{x} = \lim\limits_{x \to 0} \dfrac{1}{\cos x} \cdot \lim\limits_{x \to 0} \dfrac{\sin x}{x}$
$= 1 \cdot 1 = 1.$

例 10 求 $\lim\limits_{x \to 0} \dfrac{1 - \cos x}{x^2}$．

解 $\lim\limits_{x \to 0} \dfrac{1-\cos x}{x^2} = \lim\limits_{x \to 0} \dfrac{2\sin^2 \dfrac{x}{2}}{x^2} = \lim\limits_{x \to 0} \dfrac{1}{2} \cdot \left[\dfrac{\sin \dfrac{x}{2}}{\dfrac{x}{2}}\right]^2$

$= \dfrac{1}{2} \lim\limits_{\frac{x}{2} \to 0} \left[\dfrac{\sin \dfrac{x}{2}}{\dfrac{x}{2}}\right]^2 = \dfrac{1}{2} \left[\lim\limits_{\frac{x}{2} \to 0} \dfrac{\sin \dfrac{x}{2}}{\dfrac{x}{2}}\right]^2 = \dfrac{1}{2}.$

例 11 求 $\lim\limits_{x \to +\infty} x \sin \dfrac{1}{x}$．

解 $\lim\limits_{x \to +\infty} x \sin \dfrac{1}{x} = \lim\limits_{x \to +\infty} \dfrac{\sin \dfrac{1}{x}}{\dfrac{1}{x}} = \lim\limits_{\frac{1}{x} \to 0+0} \dfrac{\sin \dfrac{1}{x}}{\dfrac{1}{x}} = 1.$

(2) $\lim\limits_{x \to \infty} \left(1 + \dfrac{1}{x}\right)^x$ 的存在性

当 $x \to \infty$ 时，$\left(1 + \dfrac{1}{x}\right) \to 1$．但 $\left(1 + \dfrac{1}{x}\right)^x$ 的指数趋于无穷，所以不能立即判断 $\left(1 + \dfrac{1}{x}\right)^x$ 的极限是否存在．我们应用准则 II 先来证明极限 $\lim\limits_{n \to \infty} \left(1 + \dfrac{1}{n}\right)^n$ 存在．

证 考虑序列 $\left\{\left(1+\dfrac{1}{n}\right)^n\right\}$. 设 $x_n=\left(1+\dfrac{1}{n}\right)^n$, 由二项式定理, 有

$$\begin{aligned}x_n=\left(1+\frac{1}{n}\right)^n &= 1+\frac{n}{1!}\cdot\frac{1}{n}+\frac{n(n-1)}{2!}\cdot\frac{1}{n^2}\\ &\quad+\frac{n(n-1)(n-2)}{3!}\cdot\frac{1}{n^3}+\cdots\\ &\quad+\frac{n(n-1)\cdots(n-k+1)}{k!}\cdot\frac{1}{n^k}+\cdots\\ &\quad+\frac{n(n-1)\cdots(n-n+1)}{n!}\cdot\frac{1}{n^n}\\ &= 1+1+\frac{1}{2!}\left(1-\frac{1}{n}\right)+\frac{1}{3!}\left(1-\frac{1}{n}\right)\left(1-\frac{2}{n}\right)+\cdots\\ &\quad+\frac{1}{k!}\left(1-\frac{1}{n}\right)\left(1-\frac{2}{n}\right)\cdots\left(1-\frac{k-1}{n}\right)+\cdots\\ &\quad+\frac{1}{n!}\left(1-\frac{1}{n}\right)\left(1-\frac{2}{n}\right)\cdots\left(1-\frac{n-1}{n}\right).\end{aligned}$$

同理

$$\begin{aligned}x_{n+1}&=1+1+\frac{1}{2!}\left(1-\frac{1}{n+1}\right)\\ &\quad+\frac{1}{3!}\left(1-\frac{1}{n+1}\right)\left(1-\frac{2}{n+1}\right)+\cdots\\ &\quad+\frac{1}{k!}\left(1-\frac{1}{n+1}\right)\left(1-\frac{2}{n+1}\right)\cdots\left(1-\frac{k-1}{n+1}\right)+\cdots\\ &\quad+\frac{1}{n!}\left(1-\frac{1}{n+1}\right)\left(1-\frac{2}{n+1}\right)\cdots\left(1-\frac{n-1}{n+1}\right)\\ &\quad+\frac{1}{(n+1)!}\left(1-\frac{1}{n+1}\right)\left(1-\frac{2}{n+1}\right)\cdots\left(1-\frac{n}{n+1}\right).\end{aligned}$$

比较 x_n 与 x_{n+1} 等式右边的各项, 可看出除第一、二两项相等外, x_n 的每一项都小于 x_{n+1} 的对应项, 且 x_{n+1} 比 x_n 多了最后一项(大于 0), 于是

$$x_n<x_{n+1}\quad(n=1,2,\cdots),$$

所以 $\{x_n\}$ 是单调上升序列. 再将 x_n 的右端各括号内的数放大为 1, 得

$$x_n < 1 + 1 + \frac{1}{2!} + \frac{1}{3!} + \cdots + \frac{1}{n!}$$

$$< 1 + 1 + \frac{1}{2} + \frac{1}{2^2} + \cdots + \frac{1}{2^{n-1}}$$

$$= 1 + \frac{1 - \frac{1}{2^n}}{1 - \frac{1}{2}} = 3 - \frac{1}{2^{n-1}} < 3.$$

这说明 $\{x_n\}$ 为有上界的序列. 由准则 II, 当 $n \to \infty$ 时, x_n 必有极限. 习惯上用 e 表示这个极限, 即记

$$\lim_{n \to \infty} \left(1 + \frac{1}{n}\right)^n = \text{e}. \tag{7}$$

可以证明, e 是一个无理数:

$$\text{e} = 2.7\ 18\ 28\ 18\ 28\ 45\ 90\ 45\ \cdots.$$

利用(7)式可以证明, 当 x 取实数而趋于 $+\infty$ 或 $-\infty$ 时, $\left(1 + \frac{1}{x}\right)^x$ 的极限都存在且都等于 e. 因而有

$$\lim_{x \to \infty} \left(1 + \frac{1}{x}\right)^x = \text{e}. \tag{8}$$

*事实上, 我们用 $[x]$ 表示数 x 的整数部分, 显然有

$$[x] \leqslant x \leqslant [x] + 1,$$

当 $x \geqslant 1$ 时, 有

$$\left(1 + \frac{1}{[x]+1}\right)^{[x]} \leqslant \left(1 + \frac{1}{x}\right)^x \leqslant \left(1 + \frac{1}{[x]}\right)^{[x]+1}. \tag{9}$$

当 $x \to +\infty$ 时, $[x]$ 则取一切自然数 n 而趋于无穷. 于是(9)式最右端一项函数的极限为

$$\lim_{x \to +\infty} \left(1 + \frac{1}{[x]}\right)^{[x]+1} = \lim_{n \to \infty} \left(1 + \frac{1}{n}\right)^{n+1}$$

$$= \lim_{n \to \infty} \left(1 + \frac{1}{n}\right)^n \cdot \left(1 + \frac{1}{n}\right) = \text{e}.$$

而(9)式最左端一项函数的极限为

$$\lim_{x\to+\infty}\left(1+\frac{1}{[x]+1}\right)^{[x]} = \lim_{n\to\infty}\left(1+\frac{1}{n+1}\right)^n$$
$$= \lim_{n\to\infty}\left(1+\frac{1}{n+1}\right)^{n+1}\Big/\left(1+\frac{1}{n+1}\right) = e.$$

利用准则 I，我们有

$$\lim_{x\to+\infty}\left(1+\frac{1}{x}\right)^x = e. \tag{10}$$

利用(10)式我们又可推得

$$\lim_{x\to-\infty}\left(1+\frac{1}{x}\right)^x \xrightarrow{y=-x} \lim_{y\to+\infty}\left(1-\frac{1}{y}\right)^{-y} = \lim_{y\to+\infty}\frac{1}{\left(1-\frac{1}{y}\right)^y}$$
$$= \lim_{y\to+\infty}\left(1+\frac{1}{y-1}\right)^y = e. \tag{11}$$

(10)与(11)两式同时成立，即表明

$$\lim_{x\to\infty}\left(1+\frac{1}{x}\right)^x = e.$$

(8)式也可写成另一种形式. 令 $y=1/x$，则(8)式变为

$$\lim_{y\to 0}(1+y)^{1/y} = e.$$

在微积分中，经常要用到以 e 为底的对数函数 $\log_e x$，它可简写为 $\ln x$，即

$$\ln x = \log_e x.$$

例 12 求 $\lim\limits_{x\to\infty}\left(1+\dfrac{k}{x}\right)^x$，$k$ 为任意实数.

解 令 $k/x=u$，于是

$$\lim_{x\to\infty}\left(1+\frac{k}{x}\right)^x = \lim_{u\to 0}(1+u)^{k/u} = \lim_{u\to 0}\left[(1+u)^{1/u}\right]^k.$$

再令 $y=(1+u)^{1/u}$，当 $u\to 0$ 时，$y\to e$. 所以

$$原式 = \lim_{y\to e} y^k = e^k \text{①}.$$

---

① 这里应用了极限式 $\lim\limits_{y\to e} y^k = e^k = \left[\lim\limits_{y\to e} y\right]^k$. 当 k 是整数时，这是定理 2 的推论. 当 k 是一般实数时，这个式子仍然成立，其理由将在 §6 中说明.

例 13 若某种细菌在每一瞬时繁殖的速率(繁殖率)与该瞬时细菌的数量成正比,比例常数为 K,求细菌数量 Q 与时间 t 的关系.

解 用 Q_0 表示开始时($t=0$ 时)细菌的数量. 要求 t 时刻细菌的数量 Q. 将时间区间 $[0,t]$ 分为 n 个相等的小区间:

$$\left[0,\frac{t}{n}\right],\left[\frac{t}{n},\frac{2t}{n}\right],\cdots,\left[\frac{(n-1)t}{n},t\right].$$

因为这些时间区间都很短,所以每个小区间内的繁殖率可以近似地看成是一样的. 例如,可以把开始时的繁殖率 KQ_0 近似地当作时间区间 $[0,t/n]$ 内的繁殖率. 因而就可以求出瞬时 t/n 时细菌数量的近似值

$$Q_1 = Q_0 + KQ_0 \frac{t}{n} = Q_0 \left(1 + \frac{Kt}{n}\right).$$

同样,把瞬时 t/n 的繁殖率 KQ_1 近似地当作时间区间 $[t/n, 2t/n]$ 内的繁殖率,而求出瞬时 $2t/n$ 的细菌数量的近似值

$$Q_2 = Q_1 + KQ_1 \frac{t}{n} = Q_1 \left(1 + \frac{Kt}{n}\right) = Q_0 \left(1 + \frac{Kt}{n}\right)^2.$$

逐步作下去,可求出瞬时 $\frac{n}{n}t = t$ 的细菌数量的近似值

$$Q_n = Q_{n-1} + KQ_{n-1} \frac{t}{n} = Q_{n-1}\left(1 + \frac{Kt}{n}\right) = Q_0 \left(1 + \frac{Kt}{n}\right)^n.$$

要想求得 Q 的精确值,可让 n 无限地增大,那么 Q_n 的极限就是 Q,也就是

$$Q = \lim_{n\to\infty}\left[Q_0\left(1+\frac{Kt}{n}\right)^n\right] = Q_0 \lim_{n\to\infty}\left(1+\frac{Kt}{n}\right)^n = Q_0 e^{Kt}.$$

习 题 1.5

在 1~16 题中,求各极限之值:

1. $\lim\limits_{n\to\infty}(\sqrt{n+1} - \sqrt{n})$.

2. $\lim\limits_{n\to\infty}\dfrac{(-2)^n + 3^n}{(-2)^{n+1} + 3^{n+1}}$.

3. $\lim\limits_{x\to 1}\dfrac{x^2-1}{2x^2-x-1}$.

4. $\lim\limits_{x\to\infty}\dfrac{x^2-1}{2x^2-x-1}$.

5. $\lim\limits_{x\to 0}\dfrac{\sqrt{1+x}-\sqrt{1-x}}{x}$.

6. $\lim\limits_{x\to -1}\left(\dfrac{1}{x+1}-\dfrac{3}{x^3+1}\right)$.

7. $\lim\limits_{x\to 4}\dfrac{\sqrt{1+2x}-3}{\sqrt{x}-2}$.

8. $\lim\limits_{x\to\sqrt{3}}\dfrac{x^2-3}{x^4+x^2+1}$.

9. $\lim\limits_{x\to 4}\dfrac{x^2-6x+8}{x^2-5x+4}$.

10. $\lim\limits_{x\to 1}\dfrac{x^n-1}{x-1}$ (n 为正整数).

11. $\lim\limits_{x\to 0}\dfrac{\sqrt{x^2+p^2}-p}{\sqrt{x^2+q^2}-q}$ $(p>0, q>0)$.

12. $\lim\limits_{x\to 0}\dfrac{a_0 x^m+a_1 x^{m-1}+\cdots+a_{m-1}x+a_m}{b_0 x^n+b_1 x^{n-1}+\cdots+b_{n-1}x+b_n}$ $(b_n\neq 0)$.

13. $\lim\limits_{x\to\infty}\dfrac{a_0 x^m+a_1 x^{m-1}+\cdots+a_{m-1}x+a_m}{b_0 x^n+b_1 x^{n-1}+\cdots+b_{n-1}x+b_n}$ $(a_0\neq 0, b_0\neq 0)$.

14. $\lim\limits_{n\to\infty}\dfrac{1+2+\cdots+n}{n^2}$.

15. $\lim\limits_{n\to\infty}\left(\dfrac{1+2+\cdots+n}{n+2}-\dfrac{n}{2}\right)$.

16. $\lim\limits_{n\to\infty}\left[\dfrac{1}{1\cdot 3}+\dfrac{1}{3\cdot 5}+\dfrac{1}{5\cdot 7}+\cdots+\dfrac{1}{(2n-1)(2n+1)}\right]$.

17. 证明下列数列的极限存在：

(1) $x_n=1+\dfrac{1}{2^2}+\dfrac{1}{3^2}+\cdots+\dfrac{1}{n^2}$;

(2) $x_n=\dfrac{1}{3+5}+\dfrac{1}{3^2+5}+\cdots+\dfrac{1}{3^n+5}$.

*18. 求下列数列的极限：

(1) $x_1=\sqrt{2},\cdots,x_{n+1}=\sqrt{2x_n}$, $n=1,2,\cdots$;

(2) $x_n=\dfrac{1}{\sqrt{n^2+1}}+\dfrac{1}{\sqrt{n^2+2}}+\cdots+\dfrac{1}{\sqrt{n^2+n}}$;

(3) $x_n=\sqrt[n]{a_1^n+a_2^n+\cdots+a_k^n}$ $(a_i>0, i=1,2,\cdots,k)$.

在第 19~30 题中，求各极限之值.

19. $\lim\limits_{x\to\pi}\dfrac{\sin x}{x-\pi}$.

20. $\lim\limits_{x\to 0}\dfrac{\sin(2x^2)}{3x}$.

21. $\lim\limits_{x\to 0}\dfrac{1-\cos x}{x^3+x^2}$.

22. $\lim\limits_{x\to 0}\dfrac{\tan 3x}{\sin 5x}$.

23. $\lim\limits_{x\to 0+0}\dfrac{x}{\sqrt{1-\cos x}}$.

24. $\lim\limits_{x\to a}\dfrac{\sin x-\sin a}{x-a}$.

25. $\lim\limits_{x\to+\infty} x\sin\dfrac{1}{2x}$.　　26. $\lim\limits_{x\to 0}\dfrac{\sin^2 ax-\sin^2\beta x}{x\sin x}$.

27. $\lim\limits_{x\to\frac{\pi}{2}}\dfrac{\cos x}{x-\dfrac{\pi}{2}}$.　　28. $\lim\limits_{x\to 1}(1-x)\tan\dfrac{\pi x}{2}$.

29. $\lim\limits_{y\to\infty}\left(1+\dfrac{5}{y}\right)^y$.　　30. $\lim\limits_{x\to\infty}\left(1+\dfrac{1}{x}\right)^{x+100}$.

31. 证明

(1) $\lim\limits_{x\to\infty}\left(1-\dfrac{1}{x}\right)^x=\mathrm{e}^{-1}$;　　(2) $\lim\limits_{n\to\infty}\left(1+\dfrac{1}{n}\right)^{n^2}=+\infty$;

(3) $\lim\limits_{n\to\infty}\left(1-\dfrac{1}{n}\right)^{n^2}=0$.

*32. 设函数 $f(x)$ 在 $(-\infty,+\infty)$ 内单调上升,且对任意 $x\in(-\infty,+\infty)$,都有 $f(f(x))=x$. 证明：$f(x)=x$（提示：用反证法）.

§6　函数的连续性

在微积分学中,函数连续性的概念是与极限概念直接相关的基本概念之一. 这一概念是现实空间与时间的连续性以及许多连续变化的自然现象(如物体的连续运动、温度的连续变化等等)的一种抽象. 因此,连续函数是一类十分广泛的并在实际上用得最多的函数. 本节首先利用极限的概念给出连续性的严格的定义,然后叙述连续函数的运算并证明初等函数是连续函数,最后叙述连续函数的若干性质.

1. 函数连续性的概念

何谓连续函数？粗略地说就是：当自变量在一个区间上连续变动时,因变量也连续地变动. 从图形上看,一个区间上的连续函数的图形是一条连绵不断的曲线. 反过来说,若一个函数的图形在一个区间内的某点处断开了,那么这个函数在该区间上是不连续的.

例1 考虑函数
$$f(x) = \begin{cases} x+1, & -1 \leqslant x \leqslant 0, \\ x, & 0 < x \leqslant 1 \end{cases}$$

(见图 1.39). 从图看出, 在 $|x|<1$ 且 $x \neq 0$ 处, 函数图形是连起来的, 但在 $x=0$ 处, 图形是间断的. 因此可以说, 该函数在整个区间 $[-1,1]$ 上是不连续的, 但它在两个子区间 $[-1,0)$ 及 $(0,1]$ 上是连续的. 这里由于在 $x=0$ 处的不连续性, 导致在整个区间上不连续. 由此可见, 连续性的概念是要逐点来定义的, 只有当函数在一个区间上的每一点都连续时, 才可说函数在这个区间上连续.

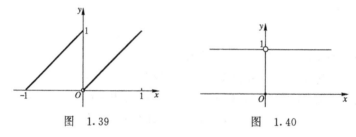

图 1.39   图 1.40

现在我们考虑应该如何定义函数在一点处的连续性. 例1 中的间断点 $x=0$ 有这样的性质: 当 x 趋向于 $x=0$ 时, $f(x)$ 的左、右极限不相等, 因而 $f(x)$ 没有极限. 因此, 我们说函数在某点连续, 首先应当要求函数在该点处有极限. 可是, 如果一个函数在某一点处有极限, 它的图形在该点处是否一定不间断了呢? 不一定. 我们再看下面的例子.

例2 考虑函数
$$f(x) = \begin{cases} 1, & x \neq 0, \\ 0, & x = 0. \end{cases}$$

显然, 当 $x \to 0$ 时 $f(x)$ 有极限:
$$\lim_{x \to 0} f(x) = 1.$$

但是, 函数的图形是直线 $y=1$ 去掉 $(0,1)$ 这一点, 再加上原点(见

图 1.40). 显然,函数 $y=f(x)$ 的图形在 $x=0$ 处是间断的. 由此可以想到, 为了保证一个函数的图形在某一点处不间断,不仅要求这个函数在该点处有极限,而且还应要求极限值与该点的函数值相等. 通过以上分析, 就不难理解下列关于函数在一点处连续的定义了.

定义 设函数 $f(x)$ 在点 x_0 的某一邻域内有定义. 如果当 $x \to x_0$ 时函数 $f(x)$ 有极限, 且 $\lim\limits_{x \to x_0} f(x) = f(x_0)$, 我们就说函数 $f(x)$ 在点 x_0 处是**连续的**.

函数在一点处连续的定义也可以用"$\varepsilon\text{-}\delta$"语言来表述:若对于任意给定的正数 ε, 都存在这样一个正数 δ, 使得当 $|x - x_0| < \delta$ 时, 就有

$$|f(x) - f(x_0)| < \varepsilon,$$

则我们就说 $f(x)$ 在 x_0 处是**连续的**.

用邻域的语言来叙述函数 $f(x)$ 在 x_0 点处连续就是:对于无论多么小的正数 ε, 都有一个正数 δ, 使得当 $x \in U_\delta(x_0)$ 时, 便有 $f(x) \in U_\varepsilon(f(x_0))$, 即 $f(U_\delta(x_0)) \subset U_\varepsilon(f(x_0))$, 其中 $f(U_\delta(x_0))$ 表示 $U_\delta(x_0)$ 的像点集合, 即 $f(U_\delta(x_0)) = \{f(x) | x \in U_\delta(x_0)\}$.

有时我们也用变量的"增量"来叙述函数在一点处的连续性. 设自变量由数值 x_0 变到另一个数值 x, 我们就说自变量在 x_0 有了一个增量 $\Delta x = x - x_0$ (注意, Δx 可能是负的). 这时, 函数由原值 $y_0 = f(x_0)$ 变到新值 $y = f(x) = f(x_0 + \Delta x)$, 我们就说函数值有一个与自变量的增量 Δx 相应的增量

$$\Delta y = y - y_0 = f(x) - f(x_0) = f(x_0 + \Delta x) - f(x_0).$$

若当自变量在 x_0 的增量 Δx 趋于 0 时, 函数的增量 Δy 以 0 为极限, 即

$$\lim_{\Delta x \to 0} \Delta y = 0 \quad 或 \quad \Delta y \to 0 \ (\Delta x \to 0),$$

则我们就说 $f(x)$ 在 x_0 处是连续的.

例 3 研究函数 $y = |x|$ 在 $x = 0$ 处的连续性.

解 $\lim\limits_{x\to 0}|x|=0, y(0)=0$,即有 $\lim\limits_{x\to 0}y(x)=y(0)$,所以 $y=|x|$ 在 $x=0$ 处是连续的.

如果一个函数在某一点处不连续,这个点就叫做函数的**间断点**,有时把间断点分成两类. 若函数 $f(x)$ 在 x_0 处的左、右极限都存在,但不相等,或者左、右极限相等而不等于 $f(x_0)$(或 $f(x)$ 在 x_0 处无定义),则称点 x_0 为函数 $f(x)$ 的**第一类间断点**. 特别当 $\lim\limits_{x\to x_0}f(x)$ 存在,但该极限值不等于 $f(x_0)$ 时,称 x_0 为**可去间断点**. 若 $f(x)$ 在 x_0 处的左、右极限中至少有一个不存在,则称点 x_0 为函数 $f(x)$ 的**第二类间断点**. 例1与例2中的间断点都是第一类的. 下面举出两个有第二类间断点的例子.

例 4 对于函数
$$f(x)=\begin{cases} 0, & x\leqslant 0, \\ \dfrac{1}{x}, & x>0, \end{cases}$$
$x=0$ 是它的第二类间断点,因为在 $x=0$ 处,函数的右极限不存在(见图 1.41).

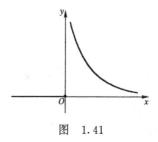

图 1.41

例 5 对于函数
$$f(x)=\begin{cases} \sin\dfrac{1}{x}, & x\neq 0, \\ 0, & x=0, \end{cases}$$
$x=0$ 是它的第二类间断点,因为在 $x=0$ 处,函数的左、右极限都不存在.

以上讲的是函数在一点处连续的概念,在此基础上,我们可建立函数在区间上连续的概念.我们说函数 $f(x)$ 在区间 X 上是连续的,是指函数 $f(x)$ 在区间 X 的每一个点处都连续.

注 如果区间 X 有端点,那么在左(右)端点处函数连续的含义是:在左(右)端点处函数的右(左)极限等于函数值.

由定义不难证明,例 1 中的函数 $f(x)$ 在区间 $[-1,0]$ 及 $(0,1]$ 上是连续的,但在 $[0,1]$ 上及 $[-1,1]$ 上都不连续.又由 §4 例 9 可看出,$y=\sin x$ 在 $(-\infty,+\infty)$ 内是连续的.

2. 连续函数的运算

现在讲述关于连续函数四则运算的定理以及关于复合函数的连续性和反函数的连续性的定理.

定理1 如果函数 $f(x)$ 与 $g(x)$ 在点 x_0 附近有定义,且在 x_0 处连续,则函数
$$f(x)\pm g(x),\quad f(x)\cdot g(x),\quad f(x)/g(x)$$
在 x_0 处也是连续的(对于最后一个函数 $f(x)/g(x)$,还要再设 $g(x_0)\neq 0$).

这个定理是关于函数极限四则运算定理(§5 定理 2)的直接推论.

定理2 设函数 $u=\varphi(x)$ 定义在区间 X 上,值域是 U',函数 $f(u)$ 定义在区间 U 上,区间 U 包含了 U'.如果 $u=\varphi(x)$ 在 X 内的点 x_0 处连续,$\varphi(x_0)=u_0$,而 $f(u)$ 在 u_0 处连续,则复合函数 $f[\varphi(x)]$ 在点 x_0 处连续.

证 任意给定一正数 ε,因为 $f(u)$ 在 u_0 处连续,所以必存在这样一个正数 σ,使当 $|u-u_0|<\sigma$ 时,就有 $|f(u)-f(u_0)|<\varepsilon$.另一方面,因为 $u=\varphi(x)$ 在 x_0 处连续,故对于上面这个正数 σ,必存在这样一个正数 δ,使当 $|x-x_0|<\delta$ 时,就有 $|\varphi(x)-\varphi(x_0)|=|u-u_0|<\sigma$.把这两者结合起来,由不等式 $|x-x_0|<\delta$ 就可以推出不等式

$$|f[\varphi(x)] - f[\varphi(x_0)]| = |f(u) - f(u_0)| < \varepsilon.$$

定理 3 如果函数 $y=f(x)$ 在区间 $[a,b]$ 上是严格递增(递减)的,并且是连续的,则其反函数 $x=f^{-1}(y)$ 在区间 $[f(a),f(b)]$ ($[f(b),f(a)]$)上也是严格递增(递减)且连续的.

这个定理从直观上看(见图 1.42)是很明显的,但是它的严格证明较复杂,这里我们就省略了.

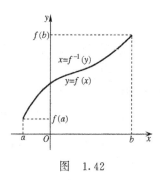

图 1.42

3. 初等函数的连续性

定理 4 基本初等函数在它们的定义域上是连续的.

证 (i) 由函数连续的定义,不难证明常数函数 $y=c$(c 为任意常数)与函数 $y=x$ 在它们的定义域$(-\infty,+\infty)$内任何点处都是连续的.

(ii) §5 中已证,对于任意正整数 n,$\lim\limits_{x\to x_0}x^n=x_0^n$,所以函数 $y=x^n$(n 为任意正整数)在其定义域上是连续的.

(iii) §4 例 9 说明,正弦函数 $y=\sin x$ 在 $(-\infty,+\infty)$ 上是连续的. 余弦函数 $y=\cos x$ 在 $(-\infty,+\infty)$ 上也是连续的. 其他四个三角函数都是由函数 $y=1,y=\sin x,y=\cos x$ 所构成的商式,根据定理 1,就知道它们在定义域上也是连续的.

(iv) 由定理 3,不难知道反三角函数在它们的定义域上是连续的. 例如,因为正弦函数 $y=\sin x$ 在区间 $[-\pi/2,\pi/2]$ 上是递增的、连续的,函数的值域为$[-1,1]$;根据定理 3,反正弦函数 $y=\arcsin x$(或 $x=\arcsin y$)在其定义域$[-1,1]$上也是递增的、连续的.

(v) 我们现在来证明指数函数与对数函数的连续性.

先证指数函数 $y=a^x(a>0, a\neq 1)$ 在 $(-\infty,+\infty)$ 上是连续的. 设 x_0 是任一实数,当自变量 x 在 x_0 处有一个增量 Δx 时,函数的相应的增量为
$$\Delta y = a^{x_0+\Delta x} - a^{x_0} = a^{x_0}(a^{\Delta x} - 1).$$
为证函数 $y=a^x$ 在 x_0 处连续,只要证明
$$\lim_{\Delta x \to 0}\Delta y = 0.$$
注意到 a^{x_0} 是一个常数,所以只要证明
$$\lim_{\Delta x \to 0}(a^{\Delta x} - 1) = 0 \quad 或 \quad \lim_{\Delta x \to 0}a^{\Delta x} = 1.$$
而这在§4 例 14 中已经证过. 这样,我们就证明了指数函数 $y=a^x$ 在区间 $(-\infty,+\infty)$ 上的连续性.

因为当 $a>1$ 时,函数 $y=a^x$ 在 $(-\infty,+\infty)$ 上是严格递增的,而当 $0<a<1$ 时,函数 $y=a^x$ 在 $(-\infty,+\infty)$ 上是严格递减的,而且,不论是哪一种情形,函数的值域都是 $(0,+\infty)$,所以由定理 3,对数函数 $y=\log_a x$ 在 $(0,+\infty)$ 上是连续的($a>0, a\neq 1$).

(vi) 最后,证明任一幂函数在区间 $(0,+\infty)$ 上是连续的. 任取一个正数 $a>1$,则一般幂函数就可以写成
$$y = x^\alpha = a^{\alpha\log_a x} \quad (x > 0).$$
由指数函数与对数函数的连续性,以及定理 2,就知道一般幂函数在区间 $(0,+\infty)$ 上是连续的. 证毕.

由初等函数的定义、定理 4 和定理 1 与定理 2,我们得到

定理 5 初等函数在它们的定义域上是连续的.

根据这个定理,一个初等函数 $f(x)$ 在其定义域内某点 x_0 处的极限值就等于它在该点的函数值 $f(x_0)$.

例 6 求 $\lim\limits_{x\to 2}\sin\left(2x-\dfrac{1}{2}\right)$.

解 因为 $x=2$ 在 $\sin\left(2x-\dfrac{1}{2}\right)$ 的定义域内,所以

$$\lim_{x\to 2}\sin\left(2x-\dfrac{1}{2}\right)=\sin\left(2\cdot 2-\dfrac{1}{2}\right)=\sin\dfrac{7}{2}.$$

例 7 求 $\lim\limits_{x\to 0}f(x)=\lim\limits_{x\to 0}\dfrac{\sqrt[3]{x+1}\lg(2+x^2)}{(1-x)^2+\cos x}.$

解 $f(x)$ 为初等函数,$x=0$ 在 $f(x)$ 的定义域内,于是

$$\lim_{x\to 0}f(x)=f(0)=\dfrac{\sqrt[3]{1}\lg 2}{1+1}=\dfrac{\lg 2}{2}.$$

例 8 证明

$$\lim_{x\to 0}\dfrac{\ln(1+x)}{x}=1.$$

证 令 $y=(1+x)^{1/x},(x\ne 0)$. 注意 $\lim\limits_{x\to 0}(1+x)^{1/x}=e$,于是由 $\ln y$ 在 $y=e$ 处的连续性有:

$$\lim_{x\to 0}\dfrac{\ln(1+x)}{x}=\lim_{x\to 0}\ln(1+x)^{1/x}$$
$$=\lim_{y\to e}\ln y=\ln e=1.$$

这里我们补充说明 §5 中的例 12. 在 k 是一般实数时,由幂函数 y^k 在 $y=e$ 处的连续性,我们有 $\lim\limits_{y\to e}y^k=e^k$.

4. 连续函数的性质

定理 6 在闭区间上的连续函数,一定有最大值和最小值.

定理 6 的含意是:若函数 $f(x)$ 在闭区间 $[a,b]$ 上连续,则存在一点 $x_0\in[a,b]$,使 $f(x_0)=M$ 为最大值,即对一切 $x\in[a,b]$,都有 $f(x)\leqslant f(x_0)=M$. 同时,存在一点 $x_1\in[a,b]$,使 $f(x_1)=m$ 为最小值,即对一切 $x\in[a,b]$,都有 $f(x)\geqslant f(x_1)=m$. 定理 6 的正确性从几何直观上看是很明显的(见图 1.43),其证明要用到较多的理论,我们省略了.

定理 6 的结论只对闭区间成立,对开区间就不成立. 例如函数 $y=x^2$ 在开区间 $(0,2)$ 内连续,但在 $(0,2)$ 内既无最大值也无最小

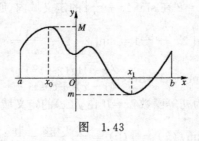

图 1.43

值.

定理 7（中间值定理） 设函数 $f(x)$ 在闭区间 $[a,b]$ 上连续，且设 $f(a)\neq f(b)$，则对介于 $f(a)$ 与 $f(b)$ 之间的任一实数 c，至少存在一点 $\xi\in(a,b)$，使 $f(\xi)=c$.

定理 7 的意义从几何直观上看如下（见图 1.44）：$y=f(x)$ 的图形是连接点 $A(a,f(a))$ 和 $B(b,f(b))$ 的一条连续曲线，当 c 介于 $f(a)$ 和 $f(b)$ 之间时，直线 $y=c$ 就把 A 与 B 分开在它的两侧，所以连续曲线 $y=f(x)$ 必与直线 $y=c$ 相交，交点的横坐标 ξ 即满足 $f(\xi)=c$. 严格证明从略.

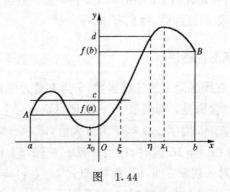

图 1.44

推论 1 设函数 $f(x)$ 在 $[a,b]$ 上连续，且 $f(a)$ 与 $f(b)$ 的符号相反，则在 (a,b) 内至少有一点 ξ，使 $f(\xi)=0$.

例 9 证明方程 $x^5-3x=1$ 至少有一个根介于 1 和 2 之间.

证 考虑函数 $f(x)=x^5-3x-1$，$f(x)$ 在 $[1,2]$ 上连续，且

$f(1)<0, f(2)>0$,所以在$(1,2)$内至少存在一点ξ,使$f(\xi)=0$. 这个ξ即原方程的根.

推论 2 设$f(x)$在$[a,b]$上连续,则对介于其最小值m与最大值M之间的任一实数d,至少存在一点$\eta\in(a,b)$,使$f(\eta)=d$.

证 若$m=M$,则结论显然成立. 若$m\neq M$,由定理 6,存在$x_0, x_1 \in [a,b]$,使得$m=f(x_0), M=f(x_1)$. 在闭区间$[x_0, x_1]$或$[x_1, x_0]$上用定理 7,即得结论.

习 题 1.6

在题 1~8 中,指出各函数连续的范围,如果有间断点就指出其所属类型:

1. $f(x)=\dfrac{x^2}{1+x}$.

2. $f(x)=\sqrt{x+1}$.

3. $f(x)=\lg(x^2-4)$.

4. $f(x)=\begin{cases}1, & x=0,\\ \dfrac{\sin x}{x}, & x\neq 0.\end{cases}$

5. $f(x)=\begin{cases}-1, & x<0,\\ 0, & x=0,\\ 1, & x>0.\end{cases}$

6. $f(x)=\arctan\dfrac{1}{x}$.

7. $f(x)=\begin{cases}2, & x=1,\\ \dfrac{1}{1-x}, & x\neq 1.\end{cases}$

8. $f(x)=\dfrac{2^{1/x}-1}{2^{1/x}+1}$.

9. 在下列各题中,a 取何值时,使各函数在$(-\infty, +\infty)$上处处连续:

(1) $f(x)=\begin{cases}(x^2+3x-10)/(x-2), & x\neq 2,\\ a, & x=2;\end{cases}$

(2) $f(x)=\begin{cases}\ln(1+x), & x\geqslant 1,\\ a\cos\pi x, & x<1.\end{cases}$

在题 10~15 中,求各极限之值,并说明理由:

10. $\lim\limits_{x\to -2}\dfrac{\sqrt[3]{x+1}\lg(2+x^2)}{(1-x)^2+\cos x}$.

11. $\lim\limits_{x \to +\infty}(\sin\sqrt{x+1} - \sin\sqrt{x})$.

12. $\lim\limits_{x \to 1}\left(\dfrac{1+x}{2+x}\right)\dfrac{1-\sqrt{x}}{1-x}$.   13. $\lim\limits_{x \to +\infty} \arccos \dfrac{1-x}{1+x}$.

14. $\lim\limits_{x \to 0} \dfrac{\ln(1+ax)}{x}$,其中 a 为大于零的常数.

15. $\lim\limits_{x \to 0}\left(\dfrac{1-\cos x}{x^2}\right)^{\sqrt{2}}$.

*16. 证明:如果函数 $f(x)$ 在点 x_0 处连续,且 $f(x_0)>0$,则必存在一个正数 δ,使当 x 在区间 $(x_0-\delta, x_0+\delta)$ 内时,$f(x)>0$.

17. 试证:方程 $x \cdot 2^x = 1$ 至少有一个小于 1 的正根.

*18. 证明:实系数奇数次代数方程至少有一个实根.

19. 设 $f(x) = x^3 - 8x + 10$,证明:存在这样的 c 值,使 $f(c)$ 等于

(1) π;   (2) $-\sqrt{3}$;   (3) 500000000.

20. 在下列各题中,关于所给的函数 $f(x)$ 与区间 X,求常数 L,使对一切 $x_1, x_2 \in X$,都有
$$|f(x_1) - f(x_2)| \leqslant L|x_1 - x_2|.$$

(1) $f(x) = \dfrac{1}{1-x^2}$, $X = [0, 0.8]$;

(2) $f(x) = \dfrac{x^2+1}{2x^2+1}$, $X = [0, 2]$;

(3) $f(x) = \dfrac{1}{x(x-2)}$, $X = \left[\dfrac{1}{2}, \dfrac{3}{2}\right]$.

21. 设函数 $f(x)$ 在区间 (a,b) 上满足李卜西兹条件:存在常数 L,使对任给的 $x_1, x_2 \in (a,b)$,都有
$$|f(x_2) - f(x_1)| \leqslant L \cdot |x_2 - x_1|,$$
证明:$f(x)$ 在区间 (a,b) 上连续.

*22. 设 $f(x)$ 是区间 $[0,1]$ 上的连续函数,且满足
$$0 \leqslant f(x) \leqslant 1, \quad 0 \leqslant x \leqslant 1.$$
证明:在 $[0,1]$ 上存在一点 c,使 $f(c) = c$.

*23. 设函数

$$f(x) = \begin{cases} \dfrac{x-1}{|x|-1}, & |x| \neq 1, \\ 0, & |x| = 1. \end{cases}$$

对自变量 x 的三个取值：$x=-1, x=0, x=1$ 回答下列问题：

(1) $f(x)$ 在哪几个点处连续；

(2) 对 $f(x)$ 的间断点，指出它属于哪种类型.

*24. 设 $f(x)$ 是区间 $[0,3]$ 上的连续函数，且 $f(0)=f(3)$，则在 $[0,3]$ 上存在两点 x_1 与 x_2，使 $|x_1-x_2|=1.5$ 且 $f(x_1)=f(x_2)$.

第二章 微商与微分

微商与微分,是微分学中两个基本概念.早在 17 世纪,微分学就已发明,为当时处理变量数学提供了一种开创性的新型的运算规则.直到今天,它仍是一种不可缺少的行之有效的基本运算.本章的主要目的就是建立微商与微分的概念,并给出求微商与微分的运算法则.

§1 微商的概念

微商概念有着广泛的实际背景.几何、力学和物理学中的许多问题,如求一般曲线的切线斜率,变速运动的瞬时速度和不均匀物体的密度等等,都要用到微商的概念.我们先来考察两个典型例子.

直线运动的瞬时速度

设一质点 M 沿直线 AB 作直线运动.设 O 是直线上一定点,$S=|\overline{OM}|$ 是动点 M 在时间区间 $[0,t]$ 内所走的路程(见图 2.1).显然,对于每一个时刻 t,都对应着质点 M 所走的一个路程 S,所以路程 S 是时间 t 的函数,也就是 $S=f(t)$.如果 $S=f(t)$ 已知,我们来求质点在时刻 t_0 的瞬时速度 $v(t_0)$.

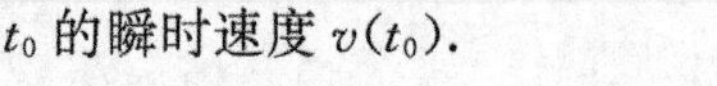

图 2.1

考虑 t_0 附近一段时间区间:从 t_0 到 $t_0+\Delta t$.在这段时间内质点走过的路程是
$$\Delta S = f(t_0 + \Delta t) - f(t_0),$$

因此这段时间内质点运动的平均速度是
$$\bar{v} = \frac{\Delta S}{\Delta t} = \frac{f(t_0 + \Delta t) - f(t_0)}{\Delta t}.$$

如果质点 M 的运动是匀速的,那么平均速度 $\bar{v}$ 是一个常数,它与时间区间的长度 $|\Delta t|$ 的选取无关,它也就是质点 M 在时刻 t_0 的瞬时速度.如果质点 M 的运动不是匀速的,那么平均速度 $\bar{v}$ 不是一个常数,它随时间区间长度 $|\Delta t|$ 的选取而确定.平均速度 $\bar{v}$ 不是时刻 t_0 的瞬时速度,只是瞬时速度 $v(t_0)$ 的近似值.但是,只要令 Δt 足够小(但 $\Delta t \neq 0$),平均速度 $\bar{v}$ 可以任意接近瞬时速度 $v(t_0)$,所以可以认为,当 Δt 趋于零时,平均速度 $\bar{v}$ 的极限就是质点在时刻 t_0 的**瞬时速度**,即

$$v(t_0) = \lim_{\Delta t \to 0} \bar{v} = \lim_{\Delta t \to 0} \frac{\Delta S}{\Delta t}.$$

例如,将一物体垂直上抛,设初速为 v_0,时刻 t 时物体上升的高度为 $h(t)$(且 $t=0$ 时,$h=0$),则物体的运动方程为

$$h(t) = v_0 t - \frac{1}{2} g t^2.$$

今求上抛物体在时刻 t 的瞬时速度 $v(t)$.上抛物体从时刻 t 到 $t+\Delta t$ 这一段时间内走过的路程是

$$\begin{aligned}\Delta h &= \left[v_0(t + \Delta t) - \frac{1}{2} g(t + \Delta t)^2 \right] - \left[v_0 t - \frac{1}{2} g t^2 \right] \\ &= v_0 \Delta t - g t \Delta t - \frac{1}{2} g (\Delta t)^2,\end{aligned}$$

平均速度为

$$\bar{v} = \frac{\Delta h}{\Delta t} = v_0 - gt - \frac{1}{2} g \Delta t,$$

时刻 t 的瞬时速度为

$$v(t) = \lim_{\Delta t \to 0} v = \lim_{\Delta t \to 0} \left(v_0 - gt - \frac{1}{2} g \Delta t \right) = v_0 - gt.$$

比热 C

假设使某一单位质量的物体从某一确定温度升高到温度 T

时所需的热量为 q, 一般地讲, 热量 q 是温度 T 的函数, 即 $q=\varphi(T)$. 此物体从温度 T_0 增加到 $T_0+\Delta T$ 所需的热量为

$$\Delta q = \varphi(T_0+\Delta T)-\varphi(T_0),$$

比值
$$\bar{C}=\frac{\Delta q}{\Delta T}=\frac{\varphi(T_0+\Delta T)-\varphi(T_0)}{\Delta T}$$

表示在温度区间 $[T_0,T_0+\Delta T]$ 内温度升高一度所需热量的平均值, 我们称它为物体在温度区间 $[T_0,T_0+\Delta T]$ 内的**平均比热**. 当 ΔT 趋于零时平均比热 $\bar{C}$ 的极限

$$C=\lim_{\Delta T\to 0}\bar{C}=\lim_{\Delta T\to 0}\frac{\Delta q}{\Delta T}$$

就叫做该物体在温度 T_0 时的**比热**, 比热 C 刻画了在温度 T_0 时升高温度所需热量的增加率.

上面两个问题的具体意义是完全不同的, 但是, 它们在数学形式上是一致的. 它们考察的都是函数 $y=f(x)$ 随自变量变化而变化的快慢问题, 最后都归结为求当 Δx 趋于零时, 比值 $\Delta y/\Delta x$ 的极限. 另外还有不少其他实际问题也是如此. 从这一类问题, 我们抽象出微商的定义.

定义 设函数 $y=f(x)$ 在区间 (a,b) 内有定义, x_0 是区间 (a,b) 内一点. 给自变量 x 在 x_0 处一个增量 Δx(Δx 可正可负, 且 $x_0+\Delta x\in(a,b)$), 函数 y 就相应地有一增量 $\Delta y=f(x_0+\Delta x)-f(x_0)$. 如果当 $\Delta x\to 0$ 时, 这两个增量的比 $\Delta y/\Delta x$ 的极限存在, 我们就称函数 $y=f(x)$ 在 x_0 处**可导**, 并且把 $\Delta y/\Delta x$ 的极限称为函数 $y=f(x)$ 在点 x_0 处的**微商**或**导数**, 记作

$$f'(x_0), \quad y'(x_0) \quad \text{或} \quad \left.\frac{\mathrm{d}y}{\mathrm{d}x}\right|_{x=x_0}.$$

也就是说,

$$f'(x_0)=y'(x_0)=\left.\frac{\mathrm{d}y}{\mathrm{d}x}\right|_{x=x_0}=\lim_{\Delta x\to 0}\frac{\Delta y}{\Delta x}$$
$$=\lim_{\Delta x\to 0}\frac{f(x_0+\Delta x)-f(x_0)}{\Delta x}.$$

有了微商的定义以后,前面讲的两个物理概念就可用微商来表述:运动物体在 t_0 时的瞬时速度 $v(t_0)$ 是路程函数 $S(t)$ 在 t_0 处对于时间 t 的微商,即 $v(t_0)=S'(t)\big|_{t=t_0}$;比热 C 简单说来,是热量 q 对于温度 T 的微商,即 $C=q'_T$.

现在我们讲述微商的几何意义.

在 $y=f(x)$ 所表示的曲线上取一点 $M(x_0,f(x_0))$,又在它邻近取此曲线上另一点 $M'(x_0+\Delta x,f(x_0+\Delta x))$. 作 $\overline{PM}$ 与 $\overline{P'M'}$ 平行于 y 轴,再过点 M 作平行于 x 轴的直线交 $\overline{P'M'}$ 于点 Q(见图 2.2). 作割线 $\overline{MM'}$,设其斜率为 $\tan\varphi$,于是

$$\tan\varphi=\frac{|\overline{QM'}|}{|\overline{MQ}|}=\frac{|\overline{P'M'}|-|\overline{PM}|}{|\overline{PP'}|}=\frac{f(x_0+\Delta x)-f(x_0)}{x_0+\Delta x-x_0}=\frac{\Delta y}{\Delta x}.$$

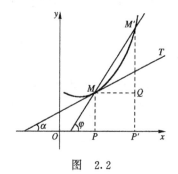

图 2.2

当 M' 沿曲线趋于点 M 时,割线 $\overline{MM'}$ 的极限位置就是曲线在 M 点的切线 $\overline{MT}$,而割线的斜率的极限就是切线的斜率. 设切线 $\overline{MT}$ 的斜率为 $\tan\alpha$,就有

$$\tan\alpha=\lim_{\Delta x\to 0}\tan\varphi=\lim_{\Delta x\to 0}\frac{\Delta y}{\Delta x}=f'(x_0).$$

由此可见,若函数 $y=f(x)$ 在 $x=x_0$ 处可导,则在 $y=f(x)$ 所表示的曲线上,点 $M(x_0,f(x_0))$ 处有切线,并且导数 $f'(x_0)$ 就是该切线的斜率.

如果 $f'(x_0)=0$,说明曲线 $y=f(x)$ 在点 $M(x_0,f(x_0))$ 处的切

线平行于 x 轴. 如果 $f'(x_0)$ 为正, 则曲线在点 $M(x_0, f(x_0))$ 处的切线朝上; 如果 $f'(x_0)$ 为负, 那么切线朝下. $|f'(x_0)|$ 的数值越大, 说明切线越陡, 曲线上升或下降越快 (见图 2.3).

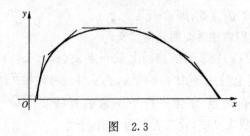

图 2.3

根据导数的定义, 计算函数 $y = f(x)$ 的导数可分为三步:

(i) 给自变量 x 一个增量 Δx, 计算函数 y 相应的增量 Δy;

(ii) 作比值 $\dfrac{\Delta y}{\Delta x}$;

(iii) 求 $\lim\limits_{\Delta x \to 0} \dfrac{\Delta y}{\Delta x}$.

例 1 求函数 $y = 1/x$ 在 $x = 1/2$ 处的导数.

解 当 $x = 1/2$ 时, 我们有

$$\Delta y = f\left(\frac{1}{2} + \Delta x\right) - f\left(\frac{1}{2}\right) = \frac{1}{\frac{1}{2} + \Delta x} - \frac{1}{\frac{1}{2}} = \frac{-\Delta x}{\frac{1}{2}\left(\frac{1}{2} + \Delta x\right)},$$

$$y'\left(\frac{1}{2}\right) = \lim_{\Delta x \to 0} \frac{\Delta y}{\Delta x} = \lim_{\Delta x \to 0} \frac{-1}{\frac{1}{2}\left(\frac{1}{2} + \Delta x\right)} = -4.$$

如果在区间 (a, b) 内每一点 x 处, 函数 $y = f(x)$ 都可导, 则对应于 (a, b) 内每一个 x, 必有一导数值 $f'(x)$ 与它对应, 这样就得到一个新的函数 $f'(x)$. 我们称 $f'(x)$ 是 $f(x)$ 的**导函数**. 导函数 $f'(x)$ 也可以简单地记为 y' 或 y'_x.

例 2 求函数 $y = 1/x$ 的导函数.

解 在定义域中任取一点 x,

$$\Delta y = f(x + \Delta x) - f(x) = \frac{1}{x + \Delta x} - \frac{1}{x} = \frac{-\Delta x}{x(x + \Delta x)},$$

$$y'(x) = \lim_{\Delta x \to 0} \frac{\Delta y}{\Delta x} = \lim_{\Delta x \to 0} \frac{-1}{x(x+\Delta x)} = -\frac{1}{x^2}.$$

根据导函数的定义,$f'(x)$ 在 x_0 的值就是 $f(x)$ 在 x_0 的导数值 $f'(x_0)$. 所以如果我们求得了 $f(x)$ 的导函数的表达式,那么 $f(x)$ 在某点 x_0 的导数就是将 $x=x_0$ 代入 $f'(x)$ 的表达式而得的值. 从例 1 与例 2 的结果也可看出这一点.

下面我们来推导基本初等函数的导函数.

例 3 设 $y=c (a \leqslant x \leqslant b, c$ 是常数$)$,求 y'.

解 因为 $\Delta y = c - c = 0$,所以 $\Delta y / \Delta x = 0$. 因此

$$\lim_{\Delta x \to 0} \frac{\Delta y}{\Delta x} = 0,$$

即

$$y' = (c)' = 0 \quad (a \leqslant x \leqslant b).$$

例 4 设 $y=x^n$(n 是正整数),求 y'.

解 $\Delta y = (x+\Delta x)^n - x^n$. 按牛顿二项公式展开 $(x+\Delta x)^n$,得到

$$\Delta y = x^n + nx^{n-1}\Delta x + \frac{n(n-1)}{2!}x^{n-2}(\Delta x)^2 + \cdots + (\Delta x)^n - x^n$$

$$= nx^{n-1}\Delta x + \frac{n(n-1)}{2!}x^{n-2}(\Delta x)^2 + \cdots + (\Delta x)^n.$$

所以

$$\frac{\Delta y}{\Delta x} = nx^{n-1} + \frac{n(n-1)}{2!}x^{n-2}\Delta x + \cdots + (\Delta x)^{n-1},$$

因此

$$\lim_{\Delta x \to 0} \frac{\Delta y}{\Delta x} = nx^{n-1},$$

即

$$y' = (x^n)' = nx^{n-1}.$$

例 5 设 $y = \sqrt{x}$,求 y'.

解 因 $\Delta y = \sqrt{x+\Delta x} - \sqrt{x} = \dfrac{\Delta x}{\sqrt{x+\Delta x}+\sqrt{x}}$,

所以

$$\frac{\Delta y}{\Delta x} = \frac{1}{\sqrt{x+\Delta x}+\sqrt{x}},$$

$$\lim_{\Delta x \to 0} \frac{\Delta y}{\Delta x} = \lim_{\Delta x \to 0} \frac{1}{\sqrt{x+\Delta x}+\sqrt{x}} = \frac{1}{2\sqrt{x}}.$$

因此
$$(\sqrt{x})' = \frac{1}{2\sqrt{x}}.$$

我们在后面将证明,对任意实数 α,都有
$$(x^\alpha)' = \alpha x^{\alpha-1}.$$

例 5 所得到的结果是这个一般公式的特例:
$$(x^{1/2})' = \frac{1}{2}x^{(1/2)-1} = \frac{1}{2}x^{-1/2}.$$

例 6 设 $y = \sin x$,求 y'.

解 由三角函数的和差化积公式,
$$\Delta y = \sin(x + \Delta x) - \sin x = 2\cos\left(x + \frac{\Delta x}{2}\right)\sin\frac{\Delta x}{2};$$

于是
$$\frac{\Delta y}{\Delta x} = \cos\left(x + \frac{\Delta x}{2}\right) \cdot \frac{\sin\frac{\Delta x}{2}}{\frac{\Delta x}{2}};$$

根据 $\cos x$ 的连续性以及极限 $\lim\limits_{x\to 0}\sin x/x = 1$,我们有
$$\lim_{\Delta x\to 0}\frac{\Delta y}{\Delta x} = \lim_{\Delta x\to 0}\left[\cos\left(x + \frac{\Delta x}{2}\right) \cdot \frac{\sin\frac{\Delta x}{2}}{\frac{\Delta x}{2}}\right]$$
$$= \cos x \cdot 1 = \cos x.$$

因此
$$(\sin x)' = \cos x.$$

例 7 设 $y = \cos x$,求 y'.

解 与上题类似,我们有
$$\Delta y = \cos(x + \Delta x) - \cos x = -2\sin\left(x + \frac{\Delta x}{2}\right)\sin\frac{\Delta x}{2},$$

于是
$$\frac{\Delta y}{\Delta x} = -\sin\left(x + \frac{\Delta x}{2}\right) \cdot \frac{\sin\frac{\Delta x}{2}}{\frac{\Delta x}{2}},$$

因而
$$\lim_{\Delta x\to 0}\frac{\Delta y}{\Delta x} = \lim_{\Delta x\to 0}\left[-\sin\left(x + \frac{\Delta x}{2}\right)\right] \cdot \lim_{\Delta x\to 0}\frac{\sin\frac{\Delta x}{2}}{\frac{\Delta x}{2}}$$

$$= -\sin x \cdot 1 = -\sin x.$$

即
$$(\cos x)' = -\sin x.$$

例 8 设 $y = \ln x$,求 y'.

解 因 $\Delta y = \ln(x+\Delta x) - \ln x = \ln\left(1 + \dfrac{\Delta x}{x}\right)$；于是

$$\frac{\Delta y}{\Delta x} = \frac{\ln\left(1+\dfrac{\Delta x}{x}\right)}{\Delta x} = \frac{\ln\left(1+\dfrac{\Delta x}{x}\right)}{\dfrac{\Delta x}{x}} \cdot \frac{1}{x},$$

因而
$$\lim_{\Delta x \to 0} \frac{\Delta y}{\Delta x} = \lim_{\Delta x \to 0} \frac{\ln\left(1+\dfrac{\Delta x}{x}\right)}{\dfrac{\Delta x}{x}} \cdot \frac{1}{x} = \frac{1}{x}\lim_{\Delta x \to 0} \frac{\ln\left(1+\dfrac{\Delta x}{x}\right)}{\dfrac{\Delta x}{x}}.$$

令 $\Delta x/x = \alpha$,当 $\Delta x \to 0$ 时,$\alpha \to 0$,由第一章 §6 例 8 我们有

$$\lim_{\Delta x \to 0} \frac{\ln\left(1+\dfrac{\Delta x}{x}\right)}{\dfrac{\Delta x}{x}} = \lim_{\alpha \to 0} \frac{\ln(1+\alpha)}{\alpha} = 1.$$

于是
$$\lim_{\Delta x \to 0} \frac{\Delta y}{\Delta x} = \frac{1}{x}, \quad 即\ (\ln x)' = \frac{1}{x}.$$

例 9 设 $y = e^x$,求 y'.

解 由 $\Delta y = e^{x+\Delta x} - e^x = e^x(e^{\Delta x}-1)$ 得到 $\dfrac{\Delta y}{\Delta x} = e^x \dfrac{e^{\Delta x}-1}{\Delta x}$,于是

$$\lim_{\Delta x \to 0} \frac{\Delta y}{\Delta x} = e^x \cdot \lim_{\Delta x \to 0} \frac{e^{\Delta x}-1}{\Delta x}.$$

为了求等式右边的极限,我们令 $e^{\Delta x}-1 = \alpha$,当 $\Delta x \to 0$ 时,$\alpha \to 0$,由于 $e^{\Delta x} = 1+\alpha$,所以 $\Delta x = \ln(1+\alpha)$,因此

$$\lim_{\Delta x \to 0} \frac{e^{\Delta x}-1}{\Delta x} = \lim_{\alpha \to 0} \frac{\alpha}{\ln(1+\alpha)} = \lim_{\alpha \to 0} \frac{1}{\dfrac{\ln(1+\alpha)}{\alpha}}$$

$$= \frac{1}{\lim\limits_{\alpha \to 0} \dfrac{\ln(1+\alpha)}{\alpha}} = \frac{1}{1} = 1.$$

于是 $\lim\limits_{\Delta x \to 0} \dfrac{\Delta y}{\Delta x} = e^x$,即 $(e^x)' = e^x$.

其余几个基本初等函数的导函数,将在后面推导.

现在我们来分析函数在一点处连续及可导的关系. 我们首先证明,若函数 $f(x)$ 在 x_0 处可导,则它在 x_0 处一定连续. 事实上,

$$\lim_{\Delta x \to 0}[f(x_0+\Delta x)-f(x_0)] = \lim_{\Delta x \to 0}\frac{f(x_0+\Delta x)-f(x_0)}{\Delta x} \cdot \Delta x$$
$$= f'(x_0) \cdot 0 = 0.$$

即 $\lim\limits_{\Delta x \to 0} f(x_0+\Delta x) = f(x_0)$.

这就证明了:函数在点 x_0 处可导时必定在该点处连续. 但是反之,$f(x)$ 在 x_0 处连续时,不一定在 x_0 处可导. 例如,函数 $y=|x|$ 在 $x=0$ 处是连续的(见第一章§6例3),但在 $x=0$ 处,

$$\lim_{\Delta x \to 0+0} \frac{\Delta y}{\Delta x} = \lim_{\Delta x \to 0+0} \frac{\Delta x}{\Delta x} = 1,$$

而 $\lim\limits_{\Delta x \to 0-0} \dfrac{\Delta y}{\Delta x} = \lim\limits_{\Delta x \to 0-0} \dfrac{-\Delta x}{\Delta x} = -1.$

在 $x=0$ 处 $\Delta y/\Delta x$ 的左、右极限不相等,故极限不存在,即 $y=|x|$ 在 $x=0$ 处不可导. 从图 2.4 看出,曲线 $y=|x|$ 在 $x=0$ 处的左侧割线与右侧割线的极限位置不同. $(0,0)$ 是曲线的一个尖点.

顺便指出,设 $y=f(x)$ 在点 x_0 附近有定义,$\Delta y = f(x_0+\Delta x) - f(x_0)$,若单侧极限 $\lim\limits_{\Delta x \to 0+0} \dfrac{\Delta y}{\Delta x} \left(\lim\limits_{\Delta x \to 0-0} \dfrac{\Delta y}{\Delta x} \right)$ 存在,则称此极限值为 $f(x)$ 在 x_0 处的**右(左)导数**,记作 $f'_+(x_0)(f'_-(x_0))$,左、右导数统称为**单侧导数**.

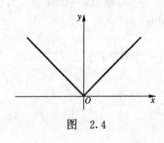

图 2.4

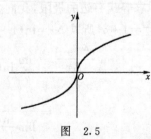

图 2.5

例10 求曲线 $y=x^{\frac{1}{3}}$ 在点 $(0,0)$ 处的切线方程和法线方程.

解 给自变量 x 在 $x=0$ 处一个增量 Δx,函数 y 对应的增量为

$$\Delta y = (\Delta x)^{\frac{1}{3}} - 0^{\frac{1}{3}} = (\Delta x)^{\frac{1}{3}}.$$

比值
$$\frac{\Delta y}{\Delta x} = \frac{(\Delta x)^{\frac{1}{3}}}{\Delta x} = (\Delta x)^{-\frac{2}{3}}.$$

当 $\Delta x \to 0$ 时,此比值没有极限,所以函数在 $x=0$ 处不可导.

但曲线 $y=f(x)$ 在 $(0,0)$ 处是有切线的. 事实上,当 $\Delta x \to 0$ 时,$\Delta y/\Delta x$ 是正无穷大量,也就是

$$\lim_{\Delta x \to 0} \frac{\Delta y}{\Delta x} = +\infty,$$

这就说明,曲线在 $(0,0)$ 处的切线垂直于 x 轴(见图 2.5).因此,曲线在 $(0,0)$ 处的切线方程是 $x=0$. 法线方程是 $y=0$.

由上看出,函数 $y=x^{1/3}$ 在 $x=0$ 处是不可导的,但

$$\lim_{\Delta x \to 0} \Delta y = \lim_{\Delta x \to 0} (\Delta x)^{\frac{1}{3}} = 0,$$

即函数 $y=x^{1/3}$ 在 $x=0$ 处是连续的. 这是函数在某一点处连续但在该点处不可导的又一类例子.

习 题 2.1

在题 1~4 中,根据定义求各函数的导函数:

1. $y=ax^3$.　　　　　　　　2. $y=\sqrt[3]{x}$.
3. $y=x^2+2x+1$.　　　　　4. $y=\sin(5x+1)$.

5. 一质点 M 沿 x 轴方向运动,在时刻 t 质点 M 的坐标为 x (见图 2.6).设质点的运动方程为 $x=t^3-7t^2+8t$.

图 2.6

(1) 给自变量 t 一个增量 Δt,求 x 相应的增量 Δx;

(2) 求比值 $\Delta x/\Delta t$,问它的物理意义是什么?

(3) 求 $\Delta x/\Delta t$ 当 $\Delta t \to 0$ 时的极限,问它的物理意义是什么?

(4) 写出质点运动的速度 $v(t)$,指出 $v(t)$ 为零的时刻,并分析什么时候质点自左向右运动,什么时候质点自右向左运动.

在题 6~8 中求曲线 $y=f(x)$ 在指定点 $M(x_0, f(x_0))$ 处的切线和法线方程:

6. $y=\sqrt[3]{x}$,$M(1,1)$.

7. $y=1/x$,$M(-2,-1/2)$.

8. $y=\sin(5x+1)$,$M(0,\sin 1)$.

9. 求三次抛物线 $y=x^3$ 在点 $(2,8)$ 处的切线斜率.

10. 在三次抛物线 $y=x^3$ 上哪些点的切线的斜率等于 3?

11. 在曲线 $y=x^2+2x+1$ 上哪一点的切线与直线 $y=4x-1$ 平行,并求出曲线在该点处的切线和法线方程.

12. 求函数 $f(x)=\begin{cases} x^2\sin\dfrac{1}{x}, & x\neq 0, \\ 0, & x=0 \end{cases}$ 在 $x=0$ 处的导数.

13. 证明函数 $f(x)=\begin{cases} x\sin\dfrac{1}{x}, & x\neq 0, \\ 0, & x=0 \end{cases}$ 在 $x=0$ 处连续,但在 $x=0$ 处导数不存在.

14. 函数 $y=|\sin x|$ 在 $x=0$ 处的导数是否存在,为什么?

15. 离地球中心 r 处的重力加速度 g 是 r 的函数,其表达式为

$$g(r)=\begin{cases} \dfrac{GMr}{R^3}, & r<R, \\ \dfrac{GM}{r^2}, & r\geq R, \end{cases}$$

其中 R 是地球的半径,M 是地球的质量,G 为引力常数.

(1) 问 $g(r)$ 是否是 r 的连续函数;

(2) 作 $g(r)$ 的草图;

(3) $g(r)$ 是否是 r 的可导函数?

16. 求二次函数 $P(x)$,已知:点 $(-1,-3)$ 在曲线 $y=P(x)$ 上,且 $P'(1)=2, P'(2)=1$.

*17. 试求抛物线 $y^2=2px(p>0)$ 上任一点 $M(x,y)(x\neq 0, y>0)$ 处的切线斜率. 并证明: 从抛物线的焦点 $F\left(\dfrac{p}{2},0\right)$ 向 M 点发射光线时, 其反射线一定平行于 x 轴(见图 2.7. 提示: 证明 $\beta=2\alpha$,再利用入射角等于反射角的原理).

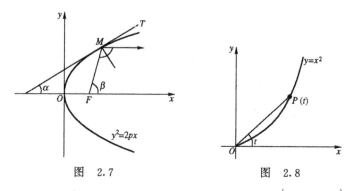

图 2.7　　　　　图 2.8

*18. 一质点沿曲线 $y=x^2$ 运动,且已知时刻 $t\left(0<t<\dfrac{\pi}{2}\right)$ 时质点所在位置 $P(t)=(x(t),y(t))$ 满足:直线 $\overline{OP}$ 与 x 轴的夹角恰为 t(见图 2.8). 求时刻 t 时质点的位置、速度及加速度.

§2　微商的运算法则

在上一节我们直接按定义求出了一些函数的导数,现在我们进一步建立一些求导数的一般法则,运用这些法则和基本初等函数的导数公式,就能比较方便地求出一切初等函数的导数.

定理1　如果函数 $u(x), v(x)$ 在点 x 处可导,则函数 $u(x)\pm v(x), u(x)\cdot v(x), \dfrac{u(x)}{v(x)}(v(x)\neq 0)$ 在该点处也可导,并且有

(i) $[u(x)\pm v(x)]'=u'(x)\pm v'(x)$;

(ii) $[u(x) \cdot v(x)]' = u'(x)v(x) + u(x)v'(x)$;

(iii) $\left[\dfrac{u(x)}{v(x)}\right]' = \dfrac{u'(x)v(x) - u(x)v'(x)}{[v(x)]^2}.$

证 (i) 我们设 $y(x) = u(x) + v(x)$,要证 $y(x)$ 在点 x 处可导,且 $y'(x) = u'(x) + v'(x)$. 为此先来计算 Δy:

$$\begin{aligned}\Delta y &= [u(x + \Delta x) + v(x + \Delta x)] - [u(x) + v(x)] \\ &= [u(x + \Delta x) - u(x)] + [v(x + \Delta x) - v(x)] \\ &= \Delta u + \Delta v.\end{aligned}$$

由此得到

$$\frac{\Delta y}{\Delta x} = \frac{\Delta u}{\Delta x} + \frac{\Delta v}{\Delta x}.$$

因为 $u(x), v(x)$ 可导,故

$$\lim_{\Delta x \to 0} \frac{\Delta u}{\Delta x} = u'(x), \quad \lim_{\Delta x \to 0} \frac{\Delta v}{\Delta x} = v'(x).$$

由极限运算法则有

$$\lim_{\Delta x \to 0} \frac{\Delta y}{\Delta x} = \lim_{\Delta x \to 0} \frac{\Delta u}{\Delta x} + \lim_{\Delta x \to 0} \frac{\Delta v}{\Delta x} = u'(x) + v'(x).$$

这就证明了函数 $y(x) = u(x) + v(x)$ 在点 x 处可导,且

$$[u(x) + v(x)]' = u'(x) + v'(x).$$

关于 $u(x) - v(x)$ 的结果,证明方法完全相同,不再重复.

(ii) 令 $y(x) = u(x) \cdot v(x)$,我们有

$$\begin{aligned}\Delta y &= u(x + \Delta x) \cdot v(x + \Delta x) - u(x) \cdot v(x) \\ &= [u(x + \Delta x) - u(x)] \cdot v(x + \Delta x) \\ &\quad + u(x) \cdot [v(x + \Delta x) - v(x)], \\ &= \Delta u \cdot v(x + \Delta x) + u(x) \cdot \Delta v\end{aligned}$$

由此得到

$$\frac{\Delta y}{\Delta x} = \frac{\Delta u}{\Delta x} \cdot v(x + \Delta x) + u(x) \frac{\Delta v}{\Delta x}.$$

注意到由于 $v(x)$ 在点 x 处可导,它在 x 处必连续,故有

$$\lim_{\Delta x \to 0} v(x + \Delta x) = v(x),$$

于是

$$\lim_{\Delta x \to 0} \frac{\Delta y}{\Delta x} = \lim_{\Delta x \to 0} \frac{\Delta u}{\Delta x} \cdot \lim_{\Delta x \to 0} v(x + \Delta x) + \lim_{\Delta x \to 0} u(x) \cdot \lim_{\Delta x \to 0} \frac{\Delta v}{\Delta x}$$
$$= u'(x) \cdot v(x) + u(x) \cdot v'(x).$$

这就证明了函数 $y(x) = u(x) \cdot v(x)$ 在点 x 处可导,且

$$[u(x) \cdot v(x)]' = u'(x)v(x) + u(x)v'(x).$$

(iii) 的证明方法与(ii)的类似,留给读者完成. 证毕.

下面三个结果是定理 1 的直接推论.

(i) 若 c 是常数,则 $(cu)' = cu'$;

(ii) $(u \cdot v \cdot w)' = u' \cdot v \cdot w + u \cdot v' \cdot w + u \cdot v \cdot w'$;

事实上,只要我们重复用函数乘积的导数法则就得到此结果:

$$(uvw)' = (u \cdot v)'w + (u \cdot v)w' = (u'v + uv')w + uvw'$$
$$= u'vw + uv'w + uvw'.$$

(iii) $(u + v + w)' = u' + v' + w'$.

最后希望大家特别注意 $(uv)' \neq u'v'$.

例1 求函数 $y = x^2 - \dfrac{3}{x} + \sqrt{x} + 3$ 的导函数.

解 $y' = (x^2)' - 3\left(\dfrac{1}{x}\right)' + (\sqrt{x})' + (3)'$
$= 2x + \dfrac{3}{x^2} + \dfrac{1}{2\sqrt{x}}.$

例2 求函数 $y = x^2 \sin x$ 的导函数.

解 $y' = (x^2 \sin x)' = (x^2)' \sin x + x^2 (\sin x)'$
$= 2x \sin x + x^2 \cos x.$

例3 求三角函数 $\tan x, \cot x$ 的导函数.

解 $(\tan x)' = \left(\dfrac{\sin x}{\cos x}\right)' = \dfrac{(\sin x)' \cos x - \sin x (\cos x)'}{\cos^2 x}$
$= \dfrac{\cos x \cdot \cos x - \sin x(-\sin x)}{\cos^2 x}$
$= \dfrac{\cos^2 x + \sin^2 x}{\cos^2 x} = \dfrac{1}{\cos^2 x},$

故有
$$(\tan x)' = \frac{1}{\cos^2 x} = \sec^2 x.$$
用同样的方法可求得
$$(\cot x)' = -\frac{1}{\sin^2 x} = -\csc^2 x.$$

例 4 求 $\log_a x (a \neq 1, a > 0)$ 的导函数.

解 由换底公式知
$$y = \log_a x = \frac{\ln x}{\ln a},$$
故
$$(\log_a x)' = \frac{1}{\ln a} \cdot (\ln x)' = \frac{1}{\ln a} \cdot \frac{1}{x}.$$

例 5 求函数 $y = \dfrac{x^{7/2} + 3x - 10\sqrt{x}}{\sqrt{x}}$ 的导函数.

解 对这个函数,我们可以利用函数的商的导数公式,但这样较麻烦. 我们先把函数的表达式化简为
$$y = x^3 + 3x^{\frac{1}{2}} - 10,$$
于是
$$y' = (x^3)' + 3(x^{\frac{1}{2}})' - 10' = 3x^2 + \frac{3}{2}x^{-\frac{1}{2}}.$$

在建立复合函数的导数法则之前,我们先来求一个简单的复合函数的导数. 函数 $y = \sin 3x$ 是函数 $y = \sin u$ 与函数 $u = 3x$ 的复合函数,我们知道 $y'_u = \cos u$,但现在要求的是 y 对自变量 x 的导数,即 y'_x. 下面按定义计算 y'_x. 由三角函数的和差化积公式,有
$$\Delta y = \sin 3(x + \Delta x) - \sin 3x$$
$$= 2\cos\left(3x + \frac{3\Delta x}{2}\right) \cdot \sin \frac{3}{2}\Delta x,$$
因此
$$\frac{\Delta y}{\Delta x} = 3\cos\left(3x + \frac{3}{2}\Delta x\right) \cdot \frac{\sin \frac{3}{2}\Delta x}{\frac{3}{2}\Delta x},$$
于是

$$\lim_{\Delta x \to 0} \frac{\Delta y}{\Delta x} = 3 \lim_{\Delta x \to 0} \cos\left(3x + \frac{3}{2}\Delta x\right) \cdot \lim_{\Delta x \to 0} \frac{\sin\frac{3}{2}\Delta x}{\frac{3}{2}\Delta x}$$

$$= 3\cos 3x,$$

也就是 $(\sin 3x)'_x = 3\cos 3x.$

值得注意的是,$\sin u$ 对 u 的导数是 $\cos u$,但是 $\sin 3x$ 对自变量 x 的导数就不只是 $\cos 3x$ 了,而多了一个因子 3. 那么一般的复合函数的导函数有什么规律呢? 定理 2 回答了这个问题.

定理 2 设函数 $u = \varphi(x)$ 在某一点 x 处有导数 $u'_x = \varphi'(x)$,又函数 $y = f(u)$ 在对应点 u 处有导数 $y'_u = f'(u)$,则复合函数 $y = f[\varphi(x)]$ 在点 x 处也有导数,并且

$$y'_x = f'(u) \cdot \varphi'(x),$$

或写成

$$y'_x = y'_u \cdot u'_x \quad \text{或} \quad \frac{\mathrm{d}y}{\mathrm{d}x} = \frac{\mathrm{d}y}{\mathrm{d}u} \cdot \frac{\mathrm{d}u}{\mathrm{d}x}.$$

换句话说,如果 y 是 x 的复合函数,中间变量是 u,那么,为求 y 对 x 的导数 y'_x,可先求 y 对中间变量 u 的导数 y'_u,再求中间变量 u 对 x 的导数 u'_x,最后作乘积就得到 y'_x.

证 设当自变量 x 在 x 处有一增量 Δx 时,u, y 相应的增量分别为 $\Delta u, \Delta y$. 由于 $y = f(u)$ 在相应的点 u 处可导,就有

$$\lim_{\Delta u \to 0} \frac{\Delta y}{\Delta u} = f'(u) \quad \text{或} \quad \frac{\Delta y}{\Delta u} = f'(u) + \alpha \quad (\Delta u \neq 0),$$

其中 $\lim_{\Delta u \to 0} \alpha = 0.$

所以当 $\Delta u \neq 0$ 时,用 Δu 乘上式两边,得

$$\Delta y = f'(u) \cdot \Delta u + \alpha \cdot \Delta u; \tag{1}$$

注意现在 u 是中间变量,在 Δx 的变化过程中,Δu 有可能为 0,但因为当 $\Delta u = 0$ 时,$\Delta y = f(u + \Delta u) - f(u) = 0$,所以这时只要我们补充定义 $\alpha = 0$,(1) 式仍然成立. 用 Δx 除 (1) 式两边,注意 $u = \varphi(x)$ 在 x 处连续(因为 $\varphi(x)$ 在 x 处可导),故当 $\Delta x \to 0$ 时 $\Delta u \to 0$,

从而 $\alpha \to 0$,所以有

$$\frac{dy}{dx} = \lim_{\Delta x \to 0} \frac{\Delta y}{\Delta x} = \lim_{\Delta x \to 0} f'(u) \cdot \frac{\Delta u}{\Delta x} + \lim_{\Delta x \to 0} \alpha \cdot \frac{\Delta u}{\Delta x}$$
$$= f'(u) \cdot \varphi'(x) + 0 \cdot \varphi'(x) = f'(u) \cdot \varphi'(x).$$

这就证明了 y'_x 存在,并且

$$y'_x = f'(u) \cdot \varphi'(x) = y'_u \cdot u'_x. \quad 证毕.$$

按照定理 2 的公式来求函数 $y=\sin 3x$ 的导数,与上面直接求得的结果是一致的. 事实上,如将 $u=3x$ 视为中间变量,则有

$$y'_x = (\sin u)' \cdot (3x)' = \cos u \cdot 3 = 3\cos 3x.$$

例 6 求函数 $y=\sqrt{x^2+1}$ 的导函数.

解 $y=\sqrt{x^2+1}$ 可看成是函数 $y=\sqrt{u}$ 与 $u=x^2+1$ 的复合函数,故

$$y'_x = (\sqrt{u})' \cdot (x^2+1)' = \frac{1}{2\sqrt{u}} \cdot 2x = \frac{x}{\sqrt{x^2+1}}.$$

例 7 求函数 $y=\tan\frac{1}{x}$ 的导函数.

解 令 $y=\tan u, u=1/x$,于是

$$y'_x = (\tan u)' \cdot \left(\frac{1}{x}\right)' = \frac{1}{\cos^2 u} \cdot \frac{-1}{x^2} = \frac{-1}{x^2 \cos^2 \frac{1}{x}}.$$

在我们用熟了复合函数的导数公式后,可以不必写出中间变量,只要心中默记哪个量是中间变量即可.

例 8 求函数 $y=(x^2+x+1)^n$ 的导函数.

解 $y' = n(x^2+x+1)^{n-1} \cdot (x^2+x+1)'$
$= n(2x+1)(x^2+x+1)^{n-1}.$

例 9 求函数 $y=\ln(x+\sqrt{x^2+a^2})$ 的导函数.

解 $y' = \dfrac{1}{x+\sqrt{x^2+a^2}} (x+\sqrt{x^2+a^2})'$

$= \dfrac{1}{x+\sqrt{x^2+a^2}} \left[1 + \dfrac{(x^2+a^2)'}{2\sqrt{x^2+a^2}}\right]$

$$= \frac{1}{x+\sqrt{x^2+a^2}}\left[1+\frac{2x}{2\sqrt{x^2+a^2}}\right]$$

$$= \frac{1}{x+\sqrt{x^2+a^2}}\left[1+\frac{x}{\sqrt{x^2+a^2}}\right] = \frac{1}{\sqrt{x^2+a^2}}.$$

例 10 求 $y=\ln|x|(x\neq 0)$ 的导函数.

解 当 $x>0$ 时,$y=\ln x$,有 $y'=1/x$;当 $x<0$ 时,$y=\ln(-x)$,有

$$y' = \frac{1}{-x} \cdot (-1) = \frac{1}{x}.$$

综合起来,有

$$(\ln|x|)' = \frac{1}{x} \quad (x\neq 0).$$

例 11 求 $y=x^\alpha(x>0)$ 的导函数,其中 α 是任意实数.

解 因为 $\ln y=\ln x^\alpha=\alpha\ln x$,所以 $y=e^{\alpha\ln x}$,由此

$$y' = (e^{\alpha\ln x})' = (e^{\alpha\ln x})(\alpha\ln x)' = e^{\alpha\ln x} \cdot \alpha\frac{1}{x} = \alpha x^\alpha \frac{1}{x},$$

也就是

$$(x^\alpha)' = \alpha x^{\alpha-1}.$$

例 12 求函数 $y=a^x(a>0)$ 的导函数.

解 因 $\ln y=x\ln a$,所以

$$y = a^x = e^{x\ln a}.$$

由此

$$y' = (e^{x\ln a})' = e^{x\ln a}(x\ln a)' = e^{x\ln a} \cdot \ln a = a^x \ln a,$$

即

$$(a^x)' = a^x \ln a \quad (a>0).$$

习 题 2.2

1. 下列各等式是否成立?若不成立,指出错误并加以改正.

(1) $\left(\cos\frac{1}{x}\right)' = -\sin\frac{1}{x} \quad (x\neq 0)$;

(2) $[\ln(1-x)]' = \frac{1}{1-x} \quad (x<1)$;

(3) $[x^2\sqrt{1+x^2}]' = (x^2)' \cdot (\sqrt{1+x^2})' = 2x \cdot \frac{x}{\sqrt{1+x^2}}$;

(4) $[\ln|x+2\cos^2 x|]' = \frac{1}{x+2\cos^2 x}(1+4\cos x)(-\sin x)$.

2. 记 $f'(\varphi(x))=f'(u)\Big|_{u=\varphi(x)}$. 现设 $f(x)=x^2+1$.

(1) 求 $f'(x), f'(0), f'(x^2), f'(\sin x)$;

(2) 求 $\dfrac{\mathrm{d}}{\mathrm{d}x}f(x^2), \dfrac{\mathrm{d}}{\mathrm{d}x}f(\sin x)$;

(3) $f'(\varphi(x))$ 与 $\dfrac{\mathrm{d}}{\mathrm{d}x}[f(\varphi(x))]$ 是否相同,指出两者的关系.

在题 3~24 中,求各函数的导函数.

3. $y=8x^3+x+x^{\frac{1}{3}}+7$.

4. $y=(5x+3)(6x^2-2)$.

5. $y=(x+1)(x-1)\tan x$.

6. $y=\dfrac{9x+x^2}{5x+6}$.

7. $y=(\sqrt{x}+1)\left(\dfrac{1}{\sqrt{x}}-1\right)$.

8. $y=\dfrac{2}{x^3-1}$.

9. $y=(1+\sqrt{x})(1+\sqrt{2x})(1+\sqrt{3x})$.

10. $y=\dfrac{x+1+x^2}{x^{1/2}}$.

11. $\gamma=\sqrt{2\theta}-\dfrac{1}{\sqrt{2\theta}}$.

12. $y=(x-1)^{12}$.

13. $y=\sqrt{1+x+2x^2}$.

14. $y=\sqrt{x^2-a^2}$.

15. $y=\dfrac{1}{\sqrt{a^2-x^2}}$.

16. $y=\sin 3x+\cos 2x$.

17. $y=\tan\sqrt{x^2+1}$.

18. $y=\sec\left(\dfrac{x+1}{3}\right)$.

19. $y=\csc\sqrt{1-x}$.

20. $y=\sin^3 x \cdot \cos 3x$.

21. $y=\dfrac{1+\sin^2 x}{\cos(x^2)}$.

22. $y=\dfrac{1}{3}\tan^3\theta-\tan\theta+\theta$.

23. $y=\ln\left|\tan\left(\dfrac{x}{2}+\dfrac{\pi}{4}\right)\right|$.

24. $y=\dfrac{1}{2a}\ln\left|\dfrac{x-a}{x+a}\right|$ $(a>0)$.

*25. 一雷达的探测器瞄准着一枚安置在发射台上的火箭,它与发射台之间的水平距离是 400 m(见图 2.9). 设 $t=0$ 时垂直向上地发射火箭,并设 $t(>0)$ 秒时火箭离发射台的垂直距离为 $x(t)=4t^2$ m $(0<t<t_0)$(见图 2.9). 若雷达探测器始终瞄准着火箭,问:自火箭发射后 10 秒钟时,探测器的仰角 $\theta(t)$ 的增加速率是多少?

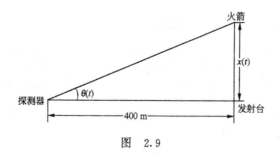

图 2.9

*26. 在图 2.10 的装置中,飞轮的半径为 2 m,且以每秒旋转 4 圈的等角速度按顺时针方向旋转.问:当飞轮的旋转角 $\alpha = \dfrac{\pi}{2}$ 时,活塞向右移动的速率是多少?

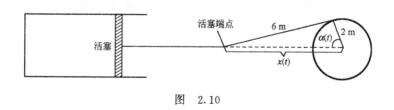

图 2.10

§3 隐函数与反函数的微商·高阶导数

1. 隐函数及其导数

由方程
$$y^3 - x = 1 \quad \text{或} \quad x^2 + y^2 = a^2 \quad (a > 0)$$
都可以确定 y 是 x 的函数(对后一方程,须加一定的条件,如 $y \geqslant 0$ 或 $y \leqslant 0$). 我们称这种由两个变量 x, y 的方程所确定的函数(如果存在的话)为**隐函数**.

有时我们可以从这类方程解出 y 而得到显函数形式. 例如,从 $y^3 - x = 1$ 可以解出
$$y = (x+1)^{\frac{1}{3}}.$$

而从方程 $x^2+y^2=a^2$ 可以解出

$$y=\sqrt{a^2-x^2} \quad \text{或} \quad y=-\sqrt{a^2-x^2} \quad (-a\leqslant x\leqslant a).$$

由后一例可见,有时由一个方程确定的隐函数可以不止一个.

如果将方程所确定的隐函数 $y=f(x)$ 代入方程,则方程一定成为恒等式.例如,将 $y=(x+1)^{\frac{1}{3}}$ 代入方程 $y^3-x=1$ 就得到 x 的恒等式

$$[(x+1)^{\frac{1}{3}}]^3-x\overset{x}{\equiv}1.$$

而将 $y=\pm\sqrt{a^2-x^2}$ 代入方程 $x^2+y^2=a^2$,就得到 x 的恒等式

$$x^2+(\pm\sqrt{a^2-x^2})^2\overset{x}{\equiv}a^2.$$

也就是说,当方程中的 y 被看做是隐函数时,方程就成为 x 的恒等式.由此我们求隐函数的导数时就不必先从方程解出 y,而可以直接从方程出发求 y'.例如,将方程

$$x^2+y^2=a^2$$

中的 y 看成是 x 的隐函数,这时 y^2 就是 x 的复合函数,然后在方程的两边同时对 x 求导数:

$$(x^2)'_x+(y^2)'_x=(a^2)'_x,$$

得到
$$2x+2yy'_x=0.$$

解出 y' 就得到

$$y'=-\frac{x}{y}.$$

当然,y' 表达式中的 y 仍要看成是 x 的函数.这种求导数的方法称为**隐函数求导法**.

例 1 求方程 $x^3-2xy+y^5=0$ 确定的隐函数的导数.

解 方程两边对 x 求导数,得

$$(x^3)'_x-(2xy)'_x+(y^5)'_x=(0)'_x,$$

即
$$3x^2-2y-2xy'+5y^4y'=0,$$

故
$$y'=\frac{3x^2-2y}{2x-5y^4}.$$

例 2 求双曲线 $x^2-y^2=7$ 在点 $(4,3)$ 处的切线方程.

解 方程两边对 x 求导,
$$(x^2)' - (y^2)' = (7)',$$
即
$$2x - 2yy' = 0,$$
所以
$$y' = \frac{x}{y}.$$
在点 (4,3) 处,我们得到
$$y' \Big|_{\substack{x=4 \\ y=3}} = \frac{4}{3},$$
即在点 (4,3) 处切线的斜率是 4/3,于是切线方程为
$$y - 3 = \frac{4}{3}(x - 4) \quad \text{或} \quad 3y - 4x + 7 = 0.$$

2. 反三角函数的导数

我们用隐函数求导法来求反正弦函数 $y = \arcsin x$ 的导函数. $y = \arcsin x$ 可以看成是由方程
$$\sin y = x \quad \left(-\frac{\pi}{2} < y < \frac{\pi}{2}\right)$$
所确定的隐函数. 把方程两边同时对 x 求导数
$$(\sin y)'_x = (x)'_x,$$
就得到
$$(\cos y) \cdot y'_x = 1.$$
也就是
$$y'_x = \frac{1}{\cos y}.$$
因为 y 在 $(-\pi/2, \pi/2)$ 中取值,所以 $\cos y > 0$,即有
$$\cos y = \sqrt{1 - \sin^2 y} = \sqrt{1 - x^2}.$$
当 $|x| < 1$ 时,$\sqrt{1-x^2} \neq 0$,代入上式,得到
$$(\arcsin x)' = \frac{1}{\sqrt{1 - x^2}} \quad (|x| < 1).$$

其他几个反三角函数的导数也可以用同样的方法求得. 我们把结果写在下面:
$$(\arccos x)' = -\frac{1}{\sqrt{1 - x^2}} \quad (|x| < 1),$$

$$(\arctan x)' = \frac{1}{1+x^2} \quad (-\infty < x < +\infty),$$

$$(\text{arccot} x)' = -\frac{1}{1+x^2} \quad (-\infty < x < +\infty).$$

我们已经知道,三角函数的导函数仍然是三角函数,但从上面几个公式看出,反三角函数的导函数不再是反三角函数,而是 x 的有理式或无理式,抓住这一特点,可以避免将三角函数的导数与反三角函数的导数混淆起来.

利用隐函数求导法,我们可以推出一般的反函数的求导公式. 若函数

$$y = f(x) \quad (x \in X) \tag{1}$$

的值域为 Y, $f(x)$ 在区间 X 内可导且 $f'(x) \neq 0 (x \in X)$,则其反函数 $x = \varphi(y)$ 存在且在区间 Y 内也可导,并对任意的 $y_0 \in Y$,有

$$\varphi'(y_0) = \frac{1}{f'(x_0)}, \tag{2}$$

其中 $x_0 = \varphi(y_0)$. (2)式也可写成

$$f'(x_0) = \frac{1}{\varphi'(y_0)}, \quad \text{其中 } y_0 = f(x_0).$$

上式说明:一个函数在一点的导数恰好等于其反函数在对应点处的导数的倒数.上式有明显的几何意义:在 Oxy 平面上,$y = f(x)$ 与 $x = \varphi(y)$ 的图形是同一条曲线.该曲线在一点 (x_0, y_0) 处的切线关于 x 轴的斜率 $(= f'(x_0))$ 是它关于 y 轴的斜率 $(= \varphi'(y_0))$ 的倒数(见图 2.11).

限于篇幅,这里我们不证明反函数 $x = \varphi(y)$ 的存在性,只证明公式(2). 为证明(2)式,将(1)式中的 x 看成是由(1)式确定的反函数 $x = \varphi(y)$,于是(1)式成为关于 y 的恒等式

$$y = f[\varphi(y)].$$

将上式两边对 y 求导,即得

$$1 = f'_x \cdot \varphi'_y = f'[\varphi(y)] \cdot \varphi'(y),$$

即

$$\varphi'(y) = 1/f'[\varphi(y)],$$

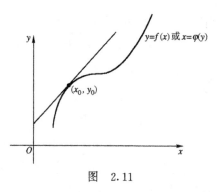

图 2.11

以 $y=y_0$ 代入即得

$$\varphi'(y_0) = 1/f'(x_0).$$

3. "取对数"求导法

所谓"取对数"求导法,是将所要求导的函数先取对数,再求导(需用到复合函数求导法),再由所得方程求得 y'. 这是求某一类特殊形式的函数的导函数的一种技巧,它使得求导比较简便. 我们看几个例子:

例 3 求函数 $y=\sqrt[3]{\dfrac{(x-1)(x-2)}{(x-3)(x-4)}}$ 的导函数.

解 应用对数的性质,对等式两边的绝对值取对数得到

$$\ln|y| = \frac{1}{3}[\ln|x-1| + \ln|x-2| - \ln|x-3| - \ln|x-4|],$$

注意 y 是 x 的函数,在等式两边对 x 求导数,得到

$$\frac{1}{y}y' = \frac{1}{3}\left(\frac{1}{x-1} + \frac{1}{x-2} - \frac{1}{x-3} - \frac{1}{x-4}\right),$$

即

$$y' = \frac{y}{3}\left(\frac{1}{x-1} + \frac{1}{x-2} - \frac{1}{x-3} - \frac{1}{x-4}\right)$$

$$= \frac{1}{3}\left(\frac{1}{x-1} + \frac{1}{x-2} - \frac{1}{x-3} - \frac{1}{x-4}\right)\sqrt[3]{\frac{(x-1)(x-2)}{(x-3)(x-4)}}.$$

例 4 求函数 $y=x^x$ 的导函数 $(x>0)$.

解 在等式 $y=x^x$ 的两边取对数,我们有
$$\ln y = x\ln x,$$
两边对 x 求导数得
$$\frac{y'}{y} = 1 + \ln x,$$
即
$$y' = y(1+\ln x) = x^x(1+\ln x).$$

到此为止,我们已经求得了一切基本初等函数的导数公式,现将它们与几个重要的导数法则列成下表.

基本初等函数导数公式

$(c)'=0$ (c 是常数), $\quad (x^a)'=ax^{a-1}$,

$(\sin x)'=\cos x$, $\quad (\cos x)'=-\sin x$,

$(\tan x)'=\dfrac{1}{\cos^2 x}=\sec^2 x$, $\quad (\cot x)'=-\dfrac{1}{\sin^2 x}=-\csc^2 x$,

$(\ln |x|)'=\dfrac{1}{x}$, $\quad (\log_a |x|)'=\dfrac{1}{\ln a}\dfrac{1}{x}$ $(a>0, a\neq 1)$,

$(e^x)'=e^x$, $\quad (a^x)'=a^x\ln a$ $(a>0)$,

$(\arcsin x)'=\dfrac{1}{\sqrt{1-x^2}}$, $\quad (\arccos x)'=-\dfrac{1}{\sqrt{1-x^2}}$,

$(\arctan x)'=\dfrac{1}{1+x^2}$, $\quad (\operatorname{arccot} x)'=-\dfrac{1}{1+x^2}$.

导数法则

$(u\pm v)'=u'\pm v'$, $\quad (cu)'=cu'$ (c 是常数),

$(u\cdot v)'=u'v+uv'$, $\quad \left(\dfrac{u}{v}\right)'=\dfrac{u'v-uv'}{v^2}$ $(v\neq 0)$,

$y'_x=y'_u\cdot u'_x$.

4. 高阶导数

对于在 (a,b) 内可导的函数 $y=f(x)$,它的导函数 $f'(x)$ 仍然是一个 x 的函数. 如果这个函数 $f'(x)$ 在 (a,b) 内仍然可导,则称它的导数 $(f'(x))'$ 为 $f(x)$ 的**二阶导数**,记作

$$f''(x),\ y''\ \text{或}\ \frac{\mathrm{d}^2 y}{\mathrm{d}x^2}.$$

二阶导数有着明显的力学意义. 考虑质点的直线运动, 设运动方程
$$S = f(t),$$
求 S 对 t 的导数, 得到运动的速度规律
$$v = f'(t).$$
v 再对 t 求一次导数, 也即求比值 $\Delta v/\Delta t$ 当 $\Delta t \to 0$ 时的极限, 我们就得到加速度. 事实上, 比值 $\Delta v/\Delta t$ 是时刻 t 到时刻 $t+\Delta t$ 这段时间内的平均加速度, 而当 $\Delta t \to 0$ 时, 比值 $\Delta v/\Delta t$ 的极限就是这一运动在时刻 t 的瞬时加速度 w. 因此 $S=f(t)$ 对 t 的二阶导数是运动的加速度
$$w = f''(t).$$

如果函数 $y=f(x)$ 的二阶导数 $f''(x)$ 在 (a,b) 内可导, 则 $f''(x)$ 这个函数的导数 $(f''(x))'$ 就称为 $f(x)$ 的**三阶导数**, 记作
$$f'''(x),\ y'''\ \text{或}\ \frac{\mathrm{d}^3 y}{\mathrm{d}x^3}.$$

一般地, $f(x)$ 的 n 阶导数是 $f(x)$ 的 $(n-1)$ 阶导数的导数, 记作
$$f^{(n)}(x),\ y^{(n)}\ \text{或}\ \frac{\mathrm{d}^n y}{\mathrm{d}x^n}.$$

例 5 求 $y=x^n$ 的各阶导数.

解 $y' = nx^{n-1},\quad y'' = n(n-1)x^{n-2}, \cdots,$
$$y^{(k)} = n(n-1)\cdots(n-k+1)x^{n-k}\quad (k<n),\cdots,$$
$$y^{(n-1)} = n(n-1)\cdots 2x,\quad y^{(n)} = n!,$$
$$y^{(n+1)} = y^{(n+2)} = \cdots = 0.$$

例 6 求函数 $y=\sin x$ 的各阶导数.

解 $y' = \cos x = \sin\left(x + \dfrac{\pi}{2}\right),$
$$y'' = \left[\sin\left(x + \frac{\pi}{2}\right)\right]' = \cos\left(x + \frac{\pi}{2}\right) = \sin\left(x + \frac{2\pi}{2}\right),$$

$$y''' = \left[\sin\left(x+\frac{2\pi}{2}\right)\right]' = \cos\left(x+\frac{2\pi}{2}\right) = \sin\left(x+\frac{3\pi}{2}\right),\cdots,$$

用数学归纳法可以证明

$$y^{(n)} = \sin\left(x+\frac{n\pi}{2}\right).$$

例 7 求函数 $y=\ln(1+x)$ 的各阶导数.

解 $y' = \dfrac{1}{1+x} = (1+x)^{-1}$, $y''=(-1)(1+x)^{-2}$,

$$y''' = (-1)(-2)(1+x)^{-3},\cdots,$$

一般地 $\quad y^{(n)}=(-1)^{n-1}(n-1)!\ (1+x)^{-n}.$

对于两个有 n 阶导数的函数 f 与 g,不难导出它们的乘积的 n 阶导数公式:

$$[f(x)\cdot g(x)]^{(n)} = \sum_{k=0}^{n} C_n^k f^{(k)}(x) g^{(n-k)}(x),$$

其中 $f^{(0)}=f, g^{(0)}=g$. 这个公式与二项展开式类似,只是把方幂数换成求导的阶数,这个公式称为莱布尼兹公式.

习 题 2.3

1. 求下列方程确定的隐函数的导函数:

(1) $x^{\frac{2}{3}}+y^{\frac{2}{3}}=a^{\frac{2}{3}}$ (a 为常数);

(2) $(x-a)^2+(y-b)^2=c^2$ (a,b,c 为常数);

(3) $\arctan\dfrac{y}{x}=\ln\sqrt{x^2+y^2}$.

2. 求曲线 $x^2+3xy+y^2+1=0$ 在 $M(2,-1)$ 点的切线和法线方程.

3. 求曲线 $\mathrm{e}^y+xy=\mathrm{e}$ 在 $M(0,1)$ 点的切线和法线方程.

4. 试证曲线 $x^{\frac{1}{2}}+y^{\frac{1}{2}}=a^{\frac{1}{2}}$ 上任一点的切线所截两坐标轴的截距之和等于 a.

5. 试证星形线 $x^{\frac{2}{3}}+y^{\frac{2}{3}}=a^{\frac{2}{3}}$ 上任一点的切线介于两坐标轴间的一段长度等于常数 a.

在题 6~23 中,求各函数的导函数:

6. $y=\arcsin(2x+3)$.   7. $y=\arccos\dfrac{2x-1}{3}$.

8. $y=\arctan(x^2)$ 9. $y=\operatorname{arccot}\sqrt{\dfrac{1-x}{1+x}}$

10. $y=\arcsin\dfrac{1-x^2}{1+x^2}$.

11. $y=x\arctan x-\dfrac{1}{2}\ln(1+x^2)-\dfrac{1}{2}(\operatorname{arc tan}x)^2$.

12. $y=\dfrac{x}{2}\sqrt{a^2-x^2}+\dfrac{a^2}{2}\arcsin\dfrac{x}{a}$ $(a>0)$.

13. $y=\dfrac{x}{2}\sqrt{x^2+a^2}+\dfrac{a^2}{2}\ln\dfrac{x+\sqrt{x^2+a^2}}{a}$ $(a>0)$.

14. $y=a\arccos\left(1-\dfrac{u}{a}\right)+\sqrt{2au-u^2}$ $(a>0)$.

15. $y=\dfrac{1}{3}x^3\arctan x+\dfrac{1}{6}\ln(x^2+1)-\dfrac{1}{6}x^2$.

16. $y=\dfrac{x\sqrt[3]{3x+a}}{\sqrt{2x+b}}$.   17. $y=x^{e^x}$.

18. $y=(4x^2-7)^{2+\sqrt{x^2-5}}$.   19. $y=x^{\sin x}$.

20. $y=(\cos x)^x$.

21. $y=(x-1)\sqrt[3]{(3x+1)^2(2-x)}$.

22. $y=e^x+e^{e^x}$.   23. $y=x^{a^a}+a^{x^a}+a^{a^x}$ $(a>0)$.

24. 试求椭圆周 $\dfrac{x^2}{a^2}+\dfrac{y^2}{b^2}=1$ 在点 $M(x_0,y_0)$ 的切线及法线方程. 证明：从椭圆的一个焦点向 M 发射的光线的反射线必过另一个焦点.

25. 一球在斜面上向上滚,在 t 秒末与起点的距离为 $S=3t-t^2$,问其初速为若干？何时开始向下滚？

26. 有一个长度为 5 m 的梯子贴靠在铅直的墙上,假设从某一时刻起其下端沿地板以 3 m/s 的速率离开墙脚而滑动,则

（1）当其下端离开墙脚 1.4 m 时,梯子的上端下滑之速率为多少？

97

(2) 何时梯子的上下端能以相同的速率移动?

(3) 何时其上端下滑之速率为 4 m/s?

27. 求下列各函数的一阶和二阶导数:

(1) $y=\dfrac{x-1}{(x+1)^2}$; (2) $y=x\mathrm{e}^{-x^2}$;

(3) $y=\mathrm{e}^x\cos x$; (4) $y=\tan x\cdot\arcsin\dfrac{x}{2}$.

28. 利用恒等式

$$1+x+x^2+\cdots+x^n=\dfrac{1-x^{n+1}}{1-x}\quad(x\neq 1),$$

求和式

$$1+2x+3x^2+\cdots+nx^{n-1}$$

的表达式.

29. 设 $y=\mathrm{e}^x\sin x$,证明 $y''-2y'+2y=0$.

30. 问 λ 为何值时,函数 $y=\mathrm{e}^{\lambda x}$ 满足微分方程 $y''+py'+qy=0$,其中 p,q 为常数.

31. 验证函数 $y=\dfrac{x-3}{x+4}$ 满足关系式 $2y'^2=(y-1)y''$.

32. 验证函数 $y=\mathrm{e}^{\sqrt{x}}+\mathrm{e}^{-\sqrt{x}}$ 满足关系式

$$xy''+\dfrac{1}{2}y'-\dfrac{1}{4}y=0.$$

33. 设 $f(x)$ 在 $(-\infty,+\infty)$ 上可导,证明:

(1) 若 $f(x)$ 为奇(偶)函数,则 $f'(x)$ 为偶(奇)函数;

(2) 若 $f(x)$ 为周期(T)函数,则 $f'(x)$ 也为周期(T)函数.

34. 设 $y=x^2\mathrm{e}^x$,求 $y^{(10)}$.

§4 微 分

前面介绍了微商的概念及运算法则.本章介绍微分学中另一个重要的基本概念——微分.为了讲微分,我们先讲无穷小量的阶的比较.

1. 无穷小量阶的比较

在第一章中我们已经明确,所谓"函数 $y=f(x)$ 是某极限过程中的无穷小量"乃是指:函数 $y=f(x)$ 在该极限过程中以零为极限. 有时在同一极限过程中会出现几个无穷小量,并且要求我们比较这些无穷小量趋于零的速度. 例如当 $x\to 0$ 时,x 与 x^2 都是无穷小量,但是显然 x^2 比 x 趋于零的"速度"要快. 为了描述无穷小量趋于零的"速度",下面我们引进无穷小量的"阶"的概念.

设 α,β 是同一极限过程中的两个无穷小量.

(i) 如果比式 $\dfrac{\beta}{\alpha}\left(\text{或}\dfrac{\alpha}{\beta}\right)$ 在原极限过程中有异于零的极限,即

$$\lim \frac{\beta}{\alpha} = A \neq 0,$$

则称 α 与 β 是**同阶**的无穷小量.

(ii) 如果比式 $\dfrac{\beta}{\alpha}$ 在原给定的极限过程中以零为极限 $\left(\text{即}\dfrac{\beta}{\alpha}\text{仍是无穷小量}\right)$,即

$$\lim \frac{\beta}{\alpha} = 0,$$

则称 β 是比 α **高阶**的无穷小量(或 α 是比 β 低阶的无穷小量),记作

$$\beta = o(\alpha).$$

例1 当 $x\to 0$ 时,$2x$ 与 x 是同阶无穷小量. $x^2, x^{\frac{4}{3}}$ 都是比 x 高阶的无穷小量,它们都可写作 $o(x)$. $x^{1/3}$ 是比 x 低阶的无穷小量.

例2 当 $x\to 0$ 时,$\sin x, \tan x$ 都是与 x 同阶的无穷小量.

例3 当 $x\to 0$ 时,$1-\cos x, \tan x - \sin x$,都是比 x 高阶的无穷小量,因为

$$\lim_{x\to 0}\frac{1-\cos x}{x} = \lim_{x\to 0}\frac{2\sin^2\frac{x}{2}}{x} = \lim_{x\to 0}\sin\frac{x}{2}\lim_{x\to 0}\frac{\sin\frac{x}{2}}{\frac{x}{2}}$$

$$= 0 \cdot 1 = 0;$$

$$\lim_{x\to 0}\frac{\tan x - \sin x}{x} = \lim_{x\to 0}\frac{\tan x}{x} - \lim_{x\to 0}\frac{\sin x}{x} = 1 - 1 = 0.$$

故可写作

$$1 - \cos x = o(x), \quad \tan x - \sin x = o(x) \quad (x\to 0 \text{ 时}).$$

例 4 当 $x\to 0$ 时,$1-\cos x$ 与 x^2 是同阶的无穷小量,$\tan x - \sin x$ 与 x^3 是同阶的无穷小量. 这是因为有

$$\lim_{x\to 0}\frac{1-\cos x}{x^2} = \frac{1}{2};$$

$$\lim_{x\to 0}\frac{\tan x - \sin x}{x^3} = \lim_{x\to 0}\frac{\tan x}{x}\frac{1-\cos x}{x^2} = \frac{1}{2}.$$

由例 3 与例 4 看到,当 $x\to 0$ 时,$1-\cos x$ 与 $\tan x - \sin x$ 虽然都是比 x 高阶的无穷小量,但是前者与 x^2 同阶,后者与 x^3 同阶,这就要求我们进一步描写无穷小量的阶.

设 α,β 是同一极限过程中的无穷小量,选 α 为基本无穷小量,如果 β 与 $\alpha^k(k>0)$ 同阶,则称 β 是 α 的 k 阶无穷小量. 例如,当 $x\to 0$ 时,$2x,\sin x,\tan x$ 是 x 的一阶无穷小量,$x^2,1-\cos x$ 是 x 的二阶无穷小量,$x^3,\tan x - \sin x$ 是 x 的三阶无穷小量.

例 5 设当 $x\to 0$ 时,$\alpha = o(x^2), \beta = o(x^3)$,证明: (i) $\alpha + \beta = o(x^2)$, (ii) $\alpha \cdot \beta = o(x^5)$.

证 (i) $\dfrac{\alpha+\beta}{x^2} = \dfrac{\alpha}{x^2} + \dfrac{\beta}{x^3}x \to 0 + 0 = 0 (x\to 0)$,这证明了 $\alpha + \beta = o(x^2)$.

(ii) $\dfrac{\alpha\beta}{x^5} = \dfrac{\alpha}{x^2} \cdot \dfrac{\beta}{x^3} \to 0 \cdot 0 = 0 \ (x\to 0)$. 这证明了 $\alpha\beta = o(x^5)$.

当 α 与 β 是同阶无穷小量时,如果比式 $\dfrac{\beta}{\alpha}$ 的极限是 1,即

$$\lim\frac{\beta}{\alpha} = 1,$$

则称 β 与 α 是**等价**无穷小量. 例如, 当 $x \to 0$ 时, $\sin x$, $\tan x$ 都是与 x 等价的无穷小量, 而 $2x$ 虽与 x 同阶, 但不等价.

类似地, 也可引进无穷大量的阶的概念. 设 u, v 是同一极限过程中的两个无穷大量, 若 $\lim \dfrac{u}{v} = l \neq 0$, 则称 u 与 v 是同阶无穷大量. 若 $\lim \dfrac{u}{v} = \infty$, 则称 u 是比 v 更高阶的无穷大量.

2. 微分的概念

在很多实际问题中, 经常要考虑这样一类问题, 当自变量有一微小改变量时, 计算函数的改变量. 例如, 设有一均匀金属圆板, 半径为 r, 受热后半径伸长了 Δr, 要计算它的面积相应膨胀了多少? 大家熟知, 圆面积 $S = \pi r^2$, 所以

$$\Delta S = \pi(r + \Delta r)^2 - \pi r^2 = 2\pi r \Delta r + \pi (\Delta r)^2.$$

上式右端有两项: 第一项是 Δr 的线性函数, 很容易计算; 第二项是 Δr 的二次式, 当 $|\Delta r|$ 很小时, $(\Delta r)^2$ 比 Δr 小得多, 所以当 Δr 较小时, ΔS 可用第一项即 Δr 的线性函数 $2\pi r \Delta r$ 来近似代替而忽略第二项. 这样, 我们就找到了计算 ΔS 的一个很好的近似公式. 例如, 在 $r = 10$ cm, $\Delta r = 0.01$ cm 时, $\Delta S = 0.2001\pi$, 而 $2\pi r \Delta r = 0.2\pi$, 用 $2\pi r \Delta r$ 近似代替 Δs 所产生的误差为 0.0001π, 比 Δr 小得多.

对于一般的函数 $y = f(x)$, 当自变量 x 在 x_0 处有一改变量 Δx 时, 若 y 相应的增量 Δy 可分成如下的两部分:

$$\Delta y = A \Delta x + \alpha \Delta x, \tag{1}$$

其中 A 是与 x_0 有关而与 Δx 无关的一个数, α 是无穷小量即 $\lim\limits_{\Delta x \to 0} \alpha = 0$, 则 $\Delta y - A \Delta x$ 就是比 Δx 高阶的无穷小量, 这时, 用 $A \Delta x$ 代替 Δy 就能简化计算, 而且产生的误差是微不足道的. 所以有必要详细研究(1)式成立的条件以及如何求 $A \Delta x$, 为此我们给出下列定义.

定义 设函数 $y = f(x)$ 在 x_0 的邻域内有定义. 若对于 x 在 x_0 处的每个充分小的增量 Δx, 相应的 y 的增量 Δy 能写成(1)的形式, 其中 A 是与 Δx 无关的量, 而当 $\Delta x \to 0$ 时 α 是无穷小量, 则称

$f(x)$ 在 x_0 处是**可微的**,并称 $A\Delta x$ 为函数 $f(x)$ 在 $x=x_0$ 处的**微分**,记作 $\mathrm{d}y|_{x=x_0}$ 或 $\mathrm{d}f(x_0)$,即
$$\mathrm{d}y|_{x=x_0} = \mathrm{d}f(x_0) = A\Delta x.$$
由于 $A\Delta x$ 是 Δx 的线性函数,而 Δy 与 $A\Delta x$ 的差是 Δx 的高阶无穷小量,所以我们可以说微分是函数改变量的**主要线性部分**.

现在我们来讨论函数在一点可微与可导的关系.

若函数 $y=f(x)$ 在 x_0 处可导,即
$$\lim_{\Delta x \to 0} \frac{\Delta y}{\Delta x} = f'(x_0)$$
存在.根据第一章§5 的定理 1,有
$$\frac{\Delta y}{\Delta x} = f'(x_0) + \alpha,$$
其中 $\alpha \to 0$,当 $\Delta x \to 0$ 时.于是
$$\Delta y = f'(x_0)\Delta x + \alpha \Delta x.$$
这就是说,这时(1)式成立,即 $f(x)$ 在 x_0 处可微,且(1)式中的常数 $A=f'(x_0)$.

反之,如果 $f(x)$ 在 x_0 处可微即(1)式成立,由(1)式得
$$\frac{\Delta y}{\Delta x} = A + \alpha,$$
其中 $\alpha \to 0$(当 $\Delta x \to 0$ 时). 故当 $\Delta x \to 0$ 时, $\lim\limits_{\Delta x \to 0} \dfrac{\Delta y}{\Delta x}$ 存在且等于 A,即
$$f'(x_0) = \lim_{\Delta x \to 0} \frac{\Delta y}{\Delta x} = A.$$
这说明 $f(x)$ 在 x_0 处可导.

于是可得如下的结论:函数 $y=f(x)$ 在一点 x_0 处可导与可微是等价的,且
$$\mathrm{d}y|_{x=x_0} = f'(x_0)\Delta x.$$
因此,当函数 $f(x)$ 在区间 (a,b) 可导时,它也在 (a,b) 上可微,且有
$$\mathrm{d}f(x) = f'(x)\Delta x, \quad x, x+\Delta x \in (a,b).$$

为统一起见,我们也可考虑自变量的微分. 为此考虑函数 $f(x)=x$,并把上述公式用于函数 $f(x)=x$,这时 $f'(x)=1$,于是
$$\mathrm{d}f(x) = \mathrm{d}x = 1 \cdot \Delta x = \Delta x,$$
这说明对于自变量 x 而言,其微分就等于其改变量. 所以,今后微分式常写成
$$\mathrm{d}f(x) = f'(x)\mathrm{d}x.$$
用 $\mathrm{d}x$ 去除上式两端,即得
$$\frac{\mathrm{d}f(x)}{\mathrm{d}x} = f'(x).$$
这告诉我们:函数在一点处的微商是其因变量的微分与自变量的微分之商. 这也正是微商这个名称的来由. 在前面我们引入微商记号时,$\dfrac{\mathrm{d}f}{\mathrm{d}x}$ 是作为一个整体表示微商,现在有了微分的记号之后,就可把它看做两个微分之商了.

3. 微分的几何意义

现在我们从几何上来说明函数 $y=f(x)$ 的微分 $\mathrm{d}y$ 与增量 Δy 之间的关系. 为此,作出函数 $y=f(x)$ 的图形(见图 2.12),并在 x

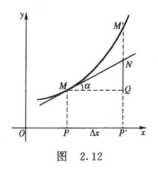

图 2.12

轴上取两点 $P(x_0,0)$ 和 $P'(x_0+\Delta x,0)$,相应地在曲线上有两点 $M(x_0,f(x_0))$ 和 $M'(x_0+\Delta x,f(x_0+\Delta x))$. 过 M 作平行于 x 轴的直线交直线 $\overline{M'P'}$ 于点 Q,过 M 作曲线的切线交 $\overline{M'P'}$ 于 N. 设

$\angle NMQ=\alpha$,我们有

$$\Delta y = f(x_0+\Delta x)-f(x_0)=|\overline{P'M'}|-|\overline{PM}|=|\overline{QM'}|;$$

以及 $\mathrm{d}y=f'(x_0)\cdot\Delta x=\tan\alpha\cdot\Delta x=|\overline{QN}|.$

由上看出,Δy 是曲线的纵坐标的增量,而 $\mathrm{d}y$ 是切线的纵坐标的增量,以 $\mathrm{d}y$ 代替 Δy 所产生的绝对误差 $|\Delta y-\mathrm{d}y|$ 就是 $\overline{M'N}$ 的长度,当 $|\Delta x|\to 0$ 时,它是比 $|\Delta x|$ 更高阶的无穷小量.

4. 微分的求法

从上面导出的微分表达式可以看出,如果函数 $y=f(x)$ 的导数 $f'(x)$ 已经求出,只要用 $\mathrm{d}x$ 去乘 $f'(x)$ 就可以得到函数的微分.因此,由导数公式和导数运算法则很容易得到微分公式和微分运算法则.

基本初等函数的微分公式:

$\mathrm{d}c=0$ (c 是常数), $\qquad \mathrm{d}x^a=ax^{a-1}\mathrm{d}x,$

$\mathrm{d}\sin x=\cos x\mathrm{d}x, \qquad \mathrm{d}\cos x=-\sin x\mathrm{d}x,$

$\mathrm{d}\tan x=\dfrac{\mathrm{d}x}{\cos^2 x}, \qquad \mathrm{d}\cot x=-\dfrac{\mathrm{d}x}{\sin^2 x},$

$\mathrm{d}\ln|x|=\dfrac{\mathrm{d}x}{x}, \qquad \mathrm{d}\log_a|x|=\dfrac{\mathrm{d}x}{x\ln a},$

$\mathrm{d}e^x=e^x\mathrm{d}x, \qquad \mathrm{d}a^x=a^x\ln a\mathrm{d}x\ (a>0),$

$\mathrm{d}\arcsin x=\dfrac{\mathrm{d}x}{\sqrt{1-x^2}}, \qquad \mathrm{d}\arccos x=-\dfrac{\mathrm{d}x}{\sqrt{1-x^2}},$

$\mathrm{d}\arctan x=\dfrac{\mathrm{d}x}{1+x^2}, \qquad \mathrm{d}\mathrm{arccot}\,x=-\dfrac{\mathrm{d}x}{1+x^2}.$

函数的和、差、积、商的微分法则:

$\mathrm{d}(u\pm v)=\mathrm{d}u\pm\mathrm{d}v, \qquad \mathrm{d}(cu)=c\mathrm{d}u$ (c 是常数),

$\mathrm{d}(uv)=v\mathrm{d}u+u\mathrm{d}v, \qquad \mathrm{d}\left(\dfrac{u}{v}\right)=\dfrac{v\mathrm{d}u-u\mathrm{d}v}{v^2}\ (v\neq 0).$

现在我们来证明微分法则 $\mathrm{d}(uv)=v\mathrm{d}u+u\mathrm{d}v$,其他法则都可以类似地证明.

由导数法则

$$(uv)' = u'v + uv',$$
两边乘自变量的微分 dx,就得到
$$(uv)'dx = vu'dx + uv'dx,$$
也就是
$$d(uv) = vdu + udv.$$

5. 一阶微分形式的不变性

设 $y=f(u)$ 是可微函数,当 u 是自变量时,y 的微分为
$$dy = f'(u)du.$$
如果 u 不是自变量,而是自变量 x 的可微函数 $u=\varphi(x)$,那么 y 是 x 的复合函数 $y=f[\varphi(x)]$. 这时,y 的微分为
$$dy = y'_x dx.$$
根据复合函数的导数公式:$y'_x=f'(u) \cdot \varphi'(x)$,就有
$$dy = f'(u) \cdot \varphi'(x) \cdot dx.$$
注意这时 $du=\varphi'(x)dx$,我们就得到
$$dy = f'(u)du.$$
由此可见,不论 u 是自变量还是中间变量,函数 $y=f(u)$ 的微分有同样的形式 $dy=f'(u)du$. 上述性质称为"**一阶微分形式的不变性**".

例6 设 $y=\arctan(x^2+1)$,求 dy.

解 设 $u=x^2+1$,那么 $y=\arctan u$. 由一阶微分形式的不变性,$dy=\dfrac{1}{1+u^2}du$,而 $du=2xdx$,故
$$dy = \frac{2x}{1+(x^2+1)^2}dx.$$
在用熟这一性质后,中间变量 u 可不必写出来.

例7 设 $y=\sin^3 \sqrt{x}$,求 dy.

解 $dy = 3\sin^2 \sqrt{x}\, d(\sin \sqrt{x}) = 3\sin^2 \sqrt{x} \cos \sqrt{x}\, d\sqrt{x}$
$= 3\sin^2 \sqrt{x} \cos \sqrt{x}\, \dfrac{1}{2\sqrt{x}}dx$

$$= \frac{3}{2\sqrt{x}} \sin^2 \sqrt{x} \cos \sqrt{x}\, dx.$$

6. 微分的应用

我们通过几个例子来说明微分概念在计算中的应用.

(1) 计算函数值的近似值与函数的线性化

我们知道,当自变量的增量很小时函数的微分可以作为函数增量的近似值,即

$$\Delta y \approx dy,$$

也就是 $f(x_0+\Delta x)-f(x_0) \approx f'(x_0) \cdot \Delta x,$

令 $x_0+\Delta x=x$,上式也可以写成

$$f(x) \approx f(x_0) + f'(x_0) \cdot (x-x_0).$$

于是,只要 $f(x_0), f'(x_0)$ 的值容易求出,我们就可用这个公式来求 x_0 附近的点 x 处的函数值 $f(x)$.这个公式的右端是 x 的线性函数.记这个线性函数为 $L(x)$,即令

$$L(x) = f(x_0) + f'(x_0)(x-x_0),$$

则称函数 $L(x)$ 为 $f(x)$ 在点 x_0 处的**线性化函数**,称近似式

$$f(x) \approx L(x)$$

为 $f(x)$ 在 x_0 处的**标准线性近似**.这个近似式的意义是:当 $f(x)$ 的表达式比较复杂但在 x_0 点可导时,则在 x_0 附近,可用其线性化函数 $L(x)$ 来近似代替它,$y=L(x)$ 的图形恰好是曲线 $y=f(x)$ 在点 $(x_0, f(x_0))$ 处的切线.

例 8 求 $e^{0.001}$ 的近似值.

解 $e^{0.001}$ 是函数 e^x 在 $x=0.001$ 时的函数值,而函数 e^x 在点 $x_0=0$ 处的函数值与微商值都很容易求出,所以可用上面的近似式来计算这个近似值:

$$e^{0.001} \approx e^0 + (e^x)'|_{x=0} \cdot 0.001,$$

即 $e^{0.001} \approx 1+0.001 = 1.001.$

一般地,当 $|x|$ 较小时有

$$e^x \approx 1 + x.$$

例 9 证明:当 $|\alpha|$ 较小时有近似公式
$$\ln(1+\alpha) \approx \alpha$$
与
$$\sqrt[n]{1+\alpha} \approx 1 + \frac{\alpha}{n} \quad (n \text{ 是正整数}).$$

证 把 $\ln(1+\alpha)$ 看成是函数 $\ln x$ 在 $x_0=1$ 附近一点 $x=1+\alpha$ 处的函数值. 于是
$$\ln(1+\alpha) \approx \ln 1 + (\ln x)'|_{x=1} \cdot (1+\alpha-1),$$
也就是
$$\ln(1+\alpha) \approx \alpha.$$
同样地,我们有
$$\sqrt[n]{1+\alpha} \approx \sqrt[n]{1} + (\sqrt[n]{x})'|_{x=1} \cdot \alpha = 1 + \frac{\alpha}{n}.$$

例 10 求 $\sin 29°$ 的值.

解 $\sin 29°$ 是函数 $\sin x$ 在 $x_0 = \frac{\pi}{6}$ 附近一点 $x = 29 \cdot \frac{\pi}{180}$ 处的函数值,于是
$$\sin 29° \approx \sin \frac{\pi}{6} + (\sin x)'|_{x=\frac{\pi}{6}} \cdot \left(29 \cdot \frac{\pi}{180} - \frac{\pi}{6}\right).$$
也就是
$$\sin 29° \approx \sin \frac{\pi}{6} + \cos \frac{\pi}{6} \cdot \left(-\frac{\pi}{180}\right).$$
因为 $\sin \frac{\pi}{6} = 0.5000, \cos \frac{\pi}{6} \approx 0.86603, \frac{\pi}{180} \approx 0.01745$,所以
$$\sin 29° \approx 0.5000 - 0.0151 = 0.4849.$$

(2) 函数值的误差估计

在误差估计中,我们通常把精确值与近似值的差的绝对值称为误差或绝对误差,而把绝对误差与近似值之比叫做相对误差.

在测量一个量 x 时,由于仪器的精度或其他条件的限制,测量得的值不是精确值,比如我们实际测得的 x 的值为 x_0,若量 x

的精确值仍用 x 表示,那么就有一个绝对误差 $\Delta x = x - x_0$. 我们虽然不知道 Δx 的准确值,但却常常可以依据测量的条件确定它的大小范围,例如可确定 $|\Delta x| \leqslant \eta$,其中 η 是某个小正数. 通过 x 利用一定的公式求某一函数 $y = f(x)$ 的值时,那么由于测量 x 时的误差而引起的量 y 的误差应当是

$$|\Delta y| = |f(x) - f(x_0)| = |f(x_0 + \Delta x) - f(x_0)|.$$

根据前面的讨论,当 $f(x)$ 在 x_0 处可导时,有

$$|\Delta y| \approx |f'(x_0)| \cdot |\Delta x| \leqslant |f'(x_0)|\eta.$$

因此,通常我们就认为函数值 y 的绝对误差将不超过 $|f'(x_0)|\eta$,而其相对误差将不超过 $\left|\dfrac{f'(x_0)}{f(x_0)}\right|\eta$.

例 11 量一球的半径时,绝对误差不超过 0.01 cm,现在测得该球的半径为 15 cm. 问:用测量得的数据计算这个球的体积时,体积的绝对误差与相对误差将不超过多少?

解 球的体积公式为 $V = \dfrac{4}{3}\pi r^3$. 根据前面的讨论,体积的绝对误差不超过

$$4\pi \cdot (15)^2 \text{cm}^2 \cdot 0.01 \text{ cm} < 28.3 \text{ cm}^3,$$

而其相对误差不超过

$$\dfrac{4\pi \cdot (15)^2 \text{cm}^2}{\dfrac{4}{3}\pi \cdot (15)^3 \text{cm}^3} \cdot 0.01 \text{ cm} = 0.2\%.$$

例 12 乘积的相对误差不大于各因子的相对误差之和.

证 由微分公式

$$\mathrm{d}(uv) = v\mathrm{d}u + u\mathrm{d}v$$

得到

$$\dfrac{\mathrm{d}(uv)}{uv} = \dfrac{\mathrm{d}u}{u} + \dfrac{\mathrm{d}v}{v},$$

于是

$$\left|\dfrac{\mathrm{d}(uv)}{uv}\right| \leqslant \left|\dfrac{\mathrm{d}u}{u}\right| + \left|\dfrac{\mathrm{d}v}{v}\right|.$$

这就是所要证的.

(3) 求由参数方程所给出的函数的微商

设 y 是 x 的函数,如果函数关系不是直接给出的,而是通过 x,y 与另一变量 t 的关系

$$\begin{cases} x = \varphi(t), \\ y = \psi(t) \end{cases} \quad (\alpha \leqslant t \leqslant \beta)$$

来给出的,我们就把 t 叫做**参数**,把这个函数叫做由参数方程所给出的函数.

设 $x=\varphi(t),y=\psi(t)$ 是 $[\alpha,\beta]$ 上的两个可微函数,且 $\varphi'(t)\neq 0$,对一切 $t\in[\alpha,\beta]$.这时 $x=\varphi(t)$ 有反函数 $t=\varphi^{-1}(x)$,于是,$y=\psi[\varphi^{-1}(x)]$ 就是上述参数方程所确定的函数.它的微商可以按照复合函数及反函数的微商法则求得:

$$\frac{\mathrm{d}y}{\mathrm{d}x} = \frac{\mathrm{d}y}{\mathrm{d}t} \cdot \frac{\mathrm{d}t}{\mathrm{d}x} = \psi'(t) \cdot \frac{\mathrm{d}t}{\mathrm{d}x} = \frac{\psi'(t)}{\varphi'(t)}.$$

这个结果也可看成由下列方法求得:先求 $\mathrm{d}x$ 与 $\mathrm{d}y$ 然后作商 $\mathrm{d}y/\mathrm{d}x$.因为 $\mathrm{d}y=\psi'(t)\mathrm{d}t,\mathrm{d}x=\varphi'(t)\mathrm{d}t$,所以

$$y'_x = \frac{\mathrm{d}y}{\mathrm{d}x} = \frac{\psi'(t)}{\varphi'(t)}.$$

显然若用后一方法推导,其结果便于记忆.

例 13 求椭圆 $\dfrac{x^2}{a^2}+\dfrac{y^2}{b^2}=1$ 在点 $\left(\dfrac{a}{\sqrt{2}},\dfrac{b}{\sqrt{2}}\right)$ 处的切线的斜率.

解 椭圆的参数方程是

$$\begin{cases} x = a\cos t, \\ y = b\sin t. \end{cases}$$

所以 $\quad y'_x = \dfrac{\mathrm{d}y}{\mathrm{d}x} = \dfrac{b\cos t}{-a\sin t} = -\dfrac{b}{a}\cot t.$

而 $x=a/\sqrt{2},y=b/\sqrt{2}$ 时 $t=\pi/4$,所以

$$y'_x\bigg|_{\left(\frac{a}{\sqrt{2}},\frac{b}{\sqrt{2}}\right)} = -\frac{b}{a}\cot t\bigg|_{t=\frac{\pi}{4}} = -\frac{b}{a}.$$

因而椭圆在点 $(a/\sqrt{2},b/\sqrt{2})$ 处的切线的斜率为 $-b/a$.

习 题 2.4

在题 1~3 中,当 $x \to 0$ 时,指出各无穷小量相对于 x 而言的阶数.

1. $0.1x + 10000x^3$.
2. $\sin\sqrt{x} + 1000x$.
3. $1 - \cos x + \tan^3 x$.

求 4~13 题中各函数的微分:

4. $y = \dfrac{x+1}{x-1}$.
5. $y = \sqrt{x}$.
6. $y = \sin 2x$.
7. $y = \sin^3 x$.
8. $y = xe^x$.
9. $y = e^{\frac{x}{2}}(1+x^2)$.
10. $y = \ln \tan x$.
11. $y = \ln(x + \sqrt{x^2 + a^2})$.
12. $y = x\sqrt{a^2 - x^2}$.
13. $S = \sqrt{\dfrac{a-t}{a+t}}$.

14. 设 $y = \dfrac{2}{x-1}$,计算当自变数 x 由 3 变到 3.001 时函数的增量与微分.

在题 15~21 中,求各式的近似值:

15. $\sqrt{10.01}$.
16. $e^{0.2}$.
17. $\cos 151°$.
18. $\ln 1.01$.
19. $\arctan 1.05$.
20. $\sqrt{120}$.
21. $\sqrt[5]{1.05}$.

在题 22~24 中,推导近似公式(其中 x 的绝对值很小):

22. $\sin x \approx x$.
23. $\tan x \approx x$.
24. $(1+x)^\alpha \approx 1 + \alpha x$.

25. 摆的振动周期 T 由公式 $T = 2\pi\sqrt{l/g}$ 计算,其中 l 是摆长,g 是重力加速度,现在测得摆长为 20 cm,测量时误差不超过 0.01 cm,问计算振动周期时相对误差不超过多少?

26. 造一外半径为 1 m 的球壳,其厚度为 1.5 cm,问所用的材料约是多少?

27. 一圆柱形桶,两端开敞,如其内半径为 r,高度为 h,厚度为 t,试求其体积的近似公式.

28. 设 x 的相对误差不超过 δ,求 x 的常用对数 $y=\lg x$ 的绝对误差的范围.

29. 求下列函数 $f(x)$ 在给定点 x_0 处的线性化函数 $L(x)$,并同时画出 $f(x)$ 与 $L(x)$ 的图形.

(1) $f(x)=x^3-x$, $x_0=1$;　　(2) $f(x)=\sin x$, $x_0=\pi$;

(3) $f(x)=\sqrt{x}$, $x_0=4$;　　(4) $f(x)=\tan x$, $x_0=\dfrac{\pi}{4}$.

30. 为求下列函数 $f(x)$ 在给定点 x_1 处的近似值,试在 x_1 附近选一点 x_0,写出 $f(x)$ 在 x_0 点的线性化函数 $L(x)$,并求 $L(x_1)$ 的值.

(1) $f(x)=2x^2+4x-3$, $x_1=-0.9$;

(2) $f(x)=\sqrt[3]{x}$, $x_1=8.5$.

31. 试证一个数的 n 次幂的相对误差 n 倍于该数的相对误差.

32. 试证一个数的 n 次根的相对误差为该数相对误差的 $1/n$ 倍.

在 33~38 中,求 $\dfrac{dy}{dx}$.

33. $\begin{cases} x=2t-t^2, \\ y=3t-t^3. \end{cases}$　　34. $\begin{cases} x=\cos^3 t, \\ y=\sin^3 t. \end{cases}$

35. $\begin{cases} x=a(t-\sin t), \\ y=a(1-\cos t). \end{cases}$　　36. $\begin{cases} x=t^2, \\ y=2t. \end{cases}$

37. $\begin{cases} x=\dfrac{1-t^2}{1+t^2}, \\ y=\dfrac{2t}{1+t^2}. \end{cases}$　　38. $\begin{cases} x=\ln(1+t^2), \\ y=t-\arctan t. \end{cases}$

第三章 微分中值定理及其应用

在第二章中,我们讨论了微商和微分的概念以及它们的求法,并给出了一些简单应用.现在我们要进一步应用微商来研究函数的单调性、凹凸性、极值、最值等性质.这些研究的理论基础是微分中值定理.微分中值定理建立了微商与函数值之间的联系,通过中值定理,使我们可以根据微商去判断函数值的某些性质.

§1 微分中值定理

微分中值定理是微分学中最基本的定理.如果没有微分中值定理,甚至对函数的一些最简单而基本的性质也是无法证明的.例如,我们已经知道:若一个函数在某个区间上恒等于常数,则它在这个区间上可导,且其导函数恒等于零.现在要问:上述结论反过来是否成立?即:若一个函数的导函数在某个区间上恒等于零,这个函数在此区间上是否恒等于常数呢?从直观上看,答案应该是肯定的.但其证明必须利用微分中值定理.

中值定理的一种特殊形式是罗尔(Rolle,1652~1719)定理.

定理1(罗尔定理) 如果函数 $y=f(x)$ 满足条件:(i) 在闭区间 $[a,b]$ 上连续;(ii) 在开区间 (a,b) 内可导;(iii) $f(a)=f(b)$,则在开区间 (a,b) 内至少存在一点 c,使 $f'(c)=0$.

定理1的几何意义是:若一段连续曲线弧 $\overset{\frown}{AB}$ 满足:两端点处的高度相等;每一点处都有不垂直于 x 轴的切线,则在这段曲线弧上至少能找到一个点,使曲线在该点处的切线与 x 轴平行(见图3.1).

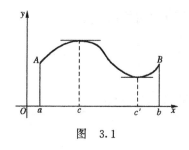
图 3.1

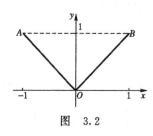
图 3.2

在严格证明定理1之前,我们先对定理的条件作些分析. 当 $f(a)=f(b)$ 时, $f(x)$ 在 $[a,b]$ 上取值的情况有两种可能：或者 $f(x)\equiv f(a), x\in[a,b]$, 这时 $f(x)$ 是常数函数, 故区间 (a,b) 内任一点都可作为 c; 或者 $f(x)$ 在区间 (a,b) 内达到最大值 (或最小值)(见图3.1), 这时可以证明: 当 $f(c)$ 是最大值 (或最小值) 时, 就必有 $f'(c)=0$.

*证 因为 $f(x)$ 在 $[a,b]$ 上连续, 它在 $[a,b]$ 上有最大值 M 与最小值 m (第一章§6定理6). 下面分两种情况讨论:

(i) 如果 $m=M$, 这时 $f(x)\equiv m=$ 常数, $x\in[a,b]$. 所以 $f'(x)\equiv 0, x\in[a,b]$, 这时区间内任一点都可取作 c;

(ii) 若 $m\neq M$, 则 m, M 两数中至少有一个不等于 $f(a)$, 不妨设 $M\neq f(a)$, 再注意 $f(a)=f(b)$ 也就有 $M\neq f(b)$, 于是在开区间 (a,b) 内一定存在一点 c, 使 $f(c)=M$. 下面证明, 在这个点 c 处, 就有 $f'(c)=0$.

由于 $f(x)$ 在 c 处取得最大值 M, 故不论 Δx 为正或为负, 都有
$$f(c+\Delta x)-f(c)\leqslant 0,$$
由此得
$$\frac{f(c+\Delta x)-f(c)}{\Delta x}\leqslant 0 \quad (\Delta x>0);$$
$$\frac{f(c+\Delta x)-f(c)}{\Delta x}\geqslant 0 \quad (\Delta x<0).$$

又由条件(ii), $f'(c)=\lim\limits_{\Delta x\to 0}\dfrac{f(c+\Delta x)-f(c)}{\Delta x}$ 存在, 因而上述比式的

右、左极限也存在,且由上面两个不等式可推出

$$\lim_{\Delta x \to 0+0} \frac{f(c+\Delta x)-f(c)}{\Delta x} \leqslant 0,$$

同时

$$\lim_{\Delta x \to 0-0} \frac{f(c+\Delta x)-f(c)}{\Delta x} \geqslant 0;$$

(见习题1.4第22题),而

$$f'(c) = \lim_{\Delta x \to 0+0} \frac{f(c+\Delta x)-f(c)}{\Delta x}$$
$$= \lim_{\Delta x \to 0-0} \frac{f(c+\Delta x)-f(c)}{\Delta x},$$

由此推出 $f'(c)=0$. 证毕.

关于定理1,我们指出两点:

(i) 使结论中等式成立的点 c,有时在区间 (a,b) 内不止一个. 例如,图3.1中除 c 之外, c' 也符合结论.

(ii) 定理1中的三个条件如果有一个不满足,结论就可能不成立. 例如,函数 $y=|x|$ 在区间 $[-1,1]$ 上连续且 $f(-1)=f(1)$. 但在 $(-1,1)$ 内不存在使 $f'(c)=0$ 的 c (见图3.2). 原因是这个函数不满足定理1中的条件(ii). 请读者自己举一些函数例子:定理1中条件(i)或(iii)不成立,并且不存在使 $f'(c)=0$ 的 $c(c \in (a,b))$.

例1 利用罗尔定理,证明函数 $f(x)=x(x-1)(x+1)(x+2)$ 的导函数 $f'(x)$ 有三个实根.

证 显然 $f(-2)=f(-1)=f(0)=f(1)=0$. $f(x)$ 在区间 $[-2,-1],[-1,0],[0,1]$ 上均满足罗尔定理的条件,所以根据罗尔定理,必存在三个数 $c_1,c_2,c_3: -2<c_1<-1, -1<c_2<0, 0<c_3<1$,使 $f'(c_1)=f'(c_2)=f'(c_3)=0$. c_1,c_2,c_3 就是三次多项式 $f'(x)$ 的三个实根.

从几何上看,罗尔定理是说:若一条可微曲线弧的两端点之连线平行于 x 轴,则在该弧上非端点处至少存在一点,使过该点的切线也平行于 x 轴. 这是一条关于曲线弧的几何性质的命题.

我们知道,任何几何性质应该与坐标系的选取无关.也就是说,这里两端点连线平行于 x 轴不是本质的.如果舍去这个条件,自然想到应该有下列命题:在一条可微曲线弧的非端点处,至少存在一点,使过该点的切线平行于两端点的连线.这一几何命题翻译成分析的语言就是**微分中值定理**,也称拉格朗日(Lagrange,1736~1813)中值定理.

定理 2(拉格朗日中值定理) 如果函数 $y=f(x)$ 满足条件:

(i) 在闭区间 $[a,b]$ 上连续;(ii) 在开区间 (a,b) 内可导,则在开区间 (a,b) 内至少存在一点 c,使等式

$$\frac{f(b)-f(a)}{b-a}=f'(c) \tag{1}$$

成立.

从图上看,函数 $y=f(x)(a\leqslant x\leqslant b)$ 的图形是以 $A(a,f(a))$ 与 $B(b,f(b))$ 为端点的一段曲线(见图 3.3).比值 $\frac{f(b)-f(a)}{b-a}$ 是割线 $\overline{AB}$ 的斜率.微商 $f'(c)$ 是曲线在点 $(c,f(c))$ 处的切线的斜率.因此,拉格朗日中值定理的几何意义是:一条可微曲线弧 $y=f(x)$ $(a\leqslant x\leqslant b)$ 上至少存在一点 M(非端点),使曲线在点 M 处的切线平行于割线 $\overline{AB}$.

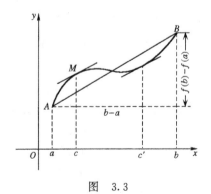

图 3.3

当 $f(a)=f(b)$ 时,由(1)式即得 $f'(c)=0$.所以罗尔定理是拉

格朗日定理的特殊情况,而拉格朗日定理则是罗尔定理的推广.

*定理 2 的证明　引进辅助函数

$$F(x) = f(x) - \left[f(a) + \frac{f(b)-f(a)}{b-a}(x-a)\right]. \quad (2)$$

不难看出,$F(a)=F(b)=0$,$F(x)$ 在 $[a,b]$ 上连续,在 (a,b) 内可导.对 $F(x)$ 应用定理 1,在区间 (a,b) 内至少存在一点 c,使 $F'(c)=0$.又

$$F'(x) = f'(x) - \frac{f(b)-f(a)}{b-a},$$

所以 $F'(c)=0$,即

$$f'(c) = \frac{f(b)-f(a)}{b-a}.$$

微分中值定理的物理意义是:若一运动物体在时间间隔 $[a,b]$ 内的平均速度是 $\frac{f(b)-f(a)}{b-a}$,则在区间 (a,b) 内必存在一点 c,使在 c 处的瞬时速度 $f'(c)$ 正好等于平均速度.

以后应用时,定理 2 中的公式(1)也常常写成

$$f(b) - f(a) = f'(c)(b-a) \quad (a<c<b),$$

或

$$f(x+\Delta x) - f(x) = f'(c) \cdot \Delta x$$

的形式,其中 c 在 x 与 $x+\Delta x$ 之间.因为对 x 与 $x+\Delta x$ 之间的数 c,一定存在一个数 θ,$0<\theta<1$,使 $c=x+\theta\Delta x$ $\left(\text{只要取 } \theta=\frac{c-x}{\Delta x}\right)$,所以上式也可以写成

$$f(x+\Delta x) - f(x) = f'(x+\theta\Delta x) \cdot \Delta x \quad (0<\theta<1).$$

以上这些公式都叫做**拉格朗日中值公式**(或**微分中值公式**).

利用中值定理可以证明一些不等式.

例 2　证明 $|\sin b - \sin a| \leqslant |b-a|$,其中 a,b 是任意实数.

证　取 $f(x)=\sin x$,不妨设 $a<b$.显然 $\sin x$ 在区间 $[a,b]$ 上连续,在 (a,b) 内可微,由中值公式,存在一点 $c(a<c<b)$,使 $\sin b - \sin a = (\cos c)\cdot(b-a)$.因为 $|\cos c|\leqslant 1$,所以

$$|\sin b - \sin a| \leqslant |b-a|.$$

最后,应用中值定理来证明一个简单而基本的事实.这一事实在后面积分学中极为重要.

定理 3 如果函数 $f(x)$ 在区间 (a,b) 内每一点处的导数都是零,即 $f'(x) \equiv 0 (x \in (a,b))$,则函数 $f(x)$ 在 (a,b) 内为一常数.

证 在 (a,b) 内任取两点 $x_1, x_2 (x_1 < x_2)$,因函数 $f(x)$ 在 $[x_1, x_2]$ 上连续,在 (x_1, x_2) 内可导,根据中值定理有

$$f(x_2) - f(x_1) = f'(c)(x_2 - x_1) \quad (x_1 < c < x_2).$$

因为 c 在区间 (a,b) 内,故 $f'(c) = 0$,因此 $f(x_2) - f(x_1) = 0$. 即 $f(x_2) = f(x_1)$. 这就是说,函数 $f(x)$ 在区间 (a,b) 内任意两点处的函数值均相等,也就是函数在 (a,b) 内是常数.证毕.

推论 若在 (a,b) 内,恒有 $f'(x) = g'(x)$,则在 (a,b) 内 $f(x) = g(x) + C_0$,其中 C_0 为某一个确定的常数.

只须令 $F(x) = f(x) - g(x)$,再对 $F(x)$ 用定理 3,即得结论.

我们从拉格朗日中值定理的几何意义可引出另外一个中值定理——柯西(Cauchy,1789~1857)中值定理.

设函数 $f(t)$ 和 $g(t)$ 都在 $[a,b]$ 上连续,在 (a,b) 内可导,且在 (a,b) 内 $g'(t) \neq 0$. 这时参数方程

$$\begin{cases} x = g(t), \\ y = f(t) \end{cases} (a \leqslant t \leqslant b)$$

确定了一个函数 $y = y(x)$. 根据上一章的讨论可知,这个函数 $y = y(x)$ 关于 x 是可导函数. 设 $y = y(x)$ 在 Oxy 平面上的图形是一条曲线段,它的两个端点为 $A(g(a), f(a))$ 与 $B(g(b), f(b))$(见图 3.4). 割线 $\overline{AB}$ 的斜率为 $\dfrac{f(b)-f(a)}{g(b)-g(a)}$. 根据拉格

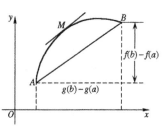

图 3.4

朗日中值定理,在曲线 $\overset{\frown}{AB}$ 上至少存在一点 M,使曲线在点 M 处的

切线平行于割线 $\overline{AB}$. 也就是说,在区间 (a,b) 内至少存在这样一个 c,使曲线在点 $(g(c),f(c))$ 处的切线的斜率

$$\left.\frac{\mathrm{d}y}{\mathrm{d}x}\right|_{t=c} = \left.\frac{f'(t)}{g'(t)}\right|_{t=c} = \frac{f'(c)}{g'(c)}$$

与割线 $\overline{AB}$ 的斜率相等,即

$$\frac{f(b)-f(a)}{g(b)-g(a)} = \frac{f'(c)}{g'(c)}.$$

由此看出,应该有下面的定理 4. 按照通常的习惯,我们把 f 与 g 都写成 x 的函数.

定理 4(柯西定理) 设函数 $f(x)$ 和 $g(x)$ 满足下列条件:(i) 在闭区间 $[a,b]$ 上连续;(ii) 在开区间 (a,b) 内可导,且 $g'(x)\neq 0$;则在开区间 (a,b) 内至少存在一点 c,使等式

$$\frac{f(b)-f(a)}{g(b)-g(a)} = \frac{f'(c)}{g'(c)} \tag{3}$$

成立.

在定理 4 所设条件下,$g(b)\neq g(a)$. 这是因为 $g(b)-g(a)=g'(\xi)(b-a)$,其中 $a<\xi<b$,由所设条件知 $g'(\xi)\neq 0$,所以

$$g(b)-g(a)\neq 0.$$

*定理 4 的证明 引进辅助函数

$$F(x) = f(x) - \left\{f(a) + \frac{f(b)-f(a)}{g(b)-g(a)}[g(x)-g(a)]\right\}. \tag{4}$$

容易看出 $F(a)=F(b)=0$,$F(x)$ 在 $[a,b]$ 上连续,在 (a,b) 内可导.对 $F(x)$ 应用定理 1,在区间 (a,b) 内至少存在一点 c,使 $F'(c)=0$. 而

$$F'(x) = f'(x) - \frac{f(b)-f(a)}{g(b)-g(a)} g'(x),$$

所以 $F'(c)=0$,即

$$\frac{f(b)-f(a)}{g(b)-g(a)} = \frac{f'(c)}{g'(c)}.$$

当 $g(x)=x$ 时,公式(3)即为公式(1).所以柯西定理是拉格朗日定理的推广.

习 题 3.1

在题 1～3 中,写出各函数在所给区间的微分中值公式,并求出中值公式中的 c:

1. $f(x)=x^3$, $[0,1]$.
2. $f(x)=x^2+2x-1$, $[0,1]$.
3. $f(x)=x+\dfrac{1}{x}$, $\left[\dfrac{1}{2},2\right]$.

4. 讨论下列函数 $f(x)$ 在区间 $[-1,1]$ 上是否满足罗尔定理的条件,若满足,求 $c\in(-1,1)$,使 $f'(c)=0$.
(1) $f(x)=(1+x)^m\cdot(1-x)^n$,m,n 为正整数;
(2) $f(x)=1-\sqrt[3]{x^2}$.

5. 在数轴上描出下列多项式的根及其一阶导数的根:
(1) $y=x^2-4$; (2) $y=x^2+8x+15$;
(3) $y=x^3-3x^2+4=(x+1)(x-2)^2$;
(4) $y=x^3-33x^2+216x=x(x-9)(x-24)$.

在题 6～8 中,应用拉格朗日中值公式证明不等式:

6. $|\arctan x-\arctan y|\leqslant|x-y|$.

7. $\dfrac{x}{1+x}<\ln(1+x)<x$ $(x>0)$.

8. $e^x>1+x$ $(x\neq 0)$.

9. 证明对于 $(-\pi/2,\pi/2)$ 中任意两点 $x_1,x_2,x_1<x_2$,总有
$$|\tan x_2-\tan x_1|\geqslant|x_2-x_1|.$$

10. 证明多项式 $f(x)=(x+1)(x-1)(x-2)(x-3)$ 的导函数的三个根都是实根,并指出它们的范围.

11. 设函数 $f(x)$ 的微商是常数,即
$$f'(x)=k \quad (-\infty<x<+\infty),$$
求证 $f(x)=kx+b$ $(-\infty<x<+\infty)$,其中 b 为常数.

12. 设函数 $f(x)$ 在区间 $[0,1]$ 上可导,且其导函数在 $(0,1)$ 上总不等于零,证明 $f(0)\neq f(1)$.

*13. 求证:方程 $e^x=ax^2+bx+c$ 最多只有三个根,其中 a,b,c 为常数.

14. 设 $c_1,c_2,\cdots,c_n$ 为任意实数,证明:函数 $f(x)=c_1\cos x+c_2\cos 2x+\cdots+c_n\cos nx$ 在 $(0,\pi)$ 内必有根.

*15. 若 n 次多项式 $P_n(x)$ 在 $[a,b]$ 上有 n 个实根,则 $P_n'(x)$ 在 $[a,b]$ 上有 $(n-1)$ 个实根(重根按重数计算).(分三种情况证明:(1) 都是单根;(2) 有一个 n 重根;(3) 既有单根又有重根.注意:若 $f(x)=(x-x_0)^k\varphi(x)$,其中 k 为正整数,且 $\varphi(x_0)\neq 0$,则称 x_0 为 $f(x)$ 的 k 重根).

*16. 证明勒让德多项式 $P_n(x)=\dfrac{1}{2^n n!}[(x^2-1)^n]^{(n)}$ 在 $[-1,1]$ 内有 n 个零点(提示:注意 $(x^2-1)^n$ 在 $[-1,1]$ 上有 $2n$ 个根,再利用第 15 题).

17. 设

$$f(x)=\begin{cases}\dfrac{3-x^2}{2}, & 0\leqslant x\leqslant 1,\\ \dfrac{1}{x}, & 1<x<+\infty.\end{cases}$$

求函数在闭区间 $[0,2]$ 上的微分中值公式中的全部中间值 c.

*18. 证明:当 $x\geqslant 0$ 时,等式

$$\sqrt{x+1}-\sqrt{x}=\dfrac{1}{2\sqrt{x+\theta(x)}}$$

中的 $\theta(x)$ 满足

$$\dfrac{1}{4}\leqslant\theta(x)\leqslant\dfrac{1}{2},$$

且 $\lim\limits_{x\to 0}\theta(x)=\dfrac{1}{4},\lim\limits_{x\to+\infty}\theta(x)=\dfrac{1}{2}.$

§2 函数的单调性·极值

1. 函数的单调性

前面我们定义了函数 $f(x)$ 在区间 (a,b) 内严格递增和严格递减的概念,现在我们给出一个判别函数严格递增(递减)的方法.

由图形上看,如果在区间 (a,b) 内微商 $f'(x)>0(f'(x)<0)$,那么切线的斜率为正(为负),于是曲线上升(下降)(见图 3.5, 3.6).

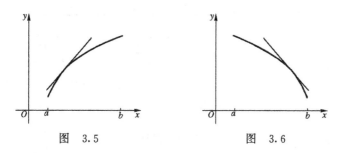

图 3.5　　　　　图 3.6

现在我们应用中值定理来证明这一事实.

定理 1　如果函数 $f(x)$ 在闭区间 $[a,b]$ 上连续,在开区间 (a,b) 内可导,且 $f'(x)>0$,则函数 $f(x)$ 在 $[a,b]$ 上严格递增.

证　在 $[a,b]$ 上任取两点 x_1 与 x_2,不妨设 $x_1<x_2$,因函数 $f(x)$ 在 $[x_1,x_2]$ 上连续,在 (x_1,x_2) 内可导,根据拉格朗日中值定理有

$$f(x_2)-f(x_1)=f'(c)(x_2-x_1) \quad (x_1<c<x_2).$$

因为 c 在区间 (a,b) 内,所以 $f'(c)>0$,因此

$$f(x_2)-f(x_1)>0,$$

即　　　　　　　　$f(x_2)>f(x_1).$

也就是函数 $f(x)$ 在 $[a,b]$ 上严格递增.

类似地可以证明:若在区间 (a,b) 内 $f'(x)<0$,则 $f(x)$ 在 $[a,b]$ 上严格递减.

例1 求函数 $f(x)=2x^3-9x^2+12x-3$ 的单调区间.

解 因为 $f'(x)=6x^2-18x+12=6(x-1)(x-2)$,所以使 $f'(x)=0$ 的点为 $x=1,x=2$. 用这两点把 x 轴分为三部分. 在区间 $(-\infty,1)$ 内,$f'(x)>0$,函数严格递增;在区间 $(1,2)$ 内,$f'(x)<0$,函数严格递减;在区间 $(2,+\infty)$ 内,$f'(x)>0$,函数严格递增. 为醒目起见,我们用下面的表格表示上述结果.

x	$(-\infty,1)$	1	$(1,2)$	2	$(2,+\infty)$
$f'(x)$	+	0	−	0	+
$f(x)$	↗		↘		↗

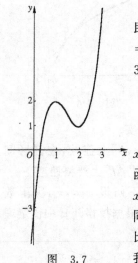

图 3.7

这个表格对我们作函数的草图很有帮助. 我们再计算出 $f(1)=2,f(2)=1,f(0)=-3,f(3)=6$,就可以作出草图(见图 3.7).

2. 函数的极值

对例1中的函数. 从图形上不难看出,$x=1$ 处对应的函数值比 $x=1$ 附近点处的函数值都要大. 这时我们就说这个函数在 $x=1$ 有极大值,并且把 $x=1$ 叫做极大点. 同样地我们不难看出在 $x=2$ 处的函数值比 $x=2$ 附近点处的函数值要来得小,这时我们说函数在 $x=2$ 有一个极小值,$x=2$ 是一个极小点.

一般地,如果函数 $f(x)$ 在点 x_0 的函数值大于(小于)或等于在 x_0 附近的点 x 的函数值,即 $f(x_0) \geqslant f(x) (f(x_0) \leqslant f(x))$,我们就说 $f(x)$ 在 x_0 有一个**极大(小)值** $f(x_0)$,而称 x_0 为 $f(x)$ 的一个**极大(小)点**. 极大点和极小点统称为**极值点**.

应该注意,这里我们所说的极大值和极小值,都是相对于极值点附近的点的函数值而言,函数的极大值和极小值并不一定是某个区间上的最大值和最小值.例如,上面例子中的函数的极大值和极小值分别是 2 和 1,而在区间 $[0,3]$ 上的最大值和最小值显然分别是 $f(3)=6$ 和 $f(0)=-3$.

我们现在来解决如何求函数的极值的问题,或如何找极值点的问题.

直观上看起来,在极值点处,曲线的切线是水平的,即在极值点处,函数的微商等于 0.下面我们来证明这一事实.

定理 2 如果 x_0 是函数 $f(x)$ 的极值点,并且 $f(x)$ 在该点可导,则 $f'(x_0)=0$.

证 为了确定起见,设 x_0 是 $f(x)$ 的极小点.因此,当 $|\Delta x|$ 足够小时,有
$$f(x_0+\Delta x) \geqslant f(x_0), \quad 即 \quad f(x_0+\Delta x)-f(x_0) \geqslant 0.$$
由此得到
$$\frac{f(x_0+\Delta x)-f(x_0)}{\Delta x} \geqslant 0 \quad (\Delta x>0);$$
$$\frac{f(x_0+\Delta x)-f(x_0)}{\Delta x} \leqslant 0 \quad (\Delta x<0),$$
而函数 $f(x)$ 在 x_0 可导,并注意函数极限的性质,便有
$$f'(x_0)=\lim_{\Delta x \to 0+0} \frac{f(x_0+\Delta x)-f(x_0)}{\Delta x} \geqslant 0$$
和
$$f'(x_0)=\lim_{\Delta x \to 0-0} \frac{f(x_0+\Delta x)-f(x_0)}{\Delta x} \leqslant 0.$$
这就是说,数 $f'(x_0)$ 非负又非正,因此它为零,即 $f'(x_0)=0$.证毕.

定理 2 指出,可导函数 $f(x)$ 的极值点,都是方程 $f'(x)=0$ 的根.这就把寻求可导函数 $f(x)$ 的极值点的范围缩小为 $f'(x)=0$ 的根的全体.随之而产生的问题是,$f'(x)=0$ 的根是否一定是极值点? 回答是否定的.例如函数 $f(x)=x^3$ 在 $x=0$ 处微商为 0,但 $x=0$ 并不是它的极值点(见图 3.8).

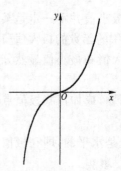

图 3.8

现在我们给出极值点的第一种判别法：

定理 3 设函数 $f(x)$ 在 $x=x_0$ 及其附近可导,且 $f'(x_0)=0$. 当 x 由小到大经过 x_0 时,如果 $f'(x)$ 由正变为负(负变为正),则 $x=x_0$ 是 $f(x)$ 的极大点(极小点);如果 $f'(x)$ 不变号,则 $x=x_0$ 不是极值点.

证 我们只对 $f'(x)$ 由正变为负这种情形作证明,其余情形证明方法相同.

根据拉格朗日中值定理,有

$$f(x)-f(x_0)=f'(\xi)(x-x_0) \quad (\xi 在 x 与 x_0 之间).$$

再由定理假设可知,当 $x<x_0$ 时 $f'(\xi)>0$,于是由上式可看出 $f(x)<f(x_0)$;当 $x>x_0$ 时,$f'(\xi)<0$,由上式知 $f(x)<f(x_0)$. 这就表示 $x=x_0$ 是函数 $f(x)$ 的极大点. 证毕.

例 2 求函数 $f(x)=(x-1)^2(x+1)^3$ 的极值点.

解 (i) 先求 $f'(x)$,

$$f'(x)=2(x-1)(x+1)^3+3(x-1)^2(x+1)^2$$
$$=(x-1)(x+1)^2(5x-1).$$

(ii) 求出 $f'(x)=0$ 的根,从小到大排列：

$$x_1=-1, \quad x_2=\frac{1}{5}, \quad x_3=1.$$

(iii) 作表格：

x	$(-\infty,-1)$	-1	$\left(-1,\dfrac{1}{5}\right)$	$\dfrac{1}{5}$	$\left(\dfrac{1}{5},1\right)$	1	$(1,+\infty)$
$f'(x)$	$+$	0	$+$	0	$-$	0	$+$
$f(x)$	↗		↗	极大	↘	极小	↗

由上表知 $x_2=1/5$ 为极大点,$x_3=1$ 为极小点,$x_1=-1$ 处 $f'(x)$ 虽为 0,但函数经过 $x=-1$ 时 $f'(x)$ 不变号,所以 $x=-1$ 并不是极值点. 函数的草图见图 3.9.

有时,特别是当函数 $f(x)$ 的微商 $f'(x)$ 的符号不易判定时,

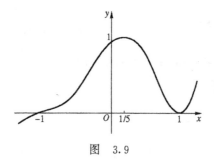

图 3.9

可用下面的第二种判别法：

定理 4 设函数 $f(x)$ 在 $x=x_0$ 处的一阶微商 $f'(x_0)=0$，二阶微商 $f''(x_0)$ 存在.

(i) 若 $f''(x_0)<0$，则 $x=x_0$ 是 $f(x)$ 的极大点；

(ii) 若 $f''(x_0)>0$，则 $x=x_0$ 是 $f(x)$ 的极小点；

(iii) 若 $f''(x_0)=0$，则一般不能判定 $x=x_0$ 是否是极值点.

证 (i) 因为 $f''(x_0)<0$，也即

$$\lim_{x \to x_0} \frac{f'(x)-f'(x_0)}{x-x_0}<0,$$

于是根据极限的性质，在 $x=x_0$ 附近有

$$\frac{f'(x)-f'(x_0)}{x-x_0}<0 \quad (x \neq x_0).$$

由已知 $f'(x_0)=0$，所以上式即

$$\frac{f'(x)}{x-x_0}<0 \quad (x \neq x_0).$$

当 x 由小到大经过 x_0 时，$x-x_0$ 由负变为正，于是由上式可推出 $f'(x)$ 由正变为负. 根据定理 3，$x=x_0$ 是 $f(x)$ 的极大点.

(ii) 与(i)的证明方法相同.

(iii) 对于函数 $f(x)=x^3$，$x=0$ 不是极值点，而对于函数 $f(x)=x^4$，$x=0$ 是它的极值点. 这两个函数在 $x=0$ 处的一、二阶微商都等于 0，所以当 $f'(x_0)=f''(x_0)=0$ 时，不能判定 $x=x_0$ 是否是极值点. 证毕.

例3 求函数 $f(x)=x^2+\dfrac{432}{x}$ $(x>0)$ 的极值点.

解 先求出 $f(x)$ 的导函数 $f'(x)=2x-\dfrac{432}{x^2}$. 再解方程 $f'(x)=0$，即解方程

$$x^3-216=0.$$

此方程有根 $x=6$，而

$$f''(x)=2+\dfrac{864}{x^3},\quad f''(6)=2+\dfrac{864}{216}>0,$$

可见 $x=6$ 是函数的极小点.

上面讲的是函数在可导点处达到极值的充分条件. 下面给出函数在不可导点处达到极值的一个充分条件: 设函数 $f(x)$ 在点 x_0 的附近(除 x_0 外)可导, 在 x_0 处连续. 又当 $x<x_0$ 时, $f'(x)>0$ ($f'(x)<0$); 当 $x>x_0$ 时, $f'(x)<0$ ($f'(x)>0$), 则 x_0 是 $f(x)$ 的极大(小)点.

例4 求函数 $f(x)=1-(x-1)^{2/3}$ 的极值点.

解 因为 $f'(x)=-\dfrac{2}{3}(x-1)^{-1/3}=\dfrac{-2}{3(x-1)^{1/3}}$ $(x\neq 1)$, 所以 $f'(x)=0$ 无解. 因而除 $x=1$ 外其他点都不是极值点. 在 $x=1$ 处函数连续但不可导, 又 $x<1$ 时 $f'(x)>0$; $x>1$ 时 $f'(x)<0$, 所以 $x=1$ 是极大点(见图 3.10).

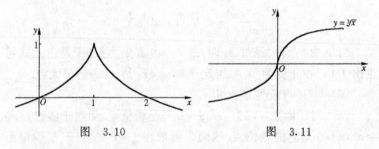

图 3.10　　　　　　图 3.11

若函数 $y=f(x)$ 在 $x=x_0$ 点连续但不可导, 导函数 $f'(x)$ 在 x_0 附近存在但不改变符号, 显然这时 x_0 不可能是极值点. 例如 y

$=\sqrt[3]{x}$ 在 $x=0$ 点就是这种情况(见图 3.11).

习 题 3.2

在题 1~6 中,求函数的单调区间与极值点:

1. $y=2+x-x^2$.
2. $y=3x-x^3$.
3. $y=x^2+\dfrac{1}{x^2}$.
4. $y=\dfrac{2x}{1+x^2}$.
5. $y=x-e^x$.
6. $y=x+\sin x$.

在题 7~11 中,证明各方程在所给区间上恰有一个根.

7. $x^4+3x+1=0$, $[-2,-1]$.
8. $x-\dfrac{2}{x}=0$, $[1,3]$.
9. $\sqrt{x}+\sqrt{x+1}-4=0$, $(0,+\infty)$.
10. $x+\sin^2\left(\dfrac{x}{3}\right)-8=0$, $(-\infty,+\infty)$.
11. $\sec x-\dfrac{1}{x^3}+5=0$, $\left(0,\dfrac{\pi}{2}\right)$.

12. 证明下列不等式:

   (1) $x-\dfrac{x^3}{6}<\sin x<x$, $x>0$;

   (2) $x-\dfrac{x^2}{2}<\ln(1+x)<x$, $x>0$.

*13. 证明:当 $0<x<\dfrac{\pi}{2}$ 时,有 $\dfrac{x}{\sin x}<\dfrac{\tan x}{x}$.

§3 最大、最小值问题

在实际问题中,要求我们计算的往往不是函数的极值,而是函数在某指定区间上的最大(小)值. 在图 3.12 中,函数 $y=f(x)$ 在区间 $[a,b]$ 上的最小值是极小点 x_2 处的极小值 $f(x_2)$,但最大值是在区间的右端点 b 处的函数值,并不是区间内任一极大值. 一般说来,函数 $f(x)$ 的最大(小)值或者在区间内部一点 x_0 处达到,或者在端点达到. 如果在内部一点 x_0 达到,则 x_0 一定是极大(小)点.

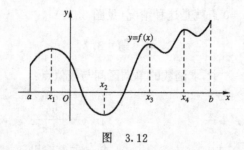

图 3.12

所以,只要考虑函数的全部极大值、极小值与端点的函数值 $f(a)$, $f(b)$,其中最大(小)的值就是函数在区间 $[a,b]$ 上的最大(小)值. 有一个特别简单的情况,就是当连续函数 $f(x)$ 在区间 (a,b) 内只有一个极值 $f(x_0)$ 时,若 $f(x_0)$ 是极大(小)值,则它也就是 $f(x)$ 在 $[a,b]$ 上的最大(小)值,无须再与端点的函数值比较.这是因为当函数 $f(x)$ 在 (a,b) 内只有一个极值 $f(x_0)$ 且 $f(x_0)$ 为极大(小)值时,$f(x)$ 必在 $[a,x_0]$ 上单调上升(下降),而在 $[x_0,b]$ 上单调下降(上升).就不可能在端点达到最大(小)值(图 3.13,3.14).

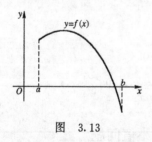

图 3.13

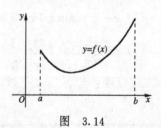

图 3.14

下面我们通过几个例子来说明,如何把一些实际问题化成求函数的最大(小)值问题.

例1 将边长为 a 的正方形铁皮的各角截去相等的小正方形,然后折起各边(如图 3.15),作成无盖铁皮匣,要使铁皮匣有最大的容积,问所截去的小正

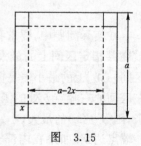

图 3.15

方形的边长该是多少？

解 设截去的小正方形之边长为 x，作成的无盖匣之容积为 V. V 是 x 的函数：
$$V = (a - 2x)^2 \cdot x,$$
x 的变化域是开区间 $(0, a/2)$. 于是问题化为：x 取什么值时 V 有最大值？我们有
$$V'(x) = (a - 2x)^2 - 4x(a - 2x) = (a - 2x)(a - 2x - 4x)$$
$$= 12\left(\frac{a}{2} - x\right)\left(\frac{a}{6} - x\right).$$
在区间 $(0, a/2)$ 内使 $V'(x) = 0$ 的点只有 $x = a/6$. 另一方面很容易看出 $V'(x)$ 在区间 $(0, a/6)$ 内是正的，而在 $(a/6, a/2)$ 内是负的. 因此 $x = a/6$ 是极大点，$V(a/6) = 2a^3/27$ 是极大值. 因为函数 $V(x)$ 在区间 $(0, a/2)$ 内只有一个极值，且是极大值，因此这个极大值也就是最大值. 也就是说，当截去的小正方形之边长为原正方形边长的 $1/6$ 时，作出的无盖匣容积最大.

例 2 在一级化学反应中，正常的过程受了催化作用，其反应速率为
$$U = kx(a - x),$$
其中 x 是起反应的物质的量，a 是开始时物质的量，x 的变化范围是 $(0, a)$，k 是比例常数. 问当 x 取什么值时反应速率最大？

解 $U' = k[(a-x)-x] = k(a-2x)$. 解 $U'(x) = 0$ 得惟一根 $x = a/2$. 作表格：

x	$\left(0, \dfrac{a}{2}\right)$	$\dfrac{a}{2}$	$\left(\dfrac{a}{2}, a\right)$
$U'(x)$	+	0	−
$U(x)$	↗	极大	↘

因此 $x = a/2$ 时反应速率 U 最大.

例 3 作实验时，要分 4 次测量某个量，得到的测量数据为 a_1, a_2, a_3, a_4. 试决定一数值 x，使它与 4 个数据的差的平方和

$$(x-a_1)^2+(x-a_2)^2+(x-a_3)^2+(x-a_4)^2$$

为最小. 这样的数值 x, 称为被测量的量的最可能值.

解 设
$$f(x)=(x-a_1)^2+(x-a_2)^2+(x-a_3)^2+(x-a_4)^2$$
$$(-\infty<x<+\infty).$$

问题化为求 x 的值, 使 $f(x)$ 的值最小. 因为
$$f'(x)=2(x-a_1)+2(x-a_2)+2(x-a_3)+2(x-a_4)$$
$$=8\left(x-\frac{a_1+a_2+a_3+a_4}{4}\right).$$

解 $f'(x)=0$ 得惟一的根
$$x=\frac{a_1+a_2+a_3+a_4}{4}.$$

作表格:

x	$\left(-\infty,\frac{a_1+a_2+a_3+a_4}{4}\right)$	$\frac{a_1+a_2+a_3+a_4}{4}$	$\left(\frac{a_1+a_2+a_3+a_4}{4},+\infty\right)$
$f'(x)$	−	0	+
$f(x)$	↘	极小	↗

因此当 $x=\dfrac{a_1+a_2+a_3+a_4}{4}$ 时, $f(x)$ 最小. 即四个数据的算术平均值是被测量的量的最可能值.

例 4 (折射定律) 光线从甲介质中的 A 点处发出后, 一定遵循折射定律

$$\frac{\sin\alpha_0}{\sin\beta_0}=\frac{V_1}{V_2}$$

折射至乙介质中 B 点处. 公式中的 V_1,V_2 分别是光线在甲, 乙介质中的传播速度, α_0 是入射角, β_0 是折射角. 证明光线所走的路径是花时间最少的路径.

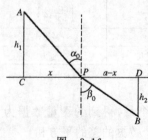

图 3.16

证 设 A,B 两点在介质分界面

的垂足分别为 C, D. $|\overline{AC}| = h_1$, $|\overline{BD}| = h_2$, $|\overline{CD}| = a$ (如图 3.16). 如果光线的路径为 $\overline{APB}$, $|\overline{CP}| = x$, 则光线从 A 点到 B 点所费时间为

$$f(x) = \frac{1}{V_1}\sqrt{h_1^2 + x^2} + \frac{1}{V_2}\sqrt{h_2^2 + (a-x)^2} \quad (0 \leqslant x \leqslant a).$$

设满足条件

$$\frac{\sin\alpha_0}{\sin\beta_0} = \frac{V_1}{V_2}$$

的 α_0, β_0 所对应的 x 的值为 x_0. 问题化为：证明 x_0 是函数 $f(x)$ 的极小点. 为此求 $f'(x)$ 和 $f''(x)$：

$$f'(x) = \frac{1}{V_1}\frac{x}{\sqrt{h_1^2 + x^2}} - \frac{1}{V_2}\frac{a-x}{\sqrt{h_2^2 + (a-x)^2}},$$

$$f''(x) = \frac{1}{V_1}\frac{h_1^2}{\left(\sqrt{h_1^2 + x^2}\right)^3} + \frac{1}{V_2}\frac{h_2^2}{\left(\sqrt{h_2^2 + (a-x)^2}\right)^3}.$$

方程 $f'(x) = 0$ 就是

$$\frac{1}{V_1}\frac{x}{\sqrt{h_1^2 + x^2}} = \frac{1}{V_2}\frac{a-x}{\sqrt{h_2^2 + (a-x)^2}},$$

显然 x_0 满足此方程，即 x_0 是 $f'(x) = 0$ 的根. 又因为对任何 x 都有 $f''(x) > 0$, 说明 $f'(x)$ 在 $[0, a]$ 上严格单调递增, 故 x_0 是 $f'(x) = 0$ 的惟一根. 由 $f''(x_0) > 0$ 知 x_0 是 $f(x)$ 的极小点, 从而也是最小点. 这就证明了, 光线所走的路径是花时间最少的路径.

习 题 3.3

在题 1～3 中，求函数 y 在给定区间上的最大值与最小值（并指明最大点与最小点）：

1. $y = x^3 - 6x^2 + 9x - 4$ 在区间 $[1/2, 7/2]$, $[0, 4]$ 和 $[-1, 4]$ 上.

2. $y = x^2 e^{-x}$ 在区间 $[-1, 3]$ 上.

3. $y = \dfrac{e^x + e^{-x}}{2}$ 在区间 $[-1, 1]$ 上.

4. 要造一个圆柱形无盖蓄水池, 容积 300 m³. 底面的单位造价是侧面的单位造价的两倍, 要使水池造价最低, 问底面半径与高各是多少?

5. 有一块宽为 $2a$ 的长方形马口铁片, 把它的两边宽为 x 的边缘分别向上折, 作成一个开口向上的水槽, 问 x 取何值时, 这个水槽的容积最大 (见图 3.17)?

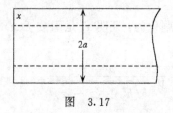

图 3.17

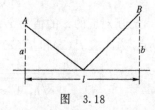

图 3.18

6. A, B 两地用水, 需在河边建一水塔, 问建在何处, 最节省水管 (见图 3.18)?

7. 两条宽分别为 a 及 b 的河垂直相交, 若一船能从其中一河转入另一河, 问其长度最大是多少 (见图 3.19)?

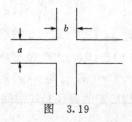

图 3.19

8. 在半径为 a 的球内作一内接正圆锥体, 要使正圆锥体体积最大, 问其高及底半径应是多少?

9. 在半径为 a 的半球外作一外切正圆锥体, 问圆锥体的底面半径为多少时才能使正圆锥体体积最小? 这时锥体的母线与底面的夹角是多少?

10. 从点 $A(10, 0)$ 到抛物线 $y^2 = 4x$ 之最短距离是多少?

11. 试求内接于一已知正圆锥体中,最大体积圆柱的高度.

12. 有一梯形三边的长都为 10 cm,要使梯形的面积最大,问第四边应多长？

13. 试求内接于椭圆 $\dfrac{x^2}{a^2}+\dfrac{y^2}{b^2}=1$ 的最大矩形的面积.

14. 设 $P(a,b)$ 为直角坐标系 Oxy 中第一象限内的一点.过 P 作一直线,与 Ox 轴、Oy 轴分别相交于 A 及 B.试在以下各种情况下：

(1) 当三角形 OAB 的面积为最小时；

(2) 当线段 $\overline{AB}$ 的长度 $|AB|$ 为最小时；

(3) 当两截距之和为最小时；

计算此直线在 Ox 与 Oy 轴上的截距各是多少？

15. 将周长为 36 cm 的长方形,卷成一个圆柱面,问：x 与 y 取何值时,圆柱面所围之体积最大？（见图 3.20）

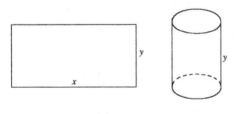

图 3.20

16. a,b 取何值时,函数
$$f(x)=x^3+ax^2+bx$$
在 $x=-1$ 处有一个极大值,在 $x=3$ 处有一个极小值.

§4 曲线的凹凸性与拐点·函数图形的作法

1. 曲线的凹凸性与拐点

§2 中所讲的函数的单调性与极值点,以及现在要讲的函数图形的凹凸性与拐点,这些都是函数作图的重要依据.

定义 1 若一段曲线上每一点处的切线都在此段曲线的上方（下方），则称此段曲线是凸（凹）弧（见图 3.21 与 3.22）.

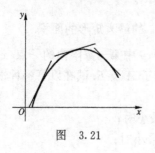

图 3.21

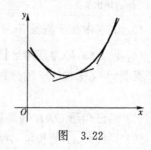

图 3.22

由于曲线 $y=f(x)$ 上过点 $(x_0,f(x_0))$ 的切线方程为 $y=f(x_0)+f'(x_0)(x-x_0)$，故定义 1 的等价说法是

定义 2 设函数 $f(x)$ 在区间 (a,b) 内可导，任意取定一点 $x_0\in(a,b)$，若对一切 $x\in(a,b)(x\neq x_0)$，都有

$$f(x)<(>)f(x_0)+f'(x_0)(x-x_0), \qquad (1)$$

则称曲线段 $y=f(x)(a\leqslant x\leqslant b)$ 是凸（凹）弧（见图（3.23））.

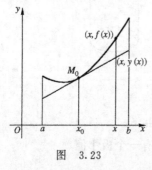

图 3.23

这个定义只适用于有切线的曲线. 对于更一般的曲线的凹凸性的定义，这里我们不介绍了.

由上述定义看出，$y=x^2$ 的曲线是凹弧. $y=x^3$ 的曲线在第三象限的部分是凸弧，在第一象限的部分是凹弧.

从图 3.21, 3.22 看出，当 x 由小增大时，如果曲线的切线斜率愈变愈小，则这段曲线是凸弧；如果曲线的切线斜率愈变愈大，则这段曲线是凹弧. 所以，我们可以根据函数的一阶微商 $f'(x)$ 的递增、递减性，或根据二阶导数 $f''(x)$ 的符号来判别函数 $y=f(x)$ 所表示的曲线的凹凸性.

定理 1 设函数 $f(x)$ 在 (a,b) 上可导，则 $y=f(x)(a\leqslant x\leqslant b)$ 为凸（凹）弧的充要条件是 $f'(x)$ 在 (a,b) 上严格单调递减（增）.

证 对 $y=f(x)(a\leqslant x\leqslant b)$ 是凸弧的情况进行证明. 关于凹弧的证明类似.

充分性 设 $f'(x)$ 在 (a,b) 上严格单调递减. 在 (a,b) 上任意选定一点 x_0, 对一切 $x\in(a,b)$ $(x\neq x_0)$, 由拉格朗日中值定理, 有
$$f(x)-[f(x_0)+f'(x_0)(x-x_0)]$$
$$=f(x)-f(x_0)-f'(x_0)(x-x_0)$$
$$=f'(\xi)(x-x_0)-f'(x_0)(x-x_0)$$
$$=[f'(\xi)-f'(x_0)](x-x_0), \quad (2)$$

其中 ξ 介于 x 与 x_0 之间. 当 $x<x_0$ 时 $\xi<x_0$, 由 $f'(x)$ 严格递减便有 $f'(\xi)>f'(x_0)$, 于是(2)式的右端小于 0, 当 $x>x_0$ 时 $\xi>x_0$, 由此推出 $f'(\xi)<f'(x_0)$, 因而(2)式右端也小于 0. 故对一切 $x\in(a,b)$ $(x\neq x_0)$, 都有
$$f(x)-[f(x_0)+f'(x_0)(x-x_0)]<0,$$
即(1)式成立, 所以 $y=f(x)$ $(a\leqslant x\leqslant b)$ 是凸弧.

必要性 设 $y=f(x)(a\leqslant x\leqslant b)$ 是凸弧. 任选两点 $x_1,x_2\in(a,b)$, 不妨设 $x_1<x_2$. 由定义 2, 对选定的点 x_1, 对一切 $x\in(a,b)$ $(x\neq x_1)$, 都有
$$f(x)<f(x_1)+f'(x_1)(x-x_1),$$
特别有
$$f(x_2)<f(x_1)+f'(x_1)(x_2-x_1).$$
同理, 考虑在点 $(x_2,f(x_2))$ 处的切线, 便有
$$f(x_1)<f(x_2)+f'(x_2)(x_1-x_2).$$
将以上两式相加, 便得
$$0<[f'(x_1)-f'(x_2)](x_2-x_1),$$
由此推出 $f'(x_1)>f'(x_2)$. 由于 x_1,x_2 是 (a,b) 中任意取定的两点. 这说明 $f'(x)$ 在 (a,b) 上严格单调递减. 证毕.

大家知道, 当 $f''(x)>0(<0)$ 时 $f'(x)$ 严格单调递增(减), 故由定理 1 即可得下列定理 2.

定理 2 若函数 $f(x)$ 的二阶导数 $f''(x)$ 在区间 (a,b) 上恒为

正(负),则曲线段 $y=f(x)$ ($a \leqslant x \leqslant b$) 是凹(凸)弧.

例1 求曲线 $y=x^3-3x^2+3x+1$ 的凹凸性区间.

解 $y'=3x^2-6x+3, y''=6x-6$. 当 $x<1$ 时,$y''<0$;当 $x>1$ 时,$y''>0$. 所以在区间 $(-\infty,1)$ 上是凸弧,在区间 $(1,+\infty)$ 上是凹弧(见图3.24).

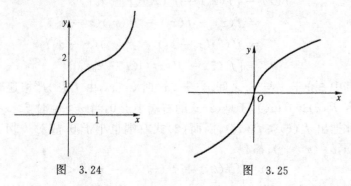

图 3.24　　　　　　　　图 3.25

例2 求曲线 $y=x^{\frac{1}{3}}$ 的凹凸性区间.

解 当 $x \neq 0$ 时,$y'=\frac{1}{3}x^{-\frac{2}{3}}, y''=-\frac{2}{9}x^{-\frac{5}{3}}$. 当 $x<0$ 时,$y''>0$;当 $x>0$ 时,$y''<0$,所以在区间 $(-\infty,0)$ 上是凹弧,在区间 $(0,+\infty)$ 上是凸弧(见图3.25).

例3 判别曲线 $y=\arctan\frac{1}{x}$ 的凹凸性.

解 当 $x \neq 0$ 时,$y''=\frac{2x}{(1+x^2)^2}$. 当 $x<0$ 时,$y''<0$;当 $x>0$ 时,$y''>0$,所以曲线在 $x<0$ 部分是凸弧,在 $x>0$ 部分是凹弧.

连续曲线的凹弧与凸弧的分界点叫做曲线的**拐点**.例如,对于例1,$x=1$ 是拐点,而对于例2,$x=0$ 是拐点.例3中的曲线虽然经过 $x=0$ 时改变凹凸性,但因为曲线在 $x=0$ 处不连续,所以 $x=0$ 不是其拐点.

在例1中,函数在拐点处的二阶导数存在,且等于零.而在例2中,函数在拐点处的二阶导数不存在.这些现象有一般性.由于 $f''(x)$ 通过拐点时改变符号,所以如果在拐点处 $f(x)$ 有二阶导数,那么二阶导数的值一定是零.因此,只有二阶导数为零的点或二阶导数不存在的点 x_0 才可能是曲线 $y=f(x)$ 的拐点 $(x_0,f(x_0))$.但这样的点究竟是不是拐点,还要看二阶导数在 x_0 的左、右是否改变符号或函数在 x_0 处是否连续.

例 4 判别曲线 $y=x^4$ 的凹凸性.它有无拐点?

解 因为 $y''=12x^2$,当 $x\neq 0$ 时,$y''>0$,故曲线在区间 $(-\infty,0)$ 和 $(0,\infty)$ 上都是凹弧.当 $x=0$ 时,虽然 $y''=0$,但 $(0,0)$ 并不是拐点;曲线没有拐点.

例 5 讨论曲线
$$y=\mathrm{e}^{-|x|}=\begin{cases}\mathrm{e}^{-x},&x\geqslant 0,\\ \mathrm{e}^{x},&x<0\end{cases}$$
的凹凸性区间,它有无拐点.

解 不难看出 $x\neq 0$ 时,$y''=\mathrm{e}^{-|x|}>0$,故曲线在区间 $(-\infty,0)$ 与 $(0,+\infty)$ 上都是凹弧.当 $x=0$ 时,二阶导数不存在,但点 $(0,1)$ 并不是拐点,该曲线没有拐点(见图 3.26).

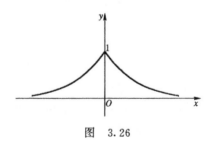

图 3.26

2. 函数图形的作法

在此以前,我们作函数图形的方法是描点作图法.对于较复杂的函数,用这种方法作出来的图形往往不能全面刻画函数的特性.现在我们利用一阶导数与二阶导数可以决定函数的升降性和凹凸性,因此,只需求出几个关键性的点,就可以将图形较精确地描绘出来.

对给定的函数 $y=f(x)$,作图的一般步骤如下:

(i) 考察函数 $y=f(x)$ 有无对称性. 如果函数为偶函数,它的图形关于 y 轴对称;如果函数为奇函数,它的图形关于原点对称. 如果函数有对称性,作图时可以先画出 $x>0$ 的图形,再根据对称性得到其他部分.

(ii) 求函数的定义域. 考察函数有无间断点,曲线有无渐近线. 渐近线的求法如下:

如果有 $\lim\limits_{x\to a}f(x)=\infty$ 或 $\lim\limits_{x\to a-0}f(x)=\infty$ 或 $\lim\limits_{x\to a+0}f(x)=\infty$,则 $x=a$ 是曲线 $y=f(x)$ 的垂直渐近线.

如果有 $\lim\limits_{x\to+\infty}f(x)=A$ 或 $\lim\limits_{x\to-\infty}f(x)=B$,则 $y=A$ 或 $y=B$ 是水平渐近线.

如果 $\lim\limits_{x\to\infty}\dfrac{f(x)}{x}$ 存在且不等于零,记 $\lim\limits_{x\to\infty}\dfrac{f(x)}{x}=a$;再若 $\lim\limits_{x\to\infty}[f(x)-ax]$ 存在,记 $\lim\limits_{x\to\infty}[f(x)-ax]=b$,则直线 $y=ax+b$ 是曲线 $y=f(x)$ 的斜渐近线(极限过程也可以是 $x\to+\infty$ 或 $x\to-\infty$).

(iii) 求出 $f'(x)$,确定函数的单调区间和极值点.

(iv) 求出 $f''(x)$,确定曲线的凹凸区间和拐点.

以 $f(x)$ 的间断点,$f'(x)=0$ 的根,及 $f''(x)=0$ 的根为分点,作表格,把(iii),(iv) 的结果列在表格中,便可知图形的大概形态,再描出一些特殊的点,就可作出函数图形.

例 6 作函数 $y=e^{-x^2}$ 的图形.

解 $y=e^{-x^2}$ 是偶函数,所以曲线关于 y 轴对称. 当 $x=0$ 时,$y=1$. 对其余任一 x,都有 $y>0$,故曲线在上半平面. $\lim\limits_{x\to\infty}e^{-x^2}=0$,所以 $y=0$ 是水平渐近线. 无垂直渐近线及斜渐近线. 对函数求一阶导数得

$$y'=-2xe^{-x^2},$$

令 $y'=0$,得 $x=0$. 再对函数求二阶导数得

$$y'' = 4\left(x^2 - \frac{1}{2}\right)e^{-x^2},$$

令 $y''=0$,得 $x=\pm 1/\sqrt{2}$. 作表格:

x	0	$(0,1/\sqrt{2})$	$1/\sqrt{2}$	$(1/\sqrt{2},+\infty)$
y'	0	−	−	−
y''	−	−	0	+
y	极大	下降 凸 ↘	拐点	下降 凹 ↘

再利用对称性,就可作出函数的图形(见图 3.27).

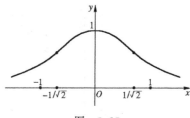

图 3.27

例 7 作函数 $y=\dfrac{x^2}{x-1}$ 的图形.

解 函数有间断点 $x=1$,因为 $\lim\limits_{x\to 1-0}y=-\infty$, $\lim\limits_{x\to 1+0}y=+\infty$,所以 $x=1$ 是垂直渐近线. 又

$$\lim_{x\to\infty}\frac{f(x)}{x}=\lim_{x\to\infty}\frac{x^2}{x(x-1)}=1, \quad \lim_{x\to\infty}(f(x)-x)=\lim_{x\to\infty}\frac{x}{x-1}=1.$$

所以 $y=x+1$ 是斜渐近线. 对函数求一阶导数得

$$y' = \frac{x(x-2)}{(x-1)^2},$$

令 $y'=0$ 得 $x=0$ 与 $x=2$. 再对函数求二阶导数得

$$y'' = \frac{2}{(x-1)^3},$$

方程 $y''=0$ 无实根. 作表格:

x	$(-\infty,0)$	0	$(0,1)$	$(1,2)$	2	$(2,+\infty)$
y'	$+$	0	$-$	$-$	0	$+$
y''	$-$	$-$	$-$	$+$	$+$	$+$
y	↗	极大	↘	↘	极小	↗

为了准确起见,可以多画几个点. 其图形见图 3.28.

x	-2	-1	0	2	3
y	$-\dfrac{4}{3}$	$-\dfrac{1}{2}$	0	4	$\dfrac{9}{2}$

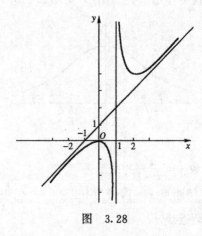

图 3.28

习 题 3.4

在题 1~6 中,求函数图形为凸或凹的区间及拐点:

1. $y=x^3-6x^2+9x-4$. 2. $y=x+\dfrac{1}{x}$.

3. $y=\dfrac{e^x+e^{-x}}{2}$. 4. $y=x^2 e^{-x}$.

5. $y=\dfrac{1}{x}+\ln x$. 6. $y=\ln(1+x^2)$.

作下列各函数的图形：

7. $y = x^3 - 6x^2 + 9x - 4$.

8. $y = (x+1)x^{\frac{2}{3}}$.

9. $y = \dfrac{e^x + e^{-x}}{2}$.

10. $y = x^2 e^{-x}$.

11. $y = x - e^x$.

12. $y = x + \dfrac{1}{x}$.

13. $y = x \ln x$.

14. $y = \dfrac{x^3}{x(x-1)}$.

§5 求未定式的极限

1. $\dfrac{0}{0}$ 型未定式

当函数 $f(x)$ 与 $g(x)$ 是同一极限过程中的无穷小量时，$f(x)/g(x)$ 的极限有多种可能情况：$f(x)/g(x)$ 可能趋于一个非零常数；可能趋于零；也可能趋于 ∞；还可能没有极限。例如 $f(x) = x\sin\dfrac{1}{x}$，$g(x) = x$，当 $x \to 0$ 时 $f(x)/g(x)$ 就没有极限。今后我们把两个无穷小量相除的表达式叫做 $\dfrac{0}{0}$ 型未定式。"$\dfrac{0}{0}$ 型"只是一种记号，绝不包含用 0 作除数的意思。

过去我们曾讨论过 $\dfrac{0}{0}$ 型未定式的极限，如 $\lim\limits_{x \to -1} \dfrac{x^2 + 3x + 2}{x^2 - 3x - 4}$，$\lim\limits_{x \to 0} \dfrac{\sin x}{x}$ 等。但我们没有给出处理这类问题的统一的方法。下面的定理给出了这种方法。

定理 1（洛必达法则） 如果

(i) 函数 $f(x)$ 和 $g(x)$ 在 a 点附近（a 点可以除外）有定义，且
$$\lim_{x \to a} f(x) = 0, \quad \lim_{x \to a} g(x) = 0;$$

(ii) 当 $x \to a$ 时，$g'(x) \neq 0$，$\lim\limits_{x \to a} \dfrac{f'(x)}{g'(x)}$ 存在（或是无穷大量），

则
$$\lim_{x \to a} \dfrac{f(x)}{g(x)} = \lim_{x \to a} \dfrac{f'(x)}{g'(x)}.$$

证 我们定义 $f(a) = g(a) = 0$，由条件 (i)，补充定义后的函

数 $f(x), g(x)$ 在 a 点处连续. 对 a 点附近的任意一点 x, 根据本章 §1 柯西中值定理得

$$\frac{f(x)}{g(x)} = \frac{f(x)-f(a)}{g(x)-g(a)} = \frac{f'(\xi)}{g'(\xi)},$$

其中 ξ 介于 a 与 x 之间. 因为 $x \to a$ 时 $\xi \to a$, 由定理的条件(ii)得到

$$\lim_{x \to a}\frac{f(x)}{g(x)} = \lim_{x \to a}\frac{f'(\xi)}{g'(\xi)} = \lim_{\xi \to a}\frac{f'(\xi)}{g'(\xi)} = \lim_{x \to a}\frac{f'(x)}{g'(x)}.$$

例1 求极限 $\lim\limits_{x \to 0}\dfrac{\mathrm{e}^x - 1}{x}$.

解 由于 $\lim\limits_{x \to 0}(\mathrm{e}^x - 1) = \lim\limits_{x \to 0} x = 0$, 故 $\dfrac{\mathrm{e}^x - 1}{x}$ 是 $\dfrac{0}{0}$ 型. 又因为

$$\lim_{x \to 0}\frac{(\mathrm{e}^x - 1)'}{x'} = \lim_{x \to 0}\frac{\mathrm{e}^x}{1} = \lim_{x \to 0}\mathrm{e}^x = 1,$$

所以
$$\lim_{x \to 0}\frac{\mathrm{e}^x - 1}{x} = 1.$$

在有些情况下, $\dfrac{f'(x)}{g'(x)}$ 仍是一未定型, 这时我们可再用一次洛必达法则. 在有些题中甚至需要多次应用洛必达法则.

例2 求极限 $\lim\limits_{x \to 0}\dfrac{x - \sin x}{x^3}$.

解 对此 $\dfrac{0}{0}$ 型未定式, 用两次洛必达法则可求得极限:

$$\lim_{x \to 0}\frac{x - \sin x}{x^3} = \lim_{x \to 0}\frac{1 - \cos x}{3x^2} = \lim_{x \to 0}\frac{\sin x}{6x} = \frac{1}{6}.$$

这里要提醒读者的是, 为简便起见, 上式中的各极限式可以按上述次序书写, 但心中应该明白: 这里的推理过程是相反的. 严格地讲, 因为极限 $\lim\limits_{x \to 0}\dfrac{\sin x}{6x}$ 存在, 才肯定了极限 $\lim\limits_{x \to 0}\dfrac{1-\cos x}{3x^2}$ 存在, 从而又肯定了极限 $\lim\limits_{x \to 0}\dfrac{x-\sin x}{x^3}$ 存在并等于 $\dfrac{1}{6}$.

例 2 的结果告诉我们, 当 $x \to 0$ 时, $x - \sin x$ 是 x 的三阶无穷小量.

例3 求极限 $\lim\limits_{x \to 0}\dfrac{\tan x - x}{x - \sin x}$.

解 因为

$$\frac{(\tan x - x)'}{(x - \sin x)'} = \frac{\frac{1}{\cos^2 x} - 1}{1 - \cos x} = \frac{1}{\cos^2 x} \frac{1 - \cos^2 x}{1 - \cos x} = \frac{1 + \cos x}{\cos^2 x},$$

当 $x \to 0$ 时，上式极限存在为 2，故

$$\lim_{x \to 0} \frac{\tan x - x}{x - \sin x} = 2.$$

从这个例子看出，求出导数之比后，有时需要化简结果，否则会引起计算上的麻烦.

洛必达法则中的极限过程 "$x \to a$" 可以换成 "$x \to +\infty$" 或 "$x \to -\infty$". 事实上，只要作变换 $x = 1/t$ 再应用定理 1 就可以给出证明. 我们现在把结果之一写在下面.

推论 1 如果

(i) 函数 $f(x)$ 和 $g(x)$ 在 $(a, +\infty)$ 上连续，且 $\lim\limits_{x \to +\infty} f(x) = \lim\limits_{x \to +\infty} g(x) = 0$；

(ii) 当 $x \to +\infty$ 时，$g'(x) \neq 0$，比式 $\dfrac{f'(x)}{g'(x)}$ 的极限存在（或是无穷大量），

则

$$\lim_{x \to +\infty} \frac{f(x)}{g(x)} = \lim_{x \to +\infty} \frac{f'(x)}{g'(x)}.$$

对 $x \to -\infty$ 的极限过程也有同样的结论.

2. $\dfrac{\infty}{\infty}$ 型未定式

同一极限过程中的两个无穷大量之比，也是一种未定式，因为两个无穷大量之比的极限也有多种可能性. 例如，当 $x \to +\infty$ 时，$x^2, x^3, 3x^2$ 都是无穷大量，它们之比的极限为

$$\lim_{x \to +\infty} \frac{x^2}{3x^2} = \lim_{x \to +\infty} \frac{1}{3} = \frac{1}{3}, \quad \lim_{x \to +\infty} \frac{x^3}{3x^2} = \lim_{x \to +\infty} \frac{x}{3} = +\infty,$$

$$\lim_{x \to +\infty} \frac{x^2}{x^3} = \lim_{x \to +\infty} \frac{1}{x} = 0.$$

我们称 x^2 是与 $3x^2$ 同阶的无穷大量，x^3 是比 $3x^2$ 高阶的无穷大量，而 x^2 是比 x^3 低阶的无穷大量.

定理 2（洛必达法则） 如果

(i) 函数 $f(x)$ 与 $g(x)$ 在 a 点附近（a 点可以除外）有定义，且
$$\lim_{x \to a} f(x) = \infty, \quad \lim_{x \to a} g(x) = \infty;$$

(ii) 当 $x \to a$ 时，$g'(x) \neq 0$，$\lim\limits_{x \to a} \dfrac{f'(x)}{g'(x)}$ 存在（或是无穷大量），

则
$$\lim_{x \to a} \frac{f(x)}{g(x)} = \lim_{x \to a} \frac{f'(x)}{g'(x)}.$$

推论 2 如果

(i) $f(x)$ 与 $g(x)$ 在 $(a, +\infty)$ 有定义，且 $\lim\limits_{x \to +\infty} f(x) = \infty$，$\lim\limits_{x \to +\infty} g(x) = \infty$；

(ii) 当 $x \to +\infty$ 时，$g'(x) \neq 0$，$\lim\limits_{x \to +\infty} \dfrac{f'(x)}{g'(x)}$ 存在（或是无穷大量），

则
$$\lim_{x \to +\infty} \frac{f(x)}{g(x)} = \lim_{x \to +\infty} \frac{f'(x)}{g'(x)}.$$

定理 2 与推论 2 的证明较繁，我们省略了．

例 4 求极限 $\lim\limits_{x \to +\infty} \dfrac{x^2}{e^x}$．

解 这是 $\dfrac{\infty}{\infty}$ 型未定式．用两次洛必达法则就可得到：
$$\lim_{x \to +\infty} \frac{x^2}{e^x} = \lim_{x \to +\infty} \frac{2x}{e^x} = \lim_{x \to +\infty} \frac{2}{e^x} = 0.$$

与例 4 类似，多次应用洛必达法则，可以得到结果：
$$\lim_{x \to +\infty} \frac{x^n}{e^x} = 0 \quad (n \text{ 为正整数}).$$

也就是说，当 $x \to +\infty$ 时，e^x 是比 x^n（n 是任何正整数）高阶的无穷大量．

例 5 求极限 $\lim\limits_{x \to +\infty} \dfrac{\ln x}{x}$．

解 此为 $\dfrac{\infty}{\infty}$ 型未定式，应用洛必达法则，有
$$\lim_{x \to +\infty} \frac{\ln x}{x} = \lim_{x \to +\infty} \frac{\dfrac{1}{x}}{1} = 0.$$

类似地,对任意正数 a,有
$$\lim_{x\to+\infty}\frac{\ln x}{x^a}=0.$$
也就是说,当 $x\to+\infty$ 时,x^a(a 是任意正数)是比 $\ln x$ 高阶的无穷大量.

例 6 求极限 $\lim\limits_{x\to 0+0} x\ln x$.

解 这是一个 $0\cdot\infty$ 型未定式,我们可把它化成 $\dfrac{\infty}{\infty}$ 型未定式:
$$\lim_{x\to 0+0} x\ln x = \lim_{x\to 0+0}\frac{\ln x}{\dfrac{1}{x}}.$$
然后应用洛必达法则求极限:
$$\lim_{x\to 0+0}\frac{\ln x}{\dfrac{1}{x}} = \lim_{x\to 0+0}\frac{\dfrac{1}{x}}{-\dfrac{1}{x^2}} = \lim_{x\to 0+0}(-x) = 0.$$

例 7 求极限 $\lim\limits_{x\to 1} x^{\frac{1}{1-x}}$.

解 当 $x\to 1$ 时 $x^{\frac{1}{1-x}}$ 为 1^∞ 型未定式,我们可以把它改写成
$$x^{\frac{1}{1-x}} = e^{\frac{\ln x}{1-x}}.$$
而 $\dfrac{\ln x}{1-x}$ 当 $x\to 1$ 时是 $\dfrac{0}{0}$ 型未定式,有
$$\lim_{x\to 1}\frac{\ln x}{1-x} = \lim_{x\to 1}\frac{(\ln x)'}{(1-x)'} = \lim_{x\to 1}\frac{\dfrac{1}{x}}{-1} = -1.$$
由此得到
$$\lim_{x\to 1} x^{\frac{1}{1-x}} = \lim_{x\to 1} e^{\frac{\ln x}{1-x}} = e^{\lim\limits_{x\to 1}\frac{\ln x}{1-x}} = e^{-1} = \frac{1}{e}.$$

最后强调指出,洛必达法则是用来确定 $\dfrac{0}{0}$ 型或 $\dfrac{\infty}{\infty}$ 型未定式的. 所以在每次使用洛必达法则时,首先应判明确实是 $\dfrac{0}{0}$ 或 $\dfrac{\infty}{\infty}$ 型未定式. 不然的话,就可能得到错误的结果:例如,若不作判断而随手写出

$$\lim_{x\to 0}\frac{x}{1+\sin x}=\lim_{x\to 0}\frac{(x)'}{(1+\sin x)'}=\lim_{x\to 0}\frac{1}{\cos x}=1,$$

便导致错误的结果. 事实上,上式中第一个等号是不成立的,因为它前面的极限式不是 $\frac{0}{0}$ 型或 $\frac{\infty}{\infty}$ 型. 正确的答案是

$$\lim_{x\to 0}\frac{x}{1+\sin x}=0.$$

还要注意,洛必达法则是由 $\lim\limits_{x\to a}\dfrac{f'(x)}{g'(x)}$ 存在,导出 $\lim\limits_{x\to a}\dfrac{f(x)}{g(x)}$ 的存在. 如果 $x\to a$ 时 $\dfrac{f'(x)}{g'(x)}$ 的极限不存在,并不能断定 $x\to a$ 时 $\dfrac{f(x)}{g(x)}$ 的极限也不存在. 例如,$\lim\limits_{x\to +\infty}\dfrac{x+\cos x}{x}$ 是 $\dfrac{\infty}{\infty}$ 型未定式. 比式

$$\frac{(x+\cos x)'}{(x)'}=\frac{1-\sin x}{1}=1-\sin x$$

当 $x\to +\infty$ 时极限不存在. 但原式极限存在:

$$\lim_{x\to +\infty}\frac{x+\cos x}{x}=\lim_{x\to +\infty}\left(1+\frac{\cos x}{x}\right)=1.$$

习 题 3.5

用洛必达法则求下列极限:

1. $\lim\limits_{x\to 1}\dfrac{x-1}{x^n-1}.$ 2. $\lim\limits_{x\to 0}\dfrac{2^x-1}{3^x-1}.$

3. $\lim\limits_{x\to 0}\dfrac{a^x-b^x}{x}\ (a,b>0).$ 4. $\lim\limits_{x\to \varphi}\dfrac{\sin x-\sin\varphi}{x-\varphi}.$

5. $\lim\limits_{x\to 1}\dfrac{\ln(x^2)}{x-1}.$ 6. $\lim\limits_{x\to \frac{\pi}{2}}\dfrac{\tan 3x}{\tan x}.$

7. $\lim\limits_{x\to \frac{\pi}{2}+0}\dfrac{\ln\left(x-\dfrac{\pi}{2}\right)}{\tan x}.$ 8. $\lim\limits_{x\to 0}\dfrac{\ln(\cos ax)}{\ln(\cos bx)}.$

9. $\lim\limits_{x\to 0+0} x^a\ln x\ (a>0).$ 10. $\lim\limits_{x\to 0+0}\dfrac{\cot x}{\ln x}.$

11. $\lim\limits_{x\to 0}\dfrac{e^{-\frac{1}{x^2}}}{x^{100}}.$ 12. $\lim\limits_{x\to 0+0} x^x.$

13. $\lim\limits_{x \to 0+0} x^{\sin x}$.

14. $\lim\limits_{x \to \frac{\pi}{2}} \dfrac{\ln \sin x}{(\pi - 2x)^2}$.

15. $\lim\limits_{x \to \frac{\pi}{2}-0} (\tan x)^{2x-\pi}$.

16. $\lim\limits_{x \to \infty} (a^{\frac{1}{x}} - 1)x \ (a > 0)$.

17. $\lim\limits_{x \to 0} \left(\dfrac{1}{x} - \dfrac{1}{e^x - 1} \right)$.

18. $\lim\limits_{x \to 0} \left(\dfrac{1}{x} - \cot x \right)$.

19. $\lim\limits_{y \to 0} \dfrac{e^y + \sin y - 1}{\ln(1+y)}$.

20. $\lim\limits_{\varphi \to \frac{\pi}{4}} \dfrac{\sec^2\varphi - 2\tan\varphi}{1 + \cos 4\varphi}$.

21. $\lim\limits_{y \to 0} \dfrac{y - \arcsin y}{\sin^3 y}$.

22. $\lim\limits_{\varphi \to 0} \left[\dfrac{2}{\sin^2\varphi} - \dfrac{1}{1 - \cos\varphi} \right]$.

23. $\lim\limits_{\theta \to \frac{\pi}{2}} (\sec 5\theta - \tan\theta)$.

24. $\lim\limits_{y \to 1} \left(\dfrac{y}{y-1} - \dfrac{1}{\ln y} \right)$.

能否用洛必达法则求下列极限？为什么？

25. $\lim\limits_{x \to \infty} \dfrac{x - \sin x}{x + \sin x}$.

26. $\lim\limits_{x \to 0} \dfrac{x^2 \sin \dfrac{1}{x}}{\sin x}$.

§6 泰 勒 公 式

在第二章§4我们曾经讲过,当函数$f(x)$在点x_0附近有定义且在x_0点可导时,在x_0点附近,函数$f(x)$可用一个线性函数$L(x) = f(x_0) + f'(x_0)(x - x_0)$来近似代替,且当$x \to x_0$时,$f(x)$与$L(x)$的差是比$(x-x_0)$更高阶的无穷小量,即有

$$f(x) = f(x_0) + f'(x_0)(x - x_0) + o(x - x_0), \quad x \to x_0. \tag{1}$$

这一结果启发我们思考这样的问题：在x_0附近,能否用一个更高次的多项式如n次多项式$P_n(x)$来近似代替$f(x)$,而使误差$[f(x) - P_n(x)]$变得更小？回答是肯定的,但条件要加强：要求$f(x)$在x_0点有n阶导数。严格地说,有下列定理.

定理 1(局部泰勒公式) 设函数$f(x)$在点x_0的某个邻域内有定义,且在点x_0处有n阶导数,$n \geqslant 1$,则对x_0附近的任意点x,

都有

$$f(x) = f(x_0) + f'(x_0)(x - x_0) + \frac{1}{2!}f''(x_0)(x - x_0)^2 + \cdots$$
$$+ \frac{1}{n!}f^{(n)}(x_0)(x - x_0)^n + o((x - x_0)^n), \quad x \to x_0.$$

(2)

***证　令**

$$T_n(x) = f(x_0) + f'(x_0)(x - x_0) + \frac{1}{2!}f''(x_0)(x - x_0)^2$$
$$+ \cdots + \frac{1}{n!}f^{(n)}(x_0)(x - x_0)^n. \tag{3}$$

不难看出有下列等式：

$$T_n(x_0) = f(x_0),\ T_n'(x_0) = f'(x_0),\ \cdots,\ T_n^{(n)}(x_0) = f^{(n)}(x_0).$$

根据 $o((x-x_0)^n)$ 的定义，只要证明

$$\lim_{x \to x_0} \frac{f(x) - T_n(x)}{(x - x_0)^n} = 0 \tag{4}$$

成立便证明了(2)式成立. 为此连续运用 $(n-1)$ 次洛必达法则，就得到

$$\lim_{x \to x_0} \frac{f(x) - T_n(x)}{(x - x_0)^n} = \lim_{x \to x_0} \frac{f'(x) - T_n'(x)}{n(x - x_0)^{n-1}} = \cdots$$
$$= \lim_{x \to x_0} \frac{f^{(n-1)}(x) - T_n^{(n-1)}(x)}{n!(x - x_0)}$$
$$= \lim_{x \to x_0} \frac{f^{(n-1)}(x) - f^{(n-1)}(x_0) - f^{(n)}(x_0)(x - x_0)}{n!(x - x_0)}$$
$$= \frac{1}{n!} \lim_{x \to x_0} \frac{f^{(n-1)}(x) - f^{(n-1)}(x_0)}{x - x_0} - \frac{1}{n!}f^{(n)}(x_0)$$
$$= \frac{1}{n!}f^{(n)}(x_0) - \frac{1}{n!}f^{(n)}(x_0) = 0. \quad \text{证毕.}$$

定理1说明：当 $f^{(n)}(x_0)$ 存在时，对 x_0 附近的 x，函数 $f(x)$ 与由(3)式确定的多项式 $T_n(x)$ 之差，是比 $(x-x_0)^n$ 更小的量，因而

可用 $T_n(x)$ 来近似代替 $f(x)$. 这里多项式 $T_n(x)$ 的系数是由函数 $f(x)$ 及其各阶导数在 x_0 处的值决定的. $T_n(x)$ 称为 $f(x)$ 在 x_0 处的**泰勒多项式**. 在等式(2)中,余项 $o((x-x_0)^n)$ 称为皮亚诺(Peano,1858~1932)型余项. 公式(2)称为 $f(x)$ 在 x_0 处的 n 阶局部泰勒公式,也称为**带有皮亚诺型余项的泰勒公式**. 有时简称为**泰勒公式**. 在公式(2)中令 $n=1$,即得以前证明过的公式(1). 因此泰勒公式(2)是公式(1)的推广.

当 $x_0=0$ 时,公式(2)变得更为简单,即有

$$f(x) = f(0) + f'(0)x + \frac{1}{2!}f''(0)x^2 + \cdots$$

$$+ \frac{1}{n!}f^{(n)}(0)x^n + o(x^n), \quad x \to 0. \tag{5}$$

上式称为 $f(x)$ 在 $x=0$ 处的**局部泰勒公式**.

例1 求 $y=e^x$ 在 $x=0$ 处的局部泰勒公式.

解 $(e^x)^{(k)}=e^x, k=1,2,\cdots,n$. 故 e^x 与它的各阶导数在 $x=0$ 处的值都为1,所以

$$e^x = 1 + x + \frac{1}{2!}x^2 + \cdots + \frac{1}{n!}x^n + o(x^n), \quad x \to 0.$$

例2 求 $f(x)=\sin x$ 在 $x=0$ 处的局部泰勒公式.

解 在第二章中已导出

$$\sin^{(n)}x = \sin\left(x + \frac{n\pi}{2}\right), \quad n=1,2,\cdots,$$

所以

$$(\sin x)^{(2k)}\Big|_{x=0} = \sin k\pi = 0, \quad k=1,2,\cdots,$$

$$(\sin x)^{(2k+1)}\Big|_{x=0} = \sin\left(k\pi + \frac{\pi}{2}\right) = (-1)^k, \quad k=0,1,2,\cdots.$$

因而,$\sin x$ 在 $x=0$ 处的泰勒多项式的偶次方幂的系数均为零,而奇次方幂的系数正负相间,于是有

$$\sin x = x - \frac{x^3}{3!} + \frac{1}{5!}x^5 + \cdots + \frac{(-1)^k}{(2k+1)!}x^{2k+1}$$

$$+ o(x^{2k+2}), \quad x \to 0.$$

上式可看成是 $n=2(k+1)$ 时的泰勒公式. 故余项为 $o(x^{2k+2})$.

类似地,可求出 $\cos x$ 在 $x=0$ 处的局部泰勒公式为

$$\cos x = 1 - \frac{x^2}{2!} + \frac{x^4}{4!} + \cdots + \frac{(-1)^k}{(2k)!}x^{2k} + o(x^{2k+1}), \quad x \to 0.$$

我们还可求出 $(1+x)^\alpha$ 及 $\ln(1+x)$ 在 $x=0$ 处的局部泰勒公式:

$$(1+x)^\alpha = 1 + \alpha x + \frac{\alpha(\alpha-1)}{2!}x^2 + \cdots$$
$$+ \frac{\alpha(\alpha-1)\cdots(\alpha-n+1)}{n!}x^n + o(x^n), \, x \to 0.$$

这个公式形式上很像二项展开式,但这里 α 不一定是正整数,而可以是任意实数.

$$\ln(1+x) = x - \frac{x^2}{2} + \frac{x^3}{3} - \cdots + (-1)^{n-1}\frac{x^n}{n}$$
$$+ o(x^n), \quad x \to 0.$$

记住以上几个初等函数的局部泰勒公式,将给计算带来方便.

例3 求 $\lim\limits_{x \to 0} \frac{\ln(1+x) - \sin x}{x^2}$.

解 这是 $\frac{0}{0}$ 型未定式. 若用洛必达法则,需连续用两次,且计算较麻烦. 现在我们用局部泰勒公式. 由于分母是 x 的二次多项式,所以把分子上两个函数也都展开到二次,即记 $\sin x = x + o(x^2)$, $\ln(1+x) = x - \frac{x^2}{2} + o(x^2)$. 于是

$$\ln(1+x) - \sin x = -\frac{x^2}{2} + o(x^2),$$

$$\lim_{x \to 0} \frac{\ln(1+x) - \sin x}{x^2} = \lim_{x \to 0} \frac{-\frac{x^2}{2} + o(x^2)}{x^2} = -\frac{1}{2}.$$

带皮亚诺型余项的泰勒公式有很多应用,但也有局限性:公式(2)中的 x 只限于在 x_0 附近取值,且其中的余项只知道是比

$(x-x_0)^n$ 更高阶的无穷小量(当 $x \to x_0$ 时),但并不能具体地估计出它的数值有多大. 有时需要考虑这样的问题: 当 x 在包含 x_0 的一个区间内取值时(x 未必与 x_0 很靠近),用 $f(x)$ 在 x_0 处的泰勒多项式 $T_n(x)$ 代替 $f(x)$ 时,产生的误差如何估计? 这就需要考虑带有其他形式余项的泰勒公式. 下面的定理可以作出回答.

定理 2 设函数 $f(x)$ 在包含点 x_0 的一个区间 (a,b) 内有 $(n+1)$ 阶导数,则对 (a,b) 内任意一点 x,有

$$f(x) = f(x_0) + f'(x_0)(x-x_0) + \frac{1}{2!}f''(x_0)(x-x_0)^2$$
$$+ \cdots + \frac{1}{n!}f^{(n)}(x_0)(x-x_0)^n + R_n(x), \tag{6}$$

其中余项

$$R_n(x) = \frac{1}{(n+1)!}f^{(n+1)}(\xi)(x-x_0)^{n+1}, \tag{7}$$

ξ 是介于 x 与 x_0 之间的某一点.

定理 2 的证明略去.

在(6)式中令 $n=0$,便得

$$f(x) = f(x_0) + f'(\xi)(x-x_0).$$

这就是拉格朗日中值公式. 所以(6)式是拉格朗日中值公式的推广. 余项(7)称为**拉格朗日型余项**,公式(6)称为 $f(x)$ 在 x_0 处的带拉格朗日型余项的 n 阶泰勒公式或简称**泰勒公式**.

定理 2 在函数值的计算方面有重要意义. 有了拉格朗日型的余项,就可对泰勒公式的误差进行估计. 特别如果 $f(x)$ 的 $(n+1)$ 阶导数在 (a,b) 内有界,即存在常数 $M(>0)$,使

$$|f^{(n+1)}(x)| \leqslant M, \quad x \in (a,b),$$

则对任意取定的一点 $x \in (a,b)$,泰勒公式的误差

$$R_n(x) = f(x) - T_n(x)$$

有下列估计式:

$$|R_n(x)| \leqslant \frac{M}{(n+1)!}|x-x_0|^{n+1}.$$

例4 设 $-\dfrac{\pi}{4}<x<\dfrac{\pi}{4}$,利用带拉格朗日型余项的泰勒公式计算 $\sin x$ 时,为使公式误差小于 5×10^{-7},应在泰勒公式中取多少项?

解 $\sin x$ 的带拉格朗日型的泰勒公式为

$$\sin x = x - \frac{x^3}{3!} + \cdots + (-1)^{n-1}\frac{x^{2n-1}}{(2n-1)!}$$
$$+ (-1)^n \frac{\cos\xi}{(2n+1)!}x^{2n+1},$$

其中 ξ 在 0 与 x 之间取值,可直接估计其误差 $|R_n|$ 满足:

$$|R_n(x)| \leqslant \frac{1}{(2n+1)!}|x|^{2n+1} \leqslant \frac{\left(\dfrac{\pi}{4}\right)^{2n+1}}{(2n+1)!} \leqslant \frac{1}{(2n+1)!}.$$

为使误差小于 5×10^{-7},只要使 $\dfrac{1}{(2n+1)!}\leqslant 5\times 10^{-7}$. 经计算知 $\dfrac{1}{11!}<3\times 10^{-8}<5\times 10^{-7}$,故取 $n=5$,即取到 x^5 项就可满足要求.

习 题 3.6

1. 求下列函数在指定点 x_0 处的 n 阶局部泰勒公式:

(1) $f(x)=\ln x$, $x_0=1$;

(2) $f(x)=\dfrac{x}{x-1}$, $x_0=2$.

2. 求下列函数在 $x_0=0$ 处的 $(2n)$ 阶局部泰勒公式:

(1) $f(x)=x^2 e^x$;

(2) $f(x)=\dfrac{1}{2}(e^x+e^{-x})$.

3. 求下列函数在 $x_0=0$ 处的指定阶数的局部泰勒公式:

(1) $f(x)=\sin^2 x$, 6 阶;

(2) $f(x)=e^{x^2}$, 8 阶.

4. 求下列函数在 $x_0=0$ 处的指定阶数的带拉格朗日型余项

的泰勒公式：

(1) $f(x)=\tan x$,   2 阶；

(2) $f(x)=\arcsin x$,   3 阶.

5. 利用局部泰勒公式求下列极限：

(1) $\lim\limits_{x\to 0}\dfrac{x-\sin x}{x^2\sin 2x}$;   (2) $\lim\limits_{x\to 0}\left(\dfrac{1}{x}-\dfrac{1}{e^x-1}\right)$.

6. 设 $f(x)=x^6-6x^5+9x^4+27x+1$，求 $f(x)$ 在 $x_0=3$ 处的泰勒公式的前三项，并由此求 $f(2.98)$ 与 $f(3.01)$ 的近似值.

7. 利用泰勒公式计算 $\sin x$ 的近似值时，为使公式误差小于 0.001，在下列两种情况下，$|x|$ 的值应分别小于多少？

(1) 用 1 阶泰勒公式，即利用近似式 $\sin x\approx x$；

(2) 用 3 阶泰勒公式，即利用近似式 $\sin x\approx x-\dfrac{x^3}{6}$.

§7 牛顿近似求根法

在很多问题中需要求函数方程 $f(x)=0$ 的根. 但是，即使对于较简单的函数例如多项式函数，当其次数等于或大于 5 时，人们就无法用它的系数的有限根式把其根表示出来. 对于一般的函数，就更没有求出其精确根的一般方法了. 于是人们就试着设法求其近似根. 牛顿方法就是求近似根的一种方法. 其基本想法是：在函数 $f(x)$ 的零点附近，逐次用切线去代替曲线 $y=f(x)$，在顺利的情况下，就可构造出一串逐步逼近于 $f(x)=0$ 的根的序列 $x_0, x_1, x_2, \cdots$.

序列的第一项 x_0 的选择，可以根据 $f(x)$ 的图形或只是简单的猜测. x_0 选定后，过点 $(x_0, f(x_0))$ 作曲线 $y=f(x)$ 的切线，记该切线与 x 轴的交点的横坐标为 x_1（见图 3.29）. 一般说来，x_1 比 x_0 更接近于 $f(x)$ 的根. 记过点 $(x_1, f(x_1))$ 的切线与 x 轴的交点之横坐标为 $x_2, \cdots$，依此类推，即可得一序列

$$x_0, x_1, x_2, \cdots, x_n, \cdots,$$

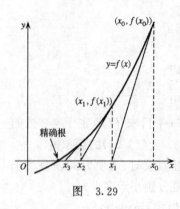

图 3.29

这样得到的序列称为**牛顿序列**. 可以证明: 在一定条件下, 当 $n \to \infty$ 时, 牛顿序列以 $f(x)=0$ 的根为极限. 因此, 当 $f(x)$ 与 x_0 满足一定条件时, 就可将牛顿序列中的项作为 $f(x)=0$ 的近似根. 一般说来, n 越大, x_n 就越接近于 $f(x)=0$ 的精确根.

下面来推导牛顿序列中一般项的一个递推公式. 曲线 $y=f(x)$ 上过点 $(x_n,f(x_n))$ 的切线方程为

$$y - f(x_n) = f'(x_n)(x - x_n),$$

该切线与 x 轴的交点的横坐标(即上式中 $y=0$ 对应的 x 值)为

$$x = x_n - \frac{f(x_n)}{f'(x_n)}, \quad f'(x_n) \neq 0.$$

由牛顿序列的定义, 即得递推公式

$$x_{n+1} = x_n - \frac{f(x_n)}{f'(x_n)}, \tag{1}$$

$$f'(x_n) \neq 0, \quad n = 0, 1, 2, \cdots.$$

根据递推公式(1), 选定了 x_0, 就可求出牛顿序列中各项的值(只要满足条件 $f'(x_n) \neq 0$, $n=0,1,2,\cdots$), 也即可求出 $f(x)=0$ 的一系列近似值.

例1 求曲线 $y=x^3-x$ 与直线 $y=1$ 的交点的横坐标的近似值(精确到小数点后 4 位).

解 所求问题等价于求函数 $f(x)=x^3-x-1$ 的近似根. 从图 3.30 看出, 该函数在区间 $[1,2]$ 内有惟一根. 故可选 $x_0=2$. 由递推公式(1), 可逐项算出

$$x_1 = 1.545454, \quad x_2 \approx 1.359610, \quad x_3 \approx 1.325801,$$
$$x_4 \approx 1.324719, \quad x_5 \approx 1.324718,$$

x_5 与 x_4 已有 4 位小数相等,故 1.3247 可作为所求之近似值(参见放大了的图形 3.31).

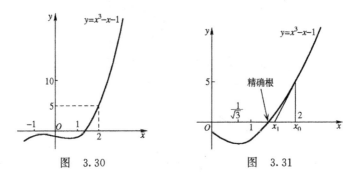

图 3.30   图 3.31

牛顿方法是一种常用的近似求根法. 但这种方法有时可能失效. 首先,从递推公式(1)可看出,只有当序列中所有的项 x_n 都满足 $f'(x_n) \neq 0$ 时,才能逐项求出序列中的一切项,否则,到某一步将无法进行下去. 如在例 1 中,若选 $x_0 = \dfrac{1}{\sqrt{3}}$,则由于 $f'\left(\dfrac{1}{\sqrt{3}}\right) = 0$,就无法求出 x_1 了(直观上看,过点 $\left(\dfrac{1}{\sqrt{3}}, f\left(\dfrac{1}{\sqrt{3}}\right)\right)$ 的切线与 x 轴无交点,见图 3.31). 其次,即使牛顿序列中的一切项都能逐步求出,但这个序列可能不收敛(即 $n \to \infty$ 时 x_n 无极限),这样也就不能用牛顿序列中的项作为近似根了. 例如,考虑函数

$$f(x) = \begin{cases} \sqrt{x-1}, & x \geqslant 1, \\ -\sqrt{1-x}, & x < 1 \end{cases}$$

(见图 3.32). 这时

$$f'(x) = \begin{cases} \dfrac{1}{2\sqrt{x-1}}, & x > 1, \\ \dfrac{1}{2\sqrt{1-x}}, & x < 1. \end{cases}$$

若选 $x_0 = \dfrac{1}{3}$,则 $f\left(\dfrac{1}{3}\right) = -\sqrt{\dfrac{2}{3}}$,$f'\left(\dfrac{1}{3}\right) = \dfrac{1}{2\sqrt{\dfrac{2}{3}}}$,由公式(1)可

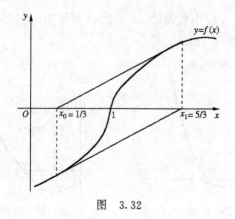

图 3.32

算出

$$x_1 = \frac{1}{3} - \left(-\sqrt{\frac{2}{3}}\right)\left(2\sqrt{\frac{2}{3}}\right) = \frac{5}{3},$$

$$x_2 = \frac{5}{3} - \frac{f\left(\frac{5}{3}\right)}{f'\left(\frac{5}{3}\right)} = \frac{5}{3} - \frac{4}{3} = \frac{1}{3} = x_0,$$

这样,序列 $x_0, x_1, x_2, \cdots$ 依次轮流地取 $\frac{1}{3}$ 与 $\frac{5}{3}$ 这两个值,不可能收敛到 $f(x)$ 的根 $x=1$(见图 3.32). 在什么条件下,牛顿序列收敛呢? 下面是一个充分条件.

命题 设函数 $f(x)$ 有一个根为 c,若在一个包含 c 的区间 (a,b) 上 $f(x)$ 二阶可导,且对 (a,b) 内的一切点,都有

$$\left|\frac{f(x) \cdot f''(x)}{f'^{2}(x)}\right| < 1,$$

则取 (a,b) 内任意一点为 x_0,所得的牛顿序列都收敛到 c.

命题的证明略去.

还须注意的是,当函数 $f(x)$ 的根不止一个时,即使牛顿序列收敛于 $f(x)$ 的根,但有时当起始值 x_0 选得不足够接近于我们要求的 $f(x)$ 的根 c_1 时,牛顿序列可能会收敛到 $f(x)$ 的另一个根 c_2

(见图 3.33).

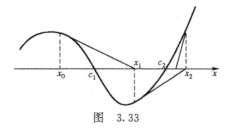

图 3.33

那么,函数 $f(x)$ 满足什么条件?以及如何选初始值 x_0?才能保证牛顿序列收敛到我们欲求的 $f(x)$ 的根呢?下面给出一个充分条件而略去其证明.

定理 设函数 $f(x)$ 在区间 $[a,b]$ 上二阶可导,$f'(x)$ 与 $f''(x)$ 在 $[a,b]$ 上不变号且 $f(a) \cdot f(b) < 0$. 当 $f'(x)$ 与 $f''(x)$ 同号时,选 $x_0 = b$;当 $f'(x)$ 与 $f''(x)$ 异号时,选 $x_0 = a$,则牛顿序列收敛于 $f(x)$ 在 $[a,b]$ 内的根.

对定理的解释. 在定理所述条件下,$f(x)$ 在 $[a,b]$ 上连续. $f(a) \cdot f(b) < 0$ 即 $f(a)$ 与 $f(b)$ 异号,故根据连续函数的介值定理,$f(x)$ 在 $[a,b]$ 上必有根. 又知 $f'(x)$ 在 $[a,b]$ 上不变号,即 $f(x)$ 在 $[a,b]$ 上单调,故 $f(x)$ 在 $[a,b]$ 上只有惟一根. $f''(x)$ 在 $[a,b]$ 上不变号说明曲线 $y = f(x)$ 在 $[a,b]$ 上或者是凸弧段或者是凹弧段. $f'(x)$ 与 $f''(x)$ 同号时,曲线 $y = f(x)$ 的图形可参考图 3.34 与 3.35,$f'(x)$ 与 $f''(x)$ 异号时的图形,可参考图 3.36 与 3.37. 从图可理解定理的结论.

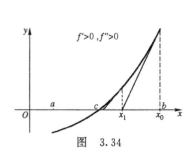

图 3.34

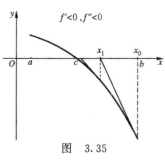

图 3.35

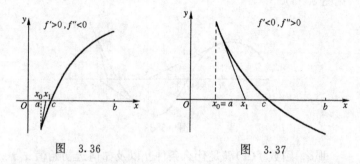

图 3.36　　　　　　　　　图 3.37

在具体求近似根时,若存在一个包含 $f(x)=0$ 的根且满足定理条件的区间 $[a,b]$,就可根据此定理来取 x_0.

顺便指出,定理中所述的根据 $f'(x)f''(x)$ 的符号来决定 x_0 取左端点 a 还是取右端点 b 的方法,只是保证牛顿序列收敛到 $[a,b]$ 中的惟一根 c 的充分条件. 在有些问题中,当 $f'(x)f''(x)>0$ (<0)时取 $x_0=a(x_0=b)$,所得牛顿序列仍可收敛到欲求之根 c.

习 题 3.7

1. 函数 $f(x)=x^4+x-3$ 有几个实根? 对每一个根,写出牛顿序列中的前四项: x_0, x_1, x_2, x_3.

2. 求 $\cos x=2x$ 的根的近似值(精确到小数点后三位).

第四章 不定积分

前面几章所讲的导数、微分、中值定理及其应用等,都属于一元函数微分学的范围.从本章开始,我们讲积分学.积分学有两个基本问题.第一个基本问题是,对于给定的函数 $f(x)$,求一个可微函数 $F(x)$,使得 $F(x)$ 的导函数恰好是 $f(x)$.显然,这种运算是微分运算的逆运算.第二个基本问题是求某一类"和的极限".例如,任意平面图形的面积,变速运动的路程和变力所作的功等等,都可以归结为求这类"和的极限".前一个问题称为求不定积分,后一个问题称为求定积分.本章讲不定积分,下一章讲定积分.

§1 原函数与不定积分的概念

微分学考虑的问题之一是要研究函数值对自变量的变化率问题.例如,已知一质点沿直线运动的规律是 $S=S(t)$,则利用微分学可求得质点运动的速度 $v(t)=S'(t)$.但有时,我们也会遇到与此相反的问题,即已知质点运动的速度为 $v=v(t)$,要求运动规律.从数学的观点来看,这种问题就是,已知一个函数的微商或微分,求原来的函数.这正是微分法的反问题.

定义 1 设函数 $F(x)$ 与 $f(x)$ 都在区间 X 上确定.如果在 X 的每一点 x 处都有
$$F'(x) = f(x) \quad \text{或} \quad dF(x) = f(x)dx,$$
则称 $F(x)$ 为 $f(x)$ 在区间 X 上的一个原函数.

例如,$\frac{1}{3}x^3$ 是 x^2 在区间 $(-\infty, +\infty)$ 上的一个原函数,因为在这个区间的任何一点 x 处都有 $\left(\frac{1}{3}x^3\right)' = x^2$. 显然, $\frac{1}{3}x^3 + 2$,

$\frac{1}{3}x^3+\sqrt{5}$ 等等,也都是 x^2 在区间 $(-\infty,+\infty)$ 上的原函数.

从上面看出,如果 $F(x)$ 是 $f(x)$ 的一个原函数,则任何与 $F(x)$ 相差一个常数的函数 $F(x)+C$ 也都是 $f(x)$ 的原函数. 现在的问题是,形如 $F(x)+C$(其中 C 为任意实数)的全体函数是否包含了 $f(x)$ 的一切原函数呢?下面的定理回答了这个问题.

定理 如果 $f(x)$ 在区间 X 上有一个原函数 $F(x)$,则对于任意的常数 C,函数

$$F(x)+C \tag{1}$$

也是 $f(x)$ 在区间 X 上的原函数,而且 $f(x)$ 的任何原函数都可以表成(1)的形式.

证 定理的第一个结论是显然的,所以只需证明第二个结论. 设 $G(x)$ 是 $f(x)$ 在区间 X 上的任一原函数,则有

$$G'(x)=f(x)=F'(x).$$

由第三章§1定理3的推论,可知在区间 X 上 $G(x)=F(x)+C_0$,这里 C_0 为某一常数. 证毕.

定理说明,同一个函数的任何两个原函数之差是一个常数.

定义 2 函数 $f(x)$ 在区间 X 上的原函数的全体称为 $f(x)$ 在区间 X 上的**不定积分**,记作

$$\int f(x)\mathrm{d}x,$$

其中 $f(x)$ 称为**被积函数**,$f(x)\mathrm{d}x$ 称为**被积表达式**,x 称为**积分变量**.

由上面的定理可知,如果 $F(x)$ 是 $f(x)$ 在区间 X 上的一个原函数,则在区间 X 上有

$$\int f(x)\mathrm{d}x=F(x)+C,$$

其中 C 是任意常数. 求原函数或不定积分的运算称为**积分法**.

由不定积分的定义立即得到以下的关系式:

$$\left(\int f(x)\mathrm{d}x\right)' = f(x) \quad \text{或} \quad \mathrm{d}\int f(x)\mathrm{d}x = f(x)\mathrm{d}x,$$

及

$$\int F'(x)\mathrm{d}x = F(x) + C \quad \text{或} \quad \int \mathrm{d}F(x) = F(x) + C.$$

以上关系式表明了积分法与微分法的互逆关系.

例1 $\int \cos x \mathrm{d}x = \sin x + C \quad (-\infty < x < +\infty)$.

例2 $\int \dfrac{1}{x} \mathrm{d}x = \ln|x| + C \quad (-\infty < x < +\infty, x \neq 0)$.

为了简便起见,今后我们往往不注明积分区间.这时我们把相应的区间理解为使等式成立的最大区间.

不定积分的几何意义. $f(x)$ 的一个原函数 $F(x)$ 的图形称为 $f(x)$ 的一条积分曲线.由原函数的定义可知,在每一条积分曲线上,横坐标为 x 的点处的切线斜率都为 $f(x)$.由此可见,$f(x)$ 的任意两条不同的积分曲线在横坐标相同点处的切线一定彼此平行.由前面的定理还可以知道,把 $f(x)$ 的一条积分曲线沿 y 轴的方向平行移动一段距离,就可以得到 $f(x)$ 的另一条积分曲线,并且 $f(x)$ 的一切积分曲线都可由此法得到.因此不定积分 $\int f(x)\mathrm{d}x$ 在几何上表示包含上述全部积分曲线的曲线族(见图 4.1).

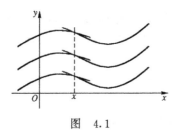

图 4.1

在某些实际问题中,我们要求的是满足特定条件的一个特殊的原函数.例如,已知一质点沿直线运动的速度是 $v = at + v_0$,当 $t = 0$ 时,路程 $S = S_0$,求该质点的运动规律.我们知道

$$\left(\frac{1}{2}at^2 + v_0t\right)' = at + v_0.$$

故由上述定理可知，这个质点的运动规律应该是

$$S = \frac{1}{2}at^2 + v_0t + C,$$

其中 C 是某一个常数. 由已知条件，

$$\left[\frac{1}{2}at^2 + v_0t + C\right]_{t=0} = S_0,$$

于是 $C=S_0$. 因此, 质点的运动规律是

$$S = \frac{1}{2}at^2 + v_0t + S_0.$$

习 题 4.1

求下列不定积分：

1. $\int 12\sqrt[3]{x}\,\mathrm{d}x.$
2. $\int \frac{1}{\sqrt{x}}\mathrm{d}x \quad (x>0).$
3. $\int \frac{1}{x^3}\mathrm{d}x.$
4. $\int 2xe^{x^2}\mathrm{d}x.$

§2 基本积分表·不定积分的简单性质

由于积分法是微分法的逆运算，所以每有一个导数公式，相应地就可以得到一个不定积分公式. 因此由第二章 §3 的导数公式表可得到下面的积分公式表.

$$\int 0\,\mathrm{d}x = C, \qquad \int \frac{1}{x}\mathrm{d}x = \ln|x| + C,$$

$$\int x^\mu \mathrm{d}x = \frac{1}{\mu+1}x^{\mu+1} + C \ (\mu \neq -1),$$

$$\int \sin x\,\mathrm{d}x = -\cos x + C, \qquad \int \cos x\,\mathrm{d}x = \sin x + C,$$

$$\int \frac{1}{\sin^2 x}\mathrm{d}x = -\cot x + C, \qquad \int \frac{1}{\cos^2 x}\mathrm{d}x = \tan x + C,$$

$$\int e^x dx = e^x + C,$$

$$\int a^x dx = \frac{1}{\ln a} a^x + C \ (a>0, a\neq 1),$$

$$\int \frac{1}{1+x^2} dx = \arctan x + C = -\operatorname{arccot} x + C_1,$$

$$\int \frac{1}{\sqrt{1-x^2}} dx = \arcsin x + C = -\arccos x + C_1.$$

为了熟练地进行积分运算,上述积分公式表读者应当记牢、用熟.

由于积分表中每个被积函数只包含一项,所以单有积分表还不够用.为了处理更复杂一些的积分,我们首先需要给出不定积分的两个简单性质:

(i) $\int af(x)dx = a\int f(x)dx$ (a 为不等于 0 的常数);

(ii) $\int [f(x) \pm g(x)]dx = \int f(x)dx \pm \int g(x)dx.$

要证明这两个性质,只需证明等式两边的微商或微分相等.但这是显然的.

利用这两个简单性质和上面的积分公式表,我们就可以求一些简单函数的不定积分.

例1 $\int (6x^2 - 3x + 5)dx = 6\int x^2 dx - 3\int x dx + 5\int dx$
$$= 2x^3 - \frac{3}{2}x^2 + 5x + C.$$

例2 $\int \frac{x+1}{\sqrt{x}}dx = \int x^{\frac{1}{2}}dx + \int x^{-\frac{1}{2}}dx = \frac{2}{3}x^{\frac{3}{2}} + 2x^{\frac{1}{2}} + C.$

例3 $\int \left(\frac{1}{x} - 2^x + 3\sin x\right)dx = \int \frac{1}{x}dx - \int 2^x dx + 3\int \sin x dx$
$$= \ln|x| - \frac{1}{\ln 2}2^x - 3\cos x + C.$$

例4 $\int \frac{x^2}{1+x^2}dx = \int \frac{x^2+1-1}{1+x^2}dx = \int 1 dx - \int \frac{1}{1+x^2}dx$
$$= x - \arctan x + C.$$

例5 $\int \dfrac{1}{\sin^2 x \cos^2 x} dx = \int \dfrac{\sin^2 x + \cos^2 x}{\sin^2 x \cos^2 x} dx$
$= \int \dfrac{1}{\cos^2 x} dx + \int \dfrac{1}{\sin^2 x} dx = \tan x - \cot x + C.$

习 题 4.2

求下列不定积分：

1. $\int (2x^2 - 3x + 3) dx.$
2. $\int \left(\dfrac{a}{\sqrt{x}} - \dfrac{b}{x^2} + 3c \sqrt[3]{x^2} \right) dx.$
3. $\int (\sqrt{x} + \sqrt[3]{x}) dx.$
4. $\int (1 + \sqrt{x})^2 dx.$
5. $\int \left(8t - \dfrac{2}{t^{\frac{1}{4}}} \right) dt.$
6. $\int 7 \sec^2 \theta d\theta.$
7. $\int \tan^2 \varphi d\varphi.$
8. $\int \cot^2 \varphi d\varphi.$
9. $\int 2x(1 - x^{-3}) dx.$
10. $\int \dfrac{x^2 + 3}{1 + x^2} dx.$
11. $\int \left(\dfrac{3}{\sqrt{x}} + \dfrac{4}{\sqrt{1 - x^2}} \right) dx.$
12. $\int (1 + \cos^3 \theta) \sec^2 \theta d\theta.$

§3 换元积分法

利用上面讲的积分表与不定积分的两个性质，我们所能求的不定积分终究还是很有限的。实际上，我们只能求出积分表中的被积函数及其线性组合的不定积分，而对于像

$$\int \sin^2 x dx, \quad \int \sqrt{a^2 - x^2} dx$$

等不定积分就不能求出。所以有必要进一步来研究积分法。本节和下一节讲积分的两个基本法则，即换元积分法与分部积分法。有了这两个法则，我们能够计算的不定积分就比较多了。

定理1（第一换元积分法） 设函数 $\varphi(x)$ 在所考虑的区间内可微，又设

$$\int f(u)\mathrm{d}u = F(u) + C,$$

则有

$$\int f[\varphi(x)]\varphi'(x)\mathrm{d}x = F[\varphi(x)] + C. \qquad (1)$$

证 利用复合函数的微分法,将(1)式右边对 x 求微商,得到

$$\frac{\mathrm{d}}{\mathrm{d}x}F[\varphi(x)] \xrightarrow{\varphi(x)=u} F'(u)\varphi'(x) = f(u)\varphi'(x)$$

$$\xrightarrow{u=\varphi(x)} f[\varphi(x)]\varphi'(x).$$

这表明 $F[\varphi(x)]$ 是 $f[\varphi(x)]\varphi'(x)$ 的一个原函数,(1)式得证.
为便于应用,我们可以把这个法则写成下面的格式

$$\int f[\varphi(x)]\varphi'(x)\mathrm{d}x = \int f[\varphi(x)]\mathrm{d}\varphi(x) \xrightarrow{\varphi(x)=u} \int f(u)\mathrm{d}u$$

$$= F(u) + C \xrightarrow{u=\varphi(x)} F[\varphi(x)] + C.$$

上式说明:若被积函数可表成两个因子的乘积,其中一个因子可看做中间变量 u 的某个函数 $f(u)$,且 $f(u)$ 的原函数是已知的,另一个因子恰好是中间变量 u 关于 x 的导函数,则便可利用公式(1)求得不定积分.

例1 求 $\int (2x+5)^{\frac{3}{2}}\mathrm{d}x$.

解 $\int (2x+5)^{\frac{3}{2}}\mathrm{d}x = \frac{1}{2}\int (2x+5)^{\frac{3}{2}}(2x+5)'\mathrm{d}x$

$$= \frac{1}{2}\int (2x+5)^{\frac{3}{2}}\mathrm{d}(2x+5)$$

$$\xrightarrow{u=2x+5} \frac{1}{2}\int u^{\frac{3}{2}}\mathrm{d}u = \frac{1}{5}u^{\frac{5}{2}} + C = \frac{1}{5}(2x+5)^{\frac{5}{2}} + C.$$

例2 $\int \frac{\mathrm{d}x}{a^2+x^2} = \frac{1}{a}\int \frac{\mathrm{d}\left(\frac{x}{a}\right)}{1+\left(\frac{x}{a}\right)^2} = \frac{1}{a}\int \frac{\mathrm{d}u}{1+u^2}$

$$= \frac{1}{a}\arctan u + C = \frac{1}{a}\arctan \frac{x}{a} + C \ (a>0).$$

在用熟这一换元法则之后,有时中间变量可以省略,而直接写出积分结果.

例 3 $\int \dfrac{\mathrm{d}x}{\sqrt{a^2-x^2}} = \int \dfrac{\mathrm{d}\left(\dfrac{x}{a}\right)}{\sqrt{1-\left(\dfrac{x}{a}\right)^2}} = \arcsin \dfrac{x}{a} + C \quad (a>0).$

例 4 $\int \sin^2 x \cos x \mathrm{d}x = \int \sin^2 x \mathrm{d}(\sin x) = \dfrac{1}{3}\sin^3 x + C.$

例 5 $\int \tan x \mathrm{d}x = \int \dfrac{\sin x}{\cos x} \mathrm{d}x = -\int \dfrac{\mathrm{d}(\cos x)}{\cos x} = -\ln|\cos x| + C.$

例 6 $\int \sin x \sin 3x \mathrm{d}x = \dfrac{1}{2}\int [\cos 2x - \cos 4x]\mathrm{d}x$

$\qquad\qquad\qquad\quad = \dfrac{1}{2}\int \cos 2x \mathrm{d}x - \dfrac{1}{2}\int \cos 4x \mathrm{d}x$

$\qquad\qquad\qquad\quad = \dfrac{1}{4}\int \cos 2x \mathrm{d}(2x) - \dfrac{1}{8}\int \cos 4x \mathrm{d}(4x)$

$\qquad\qquad\qquad\quad = \dfrac{1}{4}\sin 2x - \dfrac{1}{8}\sin 4x + C.$

例 7 $\int \sin^2 x \mathrm{d}x = \int \dfrac{1-\cos 2x}{2}\mathrm{d}x = \dfrac{1}{2}\int \mathrm{d}x - \dfrac{1}{2}\int \cos 2x \mathrm{d}x$

$\qquad\qquad\quad = \dfrac{x}{2} - \dfrac{1}{4}\sin 2x + C.$

例 8 $\int \dfrac{\mathrm{d}\theta}{\sin\theta} = \int \dfrac{\mathrm{d}\theta}{2\sin\dfrac{\theta}{2}\cos\dfrac{\theta}{2}} = \int \dfrac{1}{\tan\dfrac{\theta}{2}} \cdot \dfrac{\mathrm{d}\dfrac{\theta}{2}}{\cos^2\dfrac{\theta}{2}}$

$\qquad\quad = \int \dfrac{1}{\tan\dfrac{\theta}{2}} \cdot \mathrm{d}\left(\tan\dfrac{\theta}{2}\right) = \ln\left|\tan\dfrac{\theta}{2}\right| + C.$

因 $\qquad \tan\dfrac{\theta}{2} = \dfrac{2\sin^2\dfrac{\theta}{2}}{2\cos\dfrac{\theta}{2}\sin\dfrac{\theta}{2}} = \dfrac{1-\cos\theta}{\sin\theta} = \csc\theta - \cot\theta,$

所以也可写成

$$\int \dfrac{\mathrm{d}\theta}{\sin\theta} = \ln|\csc\theta - \cot\theta| + C.$$

例9 $\int \dfrac{\mathrm{d}t}{\cos t} = \int \dfrac{\mathrm{d}t}{\sin\left(\dfrac{\pi}{2}+t\right)} = \int \dfrac{\mathrm{d}\left(\dfrac{\pi}{2}+t\right)}{\sin\left(\dfrac{\pi}{2}+t\right)}$

$= \ln\left|\csc\left(\dfrac{\pi}{2}+t\right) - \cot\left(\dfrac{\pi}{2}+t\right)\right| + C$

$= \ln|\sec t + \tan t| + C.$

例10 求不定积分 $\int \dfrac{\mathrm{d}x}{x^2-a^2}$.

解 被积函数可以表为两个一次分式之和：

$$\dfrac{1}{x^2-a^2} = \dfrac{1}{(x-a)(x+a)} = \dfrac{\dfrac{1}{2a}[(x+a)-(x-a)]}{(x-a)(x+a)}$$

$$= \dfrac{1}{2a}\left[\dfrac{1}{x-a} - \dfrac{1}{x+a}\right].$$

于是

$$\int \dfrac{\mathrm{d}x}{x^2-a^2} = \dfrac{1}{2a}\int\left(\dfrac{1}{x-a} - \dfrac{1}{x+a}\right)\mathrm{d}x = \dfrac{1}{2a}\int\dfrac{\mathrm{d}x}{x-a} - \dfrac{1}{2a}\int\dfrac{\mathrm{d}x}{x+a}$$

$$= \dfrac{1}{2a}\int\dfrac{\mathrm{d}(x-a)}{x-a} - \dfrac{1}{2a}\int\dfrac{\mathrm{d}(x+a)}{x+a}$$

$$= \dfrac{1}{2a}\ln|x-a| - \dfrac{1}{2a}\ln|x+a| + C$$

$$= \dfrac{1}{2a}\ln\left|\dfrac{x-a}{x+a}\right| + C.$$

例 8 中的不定积分也可以利用上面这个公式来计算：

$$\int \dfrac{\mathrm{d}\theta}{\sin\theta} = \int \dfrac{\sin\theta}{\sin^2\theta}\mathrm{d}\theta = \int \dfrac{\mathrm{d}(\cos\theta)}{\cos^2\theta - 1} = \dfrac{1}{2}\ln\left|\dfrac{\cos\theta - 1}{\cos\theta + 1}\right| + C$$

$$= \dfrac{1}{2}\ln\left|\dfrac{(1-\cos\theta)^2}{1-\cos^2\theta}\right| + C = \dfrac{1}{2}\ln\left|\dfrac{(1-\cos\theta)^2}{\sin^2\theta}\right| + C$$

$$= \ln|\csc\theta - \cot\theta| + C.$$

由此可见，利用换元法求不定积分时，中间变量的取法不是惟一的．例 8，例 9，例 10 所讨论的三个不定积分，今后常要用到，记住它们是有益的．

上面讲的第一换元积分法是利用等式

$$\int f[\varphi(x)]\varphi'(x)\mathrm{d}x \xrightarrow{\varphi(x)=u} \int f(u)\mathrm{d}u$$

先把等式右边的不定积分求出来,然后将 $u=\varphi(x)$ 代入原函数,从而得到等式左边的不定积分. 有时等式右边的不定积分不容易积出,反而是左边的积分容易积出来,在这种情况下,我们就利用等式左边的不定积分来求出等式右边的不定积分,也就是利用公式

$$\int f(u)\mathrm{d}u \xrightarrow{u=\varphi(x)} \int f[\varphi(x)]\varphi'(x)\mathrm{d}x,$$

先求出

$$\int f[\varphi(x)]\varphi'(x)\mathrm{d}x = G(x)+C,$$

然后再将 $x=\varphi^{-1}(u)$ 代入,便得不定积分 $\int f(u)\mathrm{d}u=G(\varphi^{-1}(u))+C$. 为合乎习惯,我们把要求的不定积分的积分变量写成 x,而把新的积分变量写成 t,这种换元积分法可写成下面的定理.

定理 2(第二换元积分法) 设 $x=\varphi(t)$ 是可微函数,且 $\varphi'(t)\neq 0$,若

$$\int f[\varphi(t)]\varphi'(t)\mathrm{d}t = G(t)+C,$$

则有

$$\int f(x)\mathrm{d}x = G[\varphi^{-1}(x)]+C. \tag{2}$$

证 利用复合函数与反函数的微分法,将(2)式右边对 x 求微商,就得到

$$\frac{\mathrm{d}}{\mathrm{d}x}G[\varphi^{-1}(x)] \xrightarrow{\varphi^{-1}(x)=t} G'(t)\frac{\mathrm{d}}{\mathrm{d}x}\varphi^{-1}(x)$$

$$= f[\varphi(t)]\varphi'(t)\cdot\frac{1}{\varphi'(t)}$$

$$= f[\varphi(t)] \xrightarrow{t=\varphi^{-1}(x)} f(x).$$

于是 $G[\varphi^{-1}(x)]$ 是 $f(x)$ 的一个原函数,即(2)式成立. 证毕.

我们可以把第二换元积分法写成下面的格式：

$$\int f(x)\mathrm{d}x \xrightarrow{x=\varphi(t)} \int f[\varphi(t)]\varphi'(t)\mathrm{d}t = G(t) + C$$
$$\xrightarrow{t=\varphi^{-1}(x)} G[\varphi^{-1}(x)] + C.$$

第二换元积分法的要点是：将积分变量 x 看做为变量 t 的某个函数，即令 $x=\varphi(t)$（要求 $\varphi'(t)\neq 0$），从而将 t 看成新的积分变量，求出函数 $f[\varphi(t)]\varphi'(t)$ 的原函数 $G(t)$ 后，再将 t 换成 $\varphi^{-1}(x)$。

实用中，常利用第二换元法来消去根号。下面是几个典型的例子。

例 11 求不定积分 $\int \sqrt{a^2-x^2}\mathrm{d}x$ $(a>0)$.

解 令 $x=a\sin t\left(-\dfrac{\pi}{2}<t<\dfrac{\pi}{2}\right)$，则 $t=\arcsin\dfrac{x}{a}$. 将 $x=a\sin t$, $\mathrm{d}x=a\cos t\mathrm{d}t$ 代入，就得到

$$\int \sqrt{a^2-x^2}\mathrm{d}x = \int a^2\cos^2 t\mathrm{d}t = \frac{a^2}{2}\int(1+\cos 2t)\mathrm{d}t$$

$$= \frac{a^2}{2}\left[t+\frac{\sin 2t}{2}\right]+C = \frac{a^2}{2}[t+\sin t\cos t]+C$$

$$= \frac{a^2}{2}\left[\arcsin\frac{x}{a}+\frac{x}{a}\sqrt{1-\left(\frac{x}{a}\right)^2}\right]+C$$

$$= \frac{a^2}{2}\arcsin\frac{x}{a}+\frac{1}{2}x\sqrt{a^2-x^2}+C.$$

例 12 求不定积分 $\int \dfrac{\mathrm{d}x}{\sqrt{x^2+a^2}}$ $(a>0)$.

解 令 $x=a\tan t\left(-\dfrac{\pi}{2}<t<\dfrac{\pi}{2}\right)$，则 $t=\arctan\dfrac{x}{a}$，$\mathrm{d}x=a\dfrac{\mathrm{d}t}{\cos^2 t}$，于是有

$$\int \frac{\mathrm{d}x}{\sqrt{x^2+a^2}} = \int \frac{1}{\sqrt{a^2\sec^2 t}}\frac{a\mathrm{d}t}{\cos^2 t} = \int \frac{\mathrm{d}t}{\cos t},$$

已经算出

$$\int \frac{\mathrm{d}t}{\cos t} = \ln|\tan t+\sec t|+C,$$

所以 $\int \dfrac{\mathrm{d}x}{\sqrt{x^2+a^2}} = \ln|\tan t + \sec t| + C.$

我们还须将等式右端换成 x 的函数. 由图 4.2 中所示的直角三角形容易看出, 当 $\tan t = \dfrac{x}{a}$ 时,

$$\sec t = \dfrac{\sqrt{x^2+a^2}}{a}.$$

因此
$$\int \dfrac{\mathrm{d}x}{\sqrt{x^2+a^2}} = \ln\left|\dfrac{x}{a} + \dfrac{\sqrt{x^2+a^2}}{a}\right| + C$$
$$= \ln|x + \sqrt{x^2+a^2}| + C_1.$$

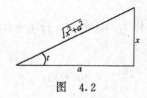
图 4.2
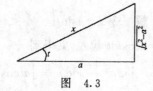
图 4.3

例 13 求不定积分 $\int \dfrac{\mathrm{d}x}{\sqrt{x^2-a^2}}$ $(a>0)$.

解 先设 $x>a$, 令 $x = a\sec t$, t 的变化范围限制为 $\left(0, \dfrac{\pi}{2}\right)$, 则 $t = \arccos\dfrac{a}{x}$, $\mathrm{d}x = a\tan t \sec t \, \mathrm{d}t$. 于是得

$$\int \dfrac{\mathrm{d}x}{\sqrt{x^2-a^2}} = \int \dfrac{1}{\sqrt{a^2 \cdot \tan^2 t}} a\tan t \cdot \sec t \, \mathrm{d}t$$
$$= \int \sec t \, \mathrm{d}t = \ln|\tan t + \sec t| + C.$$

由图 4.3 中所示的直角三角形可以看出, 当 $\sec t = \dfrac{x}{a}$ 时 $\tan t = \dfrac{\sqrt{x^2-a^2}}{a}$, 因此

$$\int \dfrac{\mathrm{d}x}{\sqrt{x^2-a^2}} = \ln\left|\dfrac{x}{a} + \dfrac{\sqrt{x^2-a^2}}{a}\right| + C$$
$$= \ln|x + \sqrt{x^2-a^2}| + C_1.$$

对于 $x<-a$ 的情形,可令 $x=-a\sec t$, t 的变化范围仍限制为 $\left(0,\dfrac{\pi}{2}\right)$,用类似上面的方法也可求得

$$\int\frac{\mathrm{d}x}{\sqrt{x^2-a^2}}=\ln|x+\sqrt{x^2-a^2}|+C.$$

可见,当 $|x|>a$ 时都有

$$\int\frac{\mathrm{d}x}{\sqrt{x^2-a^2}}=\ln|x+\sqrt{x^2-a^2}|+C.$$

例 12,例 13 的结果可以合写为一个公式:

$$\int\frac{\mathrm{d}x}{\sqrt{x^2\pm a^2}}=\ln|x+\sqrt{x^2\pm a^2}|+C.$$

在我们求不定积分时,如果被积函数含有根式 $\sqrt{a^2-x^2}$ 或 $\sqrt{x^2\pm a^2}$,用上面所作的换元法常常是有效的.

习 题 4.3

求下列不定积分:

1. $\int\sqrt{1+2x}\,\mathrm{d}x.$
2. $\int\dfrac{\mathrm{d}x}{\sqrt{5-4x}}.$
3. $\int\dfrac{2x+3}{x+1}\mathrm{d}x.$
4. $\int\dfrac{3x\mathrm{d}x}{(x^2+1)^2}.$
5. $\int x\sqrt{2x^2+7}\,\mathrm{d}x.$
6. $\int 9x^2\sqrt[3]{x^3+10}\,\mathrm{d}x.$
7. $\int\dfrac{4x\mathrm{d}x}{\sqrt[4]{8-x^2}}.$
8. $\int(3t+2)^7\mathrm{d}t.$
9. $\int(2x^{\frac{3}{2}}+1)^{\frac{2}{3}}\sqrt{x}\,\mathrm{d}x.$
10. $\int\dfrac{\mathrm{e}^{\frac{1}{x}}\mathrm{d}x}{x^2}.$
11. $\int\dfrac{4x+1}{2x^2+x+1}\mathrm{d}x.$
12. $\int\dfrac{(2+\ln x)}{x}\mathrm{d}x.$
13. $\int\sin 2x\cos 2x\mathrm{d}x.$
14. $\int\sin^2\dfrac{x}{2}\cos\dfrac{x}{2}\mathrm{d}x.$
15. $\int\tan ax\cdot\dfrac{\mathrm{d}x}{\cos^2 ax}.$
16. $\int\dfrac{\sin 3x}{\sqrt{5+\cos 3x}}\mathrm{d}x.$

17. $\int \left(\dfrac{\sec x}{1+\tan x}\right)^2 dx.$
18. $\int \dfrac{1}{2+3x^2} dx.$

19. $\int \dfrac{e^\theta d\theta}{4-3e^\theta}.$
20. $\int (3x-1)^{60} dx.$

21. $\int \dfrac{1}{\sqrt{x(1-x)}} dx.$
22. $\int \dfrac{dx}{1-\sin x}.$

23. $\int e^x (e^x+2)^{10} dx.$
24. $\int (e^{\frac{x}{a}}+e^{-\frac{x}{a}}) dx.$

25. $\int \dfrac{e^{\sqrt{x}}}{\sqrt{x}} dx.$
26. $\int \dfrac{1}{e^x+e^{-x}} dx.$

27. $\int \dfrac{x^5}{(x^3+1)^4} dx.$
28. $\int \dfrac{\ln(x+1)-\ln x}{x(x+1)} dx.$

29. $\int \dfrac{dx}{x^2+4}.$
30. $\int \dfrac{dx}{x^2-9}.$

31. $\int \dfrac{dy}{\sqrt{16-y^2}}.$
32. $\int \dfrac{du}{\sqrt{a^2-(u+b)^2}}.$

33. $\int \dfrac{(2x-1)}{\sqrt{1-x^2}} dx.$
34. $\int \dfrac{x^3+x}{\sqrt{1-x^2}} dx.$

35. $\int \dfrac{1}{x(x^n+a)} dx,\ a\neq 0.$
36. $\int \dfrac{dx}{(a^2-x^2)^{3/2}}.$

37. $\int \dfrac{\sqrt{x^2-a^2}}{x} dx.$
38. $\int \dfrac{x^2 dx}{\sqrt{1-x^2}}.$

39. $\int \dfrac{dx}{x^4 \sqrt{x^2+1}}.$
40. $\int \dfrac{dx}{x^2 \sqrt{x^2+a^2}}.$

41. $\int \dfrac{dx}{\sqrt{5+x-x^2}}.$

§4 分部积分法

上节讲的换元积分法,是一种常用的积分法,可以说,大部分积分问题中都要用到它.当然,只有当被积函数满足一定条件时,才能用换元积分法.而对形如

$$\int xe^x dx,\quad \int \arctan x\, dx$$

等积分,换元积分法就无能为力了.为此,我们还要介绍另一个重要的积分法,即分部积分法.

定理 如果 $u=u(x),v=v(x)$ 都是可微函数,又 $u'v$ 与 uv' 都有原函数,则

$$\int uv'\mathrm{d}x = uv - \int u'v\mathrm{d}x.$$

证 由函数乘积的微商公式,得到

$$(uv)' = uv' + u'v.$$

对等式两边求不定积分,得到

$$uv + C = \int uv'\mathrm{d}x + \int u'v\mathrm{d}x,$$

移项后就是所要证明的公式(常数 C 可与 $\int u'v\mathrm{d}x$ 中所含的任意常数合并).证毕.

为了便于应用,我们把分部积分公式写成下面的形式:

$$\int u\mathrm{d}v = uv - \int v\mathrm{d}u.$$

这个公式的作用是:将求不定积分 $\int u\mathrm{d}v$ 的问题,转化成求不定积分 $\int v\mathrm{d}u$,而后者是较容易求积的.

运用分部积分公式时,首先要把被积表达式 $f(x)\mathrm{d}x$ 化成 $u\mathrm{d}v=uv'\mathrm{d}x$ 的形式,即把被积函数 $f(x)$ 看做函数 $u(x)$ 与另一个函数 $v(x)$ 的导数 v' 的乘积 $(f=u\cdot v')$,然后再用分部积分公式.

例1 求不定积分 $\int x\cos x\mathrm{d}x$.

解 令 $u=x,\mathrm{d}v=\cos x\mathrm{d}x=\mathrm{d}(\sin x)$,即 $v=\sin x$,则有

$$\int x\cos x\mathrm{d}x = \int x\mathrm{d}(\sin x) = x\sin x - \int \sin x\mathrm{d}x$$
$$= x\sin x + \cos x + C.$$

在例1中,我们首先将不定积分写成 $\int x\mathrm{d}(\sin x)$ 的形式,即将被积函数的一个因子 x 看做 u,而将另一个因子 $\cos x$ 看成 v'.运

用分部积分公式后,就将所求之不定积分转化成 $x\sin x - \int \sin x \mathrm{d}x$,而 $\int \sin x \mathrm{d}x$ 就容易求积了.

例2 求不定积分 $\int \ln x \mathrm{d}x$.

解 令 $u = \ln x, \mathrm{d}v = \mathrm{d}x$,即 $v = x$,则有

$$\int \ln x \mathrm{d}x = x\ln x - \int x\mathrm{d}(\ln x) = x\ln x - \int \mathrm{d}x$$
$$= x\ln x - x + C = x(\ln x - 1) + C.$$

例3 求不定积分 $\int \arctan x \, \mathrm{d}x$.

解 令 $u = \arctan x, \mathrm{d}v = \mathrm{d}x$,则有

$$\int \arctan x \, \mathrm{d}x = x\arctan x - \int x\mathrm{d}(\arctan x)$$
$$= x\arctan x - \int \frac{x}{1+x^2}\mathrm{d}x$$
$$= x\arctan x - \frac{1}{2}\int \frac{\mathrm{d}(1+x^2)}{1+x^2}$$
$$= x\arctan x - \frac{1}{2}\ln(1+x^2) + C.$$

为简单起见,以后我们不再标明 u, v 的取法,而直接运用分部积分公式.

以上三个例题都是运用一次分部积分法则就得出了结果.在比较复杂的情况下,要多次地运用分部积分法则才能得出结果.下面我们举几个这样的例题.

例4 求不定积分 $\int (x^2 + 2x - 1)\mathrm{e}^x \mathrm{d}x$.

解 $\int (x^2 + 2x - 1)\mathrm{e}^x \mathrm{d}x = \int (x^2 + 2x - 1)\mathrm{d}\mathrm{e}^x$
$= (x^2 + 2x - 1)\mathrm{e}^x - \int \mathrm{e}^x \mathrm{d}(x^2 + 2x - 1)$
$= (x^2 + 2x - 1)\mathrm{e}^x - 2\int (x+1)\mathrm{e}^x \mathrm{d}x$
$= (x^2 + 2x - 1)\mathrm{e}^x - 2\int (x+1)\mathrm{d}\mathrm{e}^x$

$$= (x^2+2x-1)e^x - 2(x+1)e^x + 2\int e^x d(x+1)$$
$$= (x^2+2x-1)e^x - 2(x+1)e^x + 2e^x + C$$
$$= (x^2-1)e^x + C.$$

本例中被积函数是一个二次多项式与指数函数 e^x 的乘积,通过一次分部积分(即第三个等式之后),被积函数转化为一个一次多项式与 e^x 的乘积.再用一次分部积分(第五个等式之后),被积函数转化为一个常数与 e^x 的乘积,从而就可求出其原函数了.一般地说,当被积函数是 $P_n(x)e^x, P_n(x)\sin x, P_n(x)\cos x, (P_n(x)$ 为 n 次多项式)时,连续用 n 次分部积分法,就可求得结果.

例 5 求不定积分 $I = \int e^{ax}\sin bx \mathrm{d}x (a, b$ 是异于零的实数$)$.

解 由分部积分公式,我们有
$$\int e^{ax}\sin bx \mathrm{d}x = \frac{1}{a}\int \sin bx \mathrm{d}e^{ax} = \frac{e^{ax}}{a}\sin bx - \frac{b}{a}\int e^{ax}\cos bx \mathrm{d}x.$$

对等式右端第二个积分再用分部积分法,得
$$\int e^{ax}\cos bx \mathrm{d}x = \frac{1}{a}\int \cos bx \mathrm{d}e^{ax} = \frac{e^{ax}}{a}\cos bx + \frac{b}{a}\int e^{ax}\sin bx \mathrm{d}x.$$

代入上式,得
$$I = \frac{e^{ax}}{a}\sin bx - \frac{b}{a}\left[\frac{e^{ax}}{a}\cos bx + \frac{b}{a}I\right]$$
$$= \frac{e^{ax}}{a}\sin bx - \frac{b}{a^2}e^{ax}\cos bx - \frac{b^2}{a^2}I.$$

移项后得公式
$$I = \int e^{ax}\sin bx \mathrm{d}x = \frac{e^{ax}}{a^2+b^2}[a\sin bx - b\cos bx] + C.$$

类似地,可得公式
$$\int e^{ax}\cos bx \mathrm{d}x = \frac{e^{ax}}{a^2+b^2}[a\cos bx + b\sin bx] + C.$$

在例 5 的求解过程中,经过两次分部积分以后,虽然等式右边的不定积分仍未求出来,但等式右边出现的不定积分刚好是左边要求的不定积分.这样,经过移项就可得到所要求的不定积分.这种情况以后还会遇到.

从以上例子看出,当被积函数为 $x^n e^x, x^n\cos x, x^n\sin x$ 等时,令 $u=x^n$,其余部分为 v',连续用 n 次分部积分公式,即可得出结果. 而当被积函数为 $x^n\ln x, \ln x, x^n\arctan x, \arctan x, \arcsin x$ 等时,分别令 $u=\ln x, \arctan x$ 或 $\arcsin x$,其余部分为 v'.

为了使读者较熟练地求不定积分,我们在基本积分表之外,再补充下列几个不定积分公式:

$$\int \tan x \, dx = -\ln|\cos x| + C, \qquad \int \cot x \, dx = \ln|\sin x| + C,$$

$$\int \frac{dx}{x^2+a^2} = \frac{1}{a}\arctan\frac{x}{a} + C \quad (a>0),$$

$$\int \frac{dx}{x^2-a^2} = \frac{1}{2a}\ln\left|\frac{x-a}{x+a}\right| + C \quad (a>0),$$

$$\int \frac{dx}{\sqrt{a^2-x^2}} = \arcsin\frac{x}{a} + C \quad (a>0),$$

$$\int \frac{dx}{\sqrt{x^2\pm a^2}} = \ln|x+\sqrt{x^2\pm a^2}| + C \quad (a>0).$$

记住这几个积分公式是有益的. 在求某些不定积分时利用它们将方便些. 例如,对于不定积分

$$\int \sqrt{a^2-x^2}\, dx \quad (a>0),$$

利用分部积分法我们有

$$\begin{aligned}
\int \sqrt{a^2-x^2}\, dx &= x\sqrt{a^2-x^2} - \int x\, d\sqrt{a^2-x^2} \\
&= x\sqrt{a^2-x^2} + \int \frac{x^2}{\sqrt{a^2-x^2}}\, dx \\
&= x\sqrt{a^2-x^2} + \int \frac{a^2-(a^2-x^2)}{\sqrt{a^2-x^2}}\, dx \\
&= x\sqrt{a^2-x^2} + \int \frac{a^2\, dx}{\sqrt{a^2-x^2}} - \int \sqrt{a^2-x^2}\, dx.
\end{aligned}$$

移项得

$$2\int\sqrt{a^2-x^2}\,\mathrm{d}x = x\sqrt{a^2-x^2} + a^2\int\frac{\mathrm{d}x}{\sqrt{a^2-x^2}},$$

故

$$\int\sqrt{a^2-x^2}\,\mathrm{d}x = \frac{x\sqrt{a^2-x^2}}{2} + \frac{a^2}{2}\cdot\arcsin\frac{x}{a} + C.$$

换元积分法与分部积分法,是求不定积分的两种基本的方法.然而,只有当被积函数具备一定条件时,才能运用它们.

求不定积分有相当的技巧性,只有适当地多做些练习,通过摸索与不断总结经验,才能掌握这些技巧.

习 题 4.4

求下列不定积分：

1. $\int x\ln x\,\mathrm{d}x.$
2. $\int x\mathrm{e}^{ax}\,\mathrm{d}x.$
3. $\int x^2\mathrm{e}^{ax}\,\mathrm{d}x.$
4. $\int x\sin 2x\,\mathrm{d}x.$
5. $\int\arcsin x\,\mathrm{d}x.$
6. $\int(\arcsin x)^2\,\mathrm{d}x.$
7. $\int\mathrm{e}^{2t}\cos 3t\,\mathrm{d}t.$
8. $\int\dfrac{\sin 3\theta}{\mathrm{e}^{\theta}}\,\mathrm{d}\theta.$
9. $\int x^2\ln x\,\mathrm{d}x.$
10. $\int\dfrac{x\mathrm{e}^x}{(1+x)^2}\,\mathrm{d}x$
11. $\int\csc^3 x\,\mathrm{d}x.$
12. $\int\sqrt{4x^2-1}\,\mathrm{d}x.$
13. $\int\sqrt{1+9x^2}\,\mathrm{d}x.$
14. $\int\sec^3 x\,\mathrm{d}x.$

§5 有理函数的积分

我们已经知道,初等函数的导函数仍然是初等函数,但是初等函数的不定积分却不一定是初等函数.例如 $\int\mathrm{e}^{-x^2}\,\mathrm{d}x, \int\dfrac{\mathrm{d}x}{\ln x}$, $\int\dfrac{\sin x}{x}\,\mathrm{d}x$ 等等,它们的被积函数虽然简单,但这些不定积分不能用初等函数表示. 通常我们把这类积分叫做"积不出来"的不定积分. 这样我们自然会问, 到底哪些函数是积得出来的呢? 本节以及 §6, §7 将要讲的三类函数都是属于积得出来的.

有理函数是指两个多项式的商:

$$\frac{P(x)}{Q(x)} = \frac{a_0 x^n + a_1 x^{n-1} + \cdots + a_{n-1} x + a_n}{b_0 x^m + b_1 x^{m-1} + \cdots + b_{m-1} x + b_m},$$

我们不妨假定 $P(x)$ 与 $Q(x)$ 没有公因子. $n<m$ 时上式称为真分式.

如果 $n \geqslant m$, 则利用除法可以将它化为一个多项式与一个真分式之和. 而求多项式的不定积分是很容易的. 因此, 有理函数的积分法可以归结为真分式的积分法. 我们先来讨论下列四种形式的真分式, 它们也叫**部分分式**:

$$\frac{A}{x-a}, \frac{A}{(x-a)^n}, \frac{Ax+B}{x^2+px+q}, \frac{Ax+B}{(x^2+px+q)^n},$$

其中 A, B, a, p, q 都是实数, n 是大于 1 的任意整数, 二次三项式 x^2+px+q 没有实根, 即 $p^2-4q<0$.

显然, 对于第一、第二两种形式的部分分式, 其不定积分是容易求出的:

$$\int \frac{\mathrm{d}x}{x-a} = \ln|x-a| + C,$$

$$\int \frac{\mathrm{d}x}{(x-a)^n} = \frac{1}{1-n}(x-a)^{1-n} + C \quad (n>1).$$

为了求出第三种形式部分分式的不定积分, 先注意到被积函数之分母 x^2+px+q 的微商是 $2x+p$, 于是我们将分子凑成 $(2x+p)$ 的倍数与常数之和, 从而可将不定积分分作两项:

$$\int \frac{Ax+B}{x^2+px+q} \mathrm{d}x = \int \frac{\frac{A}{2}(2x+p) + B - \frac{Ap}{2}}{x^2+px+q} \mathrm{d}x$$

$$= \frac{A}{2} \int \frac{2x+p}{x^2+px+q} \mathrm{d}x$$

$$+ \left(B - \frac{Ap}{2}\right) \int \frac{\mathrm{d}x}{\left(x + \frac{p}{2}\right)^2 + \left(q - \frac{p^2}{4}\right)} \quad \left(q - \frac{p^2}{4} > 0\right)$$

$$= \frac{A}{2} \ln|x^2 + px + q| + \frac{B - \frac{Ap}{2}}{\sqrt{q - \frac{p^2}{4}}} \arctan \frac{x + \frac{p}{2}}{\sqrt{q - \frac{p^2}{4}}} + C.$$

所以第三种形式的部分分式的不定积分也是可以积出来的. 对于第四种形式的部分分式, 我们有

$$\int \frac{Ax + B}{(x^2 + px + q)^n} \mathrm{d}x$$

$$= \int \frac{\frac{A}{2}(2x + p) + \left(B - \frac{Ap}{2}\right)}{(x^2 + px + q)^n} \mathrm{d}x$$

$$= \frac{A}{2} \cdot \frac{1}{1 - n} \cdot \frac{1}{(x^2 + px + q)^{n-1}}$$

$$+ \left(B - \frac{Ap}{2}\right) \int \frac{\mathrm{d}x}{\left[\left(x + \frac{p}{2}\right)^2 + \left(q - \frac{p^2}{4}\right)\right]^n}.$$

上式右端第二项中的积分在令 $t = x + \frac{p}{2}, a = \sqrt{q - \frac{p^2}{4}}$ 时, 便归结为求不定积分

$$J_n = \int \frac{\mathrm{d}t}{(t^2 + a^2)^n}.$$

这个积分可递推地求出: 用分部积分法可得

$$J_n = \int \frac{\mathrm{d}t}{(t^2 + a^2)^n} = \frac{t}{(t^2 + a^2)^n} + 2n \int \frac{t^2}{(t^2 + a^2)^{n+1}} \mathrm{d}t$$

$$= \frac{t}{(t^2 + a^2)^n} + 2n \int \frac{t^2 + a^2 - a^2}{(t^2 + a^2)^{n+1}} \mathrm{d}t$$

$$= \frac{t}{(t^2 + a^2)^n} + 2n \int \frac{\mathrm{d}t}{(t^2 + a^2)^n} - 2na^2 \int \frac{\mathrm{d}t}{(t^2 + a^2)^{n+1}}$$

$$= \frac{t}{(t^2 + a^2)^n} + 2n J_n - 2na^2 J_{n+1},$$

整理后,得递推公式:

$$J_{n+1} = \frac{1}{2na^2} \cdot \frac{t}{(t^2+a^2)^n} + \frac{2n-1}{2na^2} J_n \quad (n \geqslant 1).$$

每用一次递推公式,J_{n+1}的下标就减1,以至最后到达J_1,而J_1是已知的:

$$J_1 = \int \frac{\mathrm{d}t}{t^2+a^2} = \frac{1}{a}\arctan\frac{t}{a} + C.$$

至此可以说,部分分式的积分问题已解决. 我们尚需说明的是,任何一个真分式都可以表示成若干个部分分式之和.

对于一般真分式,我们有下列定理.

定理 若真分式$\dfrac{R(x)}{P(x)Q(x)}$中的$P(x)$与$Q(x)$没有公因子,则此真分式一定可以表成分母分别为$P(x)$与$Q(x)$的两个真分式之和,即

$$\frac{R(x)}{P(x)Q(x)} = \frac{R_1(x)}{P(x)} + \frac{R_2(x)}{Q(x)},$$

其中$\dfrac{R_1(x)}{P(x)}$和$\dfrac{R_2(x)}{Q(x)}$都是真分式.

这一结论的证明纯属代数学的范围,我们把它省略了.

注意到任何实系数多项式都能分解成形如$(x-a)^m$与$(x^2+px+q)^n$的一些因子的连乘积(或再乘一个常数),其中$p^2-4q<0,m\geqslant 0,n\geqslant 0$,所以根据上述定理,再将各项分子上的多项式作适当变形(见下面例子),我们可以将任一真分式分解成若干个部分分式之和.

这样,要解决真分式求不定积分的问题,只需给出把真分式分解为部分分式之和的具体办法就够了. 下面我们通过几个例子来说明这种分解的方法.

例1 将真分式$\dfrac{2x+3}{x^3+x^2-2x}$分解成部分分式之和.

解 分母可分解为因子$x,(x-1)$与$(x+2)$之积,所以根据上述定理分式可表为

$$\frac{2x+3}{x^3+x^2-2x} \equiv \frac{A}{x} + \frac{B}{x-1} + \frac{C}{x+2},$$

其中 A, B, C 为待定常数. 为定出这几个常数, 我们将等式右边通分再比较等式两边的分子, 得恒等式

$$2x+3 \equiv A(x-1)(x+2) + Bx(x+2) + Cx(x-1).$$

恒等式两边的同次方幂的系数应分别相等, 即

$$\begin{cases} 0 = A+B+C, \\ 2 = A+2B-C, \\ 3 = -2A, \end{cases}$$

由此定出

$$A = -\frac{3}{2}, \quad B = \frac{5}{3}, \quad C = -\frac{1}{6}.$$

于是, 原分式可表为

$$\frac{2x+3}{x^3+x^2-2x} = -\frac{3}{2x} + \frac{5}{3(x-1)} - \frac{1}{6(x+2)}.$$

我们也可以选取适当的 x 的值代入恒等式, 从而来确定常数. 例如, 分别以 $x=0, 1,$ 与 $x=-2$ 代入恒等式, 也可以定出

$$A = -\frac{3}{2}, \quad B = \frac{5}{3}, \quad C = -\frac{1}{6}.$$

例 2 将分式 $\dfrac{x^3+1}{x(x-1)^3}$ 分解成部分分式之和.

解 根据上述定理此分式可表为

$$\frac{x^3+1}{x(x-1)^3} = \frac{A}{x} + \frac{Bx^2+C'x+D'}{(x-1)^3},$$

为了要分解成部分分式之和, 将等式右边第二个分式的分子表为 $B(x-1)^2+C(x-1)+D$, 我们得到

$$\frac{Bx^2+C'x+D'}{(x-1)^3} = \frac{B}{x-1} + \frac{C}{(x-1)^2} + \frac{D}{(x-1)^3}.$$

故原分式可表为

$$\frac{x^3+1}{x(x-1)^3} \equiv \frac{A}{x} + \frac{B}{x-1} + \frac{C}{(x-1)^2} + \frac{D}{(x-1)^3},$$

其中 A,B,C,D 为待定常数.由上式得恒等式
$$x^3+1 \equiv A(x-1)^3 + Bx(x-1)^2 + Cx(x-1) + Dx.$$
两边多项式的相应系数应分别相等,即
$$\begin{cases} 1 = A+B, \\ 0 = -3A-2B+C, \\ 0 = 3A+B-C+D, \\ 1 = -A, \end{cases}$$
由此定出
$$A = -1, \quad B = 2, \quad C = 1, \quad D = 2.$$
于是原分式分解为部分分式之和:
$$\frac{x^3+1}{x(x-1)^3} = -\frac{1}{x} + \frac{2}{x-1} + \frac{1}{(x-1)^2} + \frac{2}{(x-1)^3}.$$

由以上两例可以看出,为将一个真分式分解成若干个部分分式之和,若在真分式的分母中有一个因子$(x-a)^m$,则在部分分式的和式中,相应于这个因子就要有下列形式的 m 项之和:
$$\frac{A_1}{x-a} + \frac{A_2}{(x-a)^2} + \cdots + \frac{A_m}{(x-a)^m}.$$

例 3 将分式 $\dfrac{4}{x^3+4x}$ 分解成部分分式之和.

解 根据上述定理,可设
$$\frac{4}{x^3+4x} = \frac{A}{x} + \frac{Bx+C}{x^2+4},$$
其中常数 A,B,C 待定.由上式得恒等式
$$4 \equiv A(x^2+4) + (Bx+C)x.$$
比较等式两边 x 的同幂项的系数,得
$$A = 1, \quad B = -1, \quad C = 0.$$
因此
$$\frac{4}{x^3+4x} = \frac{1}{x} - \frac{x}{x^2+4}.$$

例 4 将分式 $\dfrac{x^3+x^2+2}{(x^2+2)^2}$ 分解成部分分式之和.

解 因 x^3+x^2+2 可表为 $(Ax+B)(x^2+2)+Cx+D$,故

$$\frac{x^3+x^2+2}{(x^2+2)^2} = \frac{Ax+B}{x^2+2} + \frac{Cx+D}{(x^2+2)^2},$$

其中常数 A, B, C, D 待定. 由上式可得恒等式

$$x^3 + x^2 + 2 \equiv (Ax+B)(x^2+2) + (Cx+D).$$

比较 x 的同幂项的系数,得

$$A=1, \quad B=1, \quad C=-2, \quad D=0.$$

于是
$$\frac{x^3+x^2+2}{(x^2+2)^2} = \frac{x+1}{x^2+2} - \frac{2x}{(x^2+2)^2}.$$

这个例子告诉我们,如果在欲分解的真分式的分母中有一个形如 $(x^2+px+q)^m$ 的因子(其中 $p^2-4q<0$),那么相应于这个因子,部分分式的和式中应有下列形式的 m 项之和:

$$\frac{B_1 x + C_1}{x^2+px+q} + \frac{B_2 x + C_2}{(x^2+px+q)^2} + \cdots + \frac{B_m x + C_m}{(x^2+px+q)^m}.$$

如果在一个真分式的分母中,既包含形如 $(x-a)^n$ 的因子,又包含形如 $(x^2+px+q)^m$ 的因子(其中 $p^2-4q<0$),那么将它分解成部分分式之和时,应当把相应于每个因子的所有可能的项都用待定系数的方式写出来,然后用比较系数法定出这些系数. 例如, $\dfrac{1}{x^2(x^2+2)^2}$ 的部分分式的和式应当设成下列形式:

$$\frac{1}{x^2(x^2+2)^2} = \frac{A_1}{x} + \frac{A_2}{x^2} + \frac{B_1 x + C_1}{x^2+2} + \frac{B_2 x + C_2}{(x^2+2)^2}.$$

当把真分式分解为若干个部分分式之和后,就能求出它的不定积分了.

例 5 求 $\int \dfrac{x^3+x^2+2}{(x^2+2)^2} \mathrm{d}x$.

解 由例 4,

$$\frac{x^3+x^2+2}{(x^2+2)^2} = \frac{x+1}{x^2+2} - \frac{2x}{(x^2+2)^2}.$$

所以

$$\int \frac{x^3+x^2+2}{(x^2+2)^2} \mathrm{d}x = \int \frac{x+1}{x^2+2} \mathrm{d}x - \int \frac{2x}{(x^2+2)^2} \mathrm{d}x$$

$$= \frac{1}{2}\int\frac{\mathrm{d}(x^2+2)}{x^2+2} + \int\frac{\mathrm{d}x}{x^2+2} - \int\frac{\mathrm{d}(x^2+2)}{(x^2+2)^2}$$

$$= \frac{1}{2}\ln(x^2+2) + \frac{1}{\sqrt{2}}\arctan\frac{x}{\sqrt{2}} + \frac{1}{x^2+2} + C.$$

习 题 4.5

求下列不定积分：

1. $\int\frac{x-1}{x^2+6x+8}\mathrm{d}x.$
2. $\int\frac{3x^4+x^2+1}{x^2+x-6}\mathrm{d}x.$
3. $\int\frac{x^5+x^4-8}{x^3-4x}\mathrm{d}x.$
4. $\int\frac{x^4}{(x^2-1)(x+2)}\mathrm{d}x.$
5. $\int\frac{2x^2-5}{x^4-5x^2+6}\mathrm{d}x.$
6. $\int\frac{\mathrm{d}x}{(x-1)^2(x-2)}.$
7. $\int\frac{3x^2+1}{(x^2-1)^3}\mathrm{d}x.$
8. $\int\frac{x^2}{1-x^4}\mathrm{d}x.$
9. $\int\frac{1}{x^3+1}\mathrm{d}x.$
10. $\int\frac{x^5-x^4-3x+5}{x^4-2x^3+2x^2-2x+1}\mathrm{d}x.$
11. $\int\frac{4\mathrm{d}x}{1+x^4}.$
12. $\int\frac{x^3+x^2+2}{(x^2+2)^2}\mathrm{d}x.$
13. $\int\frac{2x\mathrm{d}x}{(1+x)(1+x^2)}.$
14. $\int\frac{x^3\mathrm{d}x}{x^2-2x+1}.$
15. $\int\frac{\mathrm{d}\theta}{\theta^3+\theta^2-2\theta}.$
16. $\int\frac{e^t\mathrm{d}t}{e^{2t}+3e^t+2}.$
17. $\int\frac{\cos x\mathrm{d}x}{\sin^2 x+\sin x-6}.$
18. $\int\frac{\sin\theta\mathrm{d}\theta}{\cos^2\theta+\cos\theta-2}.$
19. $\int\frac{\mathrm{d}x}{x^2(1+x^2)^2}.$
20. $\int\frac{x\mathrm{d}x}{(x+2)^2(x^2+x+4)}.$

§6 三角函数有理式的积分

三角函数的有理式是指由三角函数与常数进行有限次有理运算（即四则运算）所成的式子. 例如，

$$\frac{1}{\sin x},\ \frac{\tan x}{\sin x+\cos x-1},\ \cos^2 x \cdot \sin^5 x$$

等等都是三角函数的有理式,因为三角函数 $\tan x, \cot x, \sec x$ 与 $\csc x$ 又都是 $\sin x$ 与 $\cos x$ 的有理式,所以,三角函数的有理式也就是 $\sin x$ 与 $\cos x$ 的有理式,它可用符号 $R(\sin x, \cos x)$ 来表示. 本节的任务是研究如何利用前面讲过的方法,求三角函数的有理式的不定积分

$$\int R(\sin x, \cos x) \mathrm{d}x.$$

对于一般的三角有理式的不定积分,一定可以通过下述变换 $t = \tan \dfrac{x}{2}$ 化成有理函数的不定积分. 实际上,令

$$t = \tan \frac{x}{2},$$

则有

$$x = 2\arctan t, \ \mathrm{d}x = \frac{2\mathrm{d}t}{1+t^2}, \ \cos^2 \frac{x}{2} = \frac{1}{\sec^2 \dfrac{x}{2}} = \frac{1}{1+t^2},$$

$$\sin x = 2\sin \frac{x}{2} \cos \frac{x}{2} = 2\tan \frac{x}{2} \cos^2 \frac{x}{2} = \frac{2t}{1+t^2},$$

$$\cos x = \cos^2 \frac{x}{2} - \sin^2 \frac{x}{2} = \cos^2 \frac{x}{2} \left(1 - \tan^2 \frac{x}{2} \right) = \frac{1-t^2}{1+t^2}.$$

因此,

$$\int R(\sin x, \cos x) \mathrm{d}x = \int R\left(\frac{2t}{1+t^2}, \frac{1-t^2}{1+t^2} \right) \frac{2}{1+t^2} \mathrm{d}t.$$

上式右端是 t 的有理函数的不定积分,而有理函数的不定积分在原则上已经解决,所以在理论上求三角函数有理式的不定积分也就完全解决了.

例 1 求 $\displaystyle\int \frac{\cot x}{\sin x + \cos x - 1} \mathrm{d}x$.

解 令 $t = \tan \dfrac{x}{2}$,这时 $\mathrm{d}x = \dfrac{2\mathrm{d}t}{1+t^2}, \sin x = \dfrac{2t}{1+t^2},$

$$\cos x = \frac{1-t^2}{1+t^2}, \quad \cot x = \frac{1-t^2}{2t},$$

所以 $\int \dfrac{\cot x}{\sin x + \cos x - 1}dx = \int \dfrac{\dfrac{1-t^2}{2t} \cdot \dfrac{2}{1+t^2}}{\dfrac{2t}{1+t^2} + \dfrac{1-t^2}{1+t^2} - 1}dt$

$\qquad = \int \dfrac{1+t}{2t^2}dt = \dfrac{1}{2}\int \dfrac{1}{t^2}dt + \dfrac{1}{2}\int \dfrac{dt}{t}$

$\qquad = \dfrac{-1}{2t} + \dfrac{1}{2}\ln|t| + C$

$\qquad = -\dfrac{1}{2\tan\dfrac{x}{2}} + \dfrac{1}{2}\ln\left|\tan\dfrac{x}{2}\right| + C.$

$t = \tan\dfrac{x}{2}$ 称为"万能变换",这是因为它在原则上解决了求一切三角函数有理式的不定积分的问题. 但是,对于具体的题目,不必一律套用万能变换. 因为在许多情况下,用万能变换得出来的往往是比较复杂的有理函数,积分较困难. 所以做题时可以根据具体情况,采用不同的变换. 我们主要讨论下面几种特殊情况:

(i) 如果在 $\sin x$ 与 $\cos x$ 的有理式中,将 $\sin x$ 与 $\cos x$ 分别换成 $-\sin x$ 与 $-\cos x$ 时,有理式的值不变,即,当 $R(-\sin x, -\cos x) = R(\sin x, \cos x)$ 时,作变换 $t = \tan x$ 就可将被积函数有理化.

例 2 求 $\int \dfrac{\sin x}{\sin x + \cos x}dx.$

解 令 $t = \tan x$,则 $dx = \dfrac{1}{1+t^2}dt.$

原式 $= \int \dfrac{\tan x}{\tan x + 1}dx = \int \dfrac{t}{t+1} \dfrac{1}{1+t^2}dt$

$\qquad = \int -\dfrac{1}{2}\left(\dfrac{1}{t+1} - \dfrac{t+1}{t^2+1}\right)dt$

$\qquad = -\dfrac{1}{2}\ln|t+1| + \dfrac{1}{4}\ln(t^2+1) + \dfrac{1}{2}\arctan t + C$

$\qquad = -\dfrac{1}{2}\ln|\tan x + 1| + \dfrac{1}{2}\ln|\sec x| + \dfrac{x}{2} + C$

$\qquad = -\dfrac{1}{2}\ln|\sin x + \cos x| + \dfrac{x}{2} + C.$

(ii) 当被积函数是 $\sin nx \cdot \sin mx, \cos nx \cdot \cos mx, \sin nx \cdot \cos mx$ ($m>0, n>0$)时,先用"积化和差"公式将被积函数变形,然后再求积分.

例3 求 $\int \sin mx \sin nx \mathrm{d}x$.

解 当 $m \neq n$ 时,我们有
$$\int \sin mx \sin nx \mathrm{d}x$$
$$= \frac{1}{2}\int \cos(m-n)x \mathrm{d}x - \frac{1}{2}\int \cos(m+n)x \mathrm{d}x$$
$$= \frac{1}{2}\left[\frac{\sin(m-n)x}{m-n} - \frac{\sin(m+n)x}{m+n}\right] + C.$$

当 $m=n$ 时,我们有
$$\int \sin^2 mx \mathrm{d}x = \frac{1}{2}\int(1-\cos 2mx)\mathrm{d}x = \frac{1}{2}x - \frac{\sin 2mx}{4m} + C.$$

(iii) 当被积函数是 $\cos^n x \sin^m x$ (m, n 为正整数)时,如果 m, n 中至少有一个是奇数,例如设 n 为奇数: $n=2p+1$,那么只要令 $t=\sin x$ 即可求积. 因为这时
$$\int \cos^n x \sin^m x \mathrm{d}x = \int \cos^{2p} x \sin^m x \mathrm{d}\sin x$$
$$\xlongequal{t=\sin x} \int (1-t^2)^p t^m \mathrm{d}t,$$

变换后被积函数是 t 的多项式,很容易求积. 类似地,如果 m 是奇数,只要令 $t=\cos x$ 即可求积. 如果 m, n 都是偶数,则利用公式
$$\sin^2 x = \frac{1-\cos 2x}{2}, \quad \cos^2 x = \frac{1+\cos 2x}{2}$$

可将被积函数中正弦函数及余弦函数的方幂降低. 再结合前面的方法,就可求积.

例4 求不定积分 $\int \sin^{2n+1} x \mathrm{d}x$ (n 为正整数).

解 $\int \sin^{2n+1} x \mathrm{d}x = -\int \sin^{2n} x \mathrm{d}(\cos x)$

$$=-\int(1-\cos^2 x)^n \mathrm{d}(\cos x)=-\int(1-u^2)^n \mathrm{d}u$$
$$=-\int\left(1-nu^2+\frac{n(n-1)}{2!}u^4+\cdots\right.$$
$$\left.+(-1)^{n-1}nu^{2(n-1)}+(-1)^n u^{2n}\right)\mathrm{d}u$$
$$=-\left(u-\frac{n}{3}u^3+\frac{n(n-1)}{2!\cdot 5}u^5+\cdots\right.$$
$$\left.+(-1)^{n-1}\frac{n}{2n-1}u^{2n-1}+(-1)^n\frac{1}{2n+1}u^{2n+1}\right)+C$$
$$=-\cos x+\frac{n}{3}\cos^3 x-\frac{n(n-1)}{2!\cdot 5}\cos^5 x+\cdots$$
$$+(-1)^n\frac{n}{2n-1}\cos^{2n-1}x$$
$$+(-1)^{n+1}\frac{1}{2n+1}\cos^{2n+1}x+C.$$

例 5 求 $\int \sin^2 x \cos^2 x \mathrm{d}x$.

解 $\int \sin^2 x \cos^2 x \mathrm{d}x=\int\frac{1-\cos 2x}{2}\cdot\frac{1+\cos 2x}{2}\mathrm{d}x$
$$=\frac{1}{4}\int(1-\cos^2 2x)\mathrm{d}x=\frac{1}{4}\int\left(1-\frac{1+\cos 4x}{2}\right)\mathrm{d}x$$
$$=\frac{1}{8}\int(1-\cos 4x)\mathrm{d}x=\frac{1}{8}\left(x-\frac{1}{4}\sin 4x\right)+C.$$

习 题 4.6

求下列不定积分：

1. $\int\dfrac{\mathrm{d}x}{1+\cos x}$.
2. $\int\dfrac{\mathrm{d}x}{2+\sin x}$.
3. $\int\dfrac{\mathrm{d}\theta}{1+\sin\theta+\cos\theta}$.
4. $\int\dfrac{\mathrm{d}x}{\sin x+\tan x}$.
5. $\int\cot^4\theta\,\mathrm{d}\theta$.
6. $\int\sec^4\theta\,\mathrm{d}\theta$.
7. $\int\dfrac{\mathrm{d}x}{2\sin x-\cos x+3}$.
8. $\int\dfrac{\cos\theta\,\mathrm{d}\theta}{5-3\cos\theta}$.
9. $\int\dfrac{\mathrm{d}x}{4\sec x+5}$.
10. $\int\dfrac{\cos^3 x}{\sin x+\cos x}\mathrm{d}x$.

11. $\int \sin^5 x \cos^2 x \mathrm{d}x$.   12. $\int \sin^6 x \mathrm{d}x$.

13. $\int \dfrac{\mathrm{d}x}{a^2 \sin^2 x + b^2 \cos^2 x}$.   14. $\int \dfrac{\sin x \cos x}{\sin^4 x + \cos^4 x} \mathrm{d}x$.

§7 几种简单的代数无理式的积分

由变量 x 经过有限次有理运算与开方运算所得到的式子叫做代数无理式. 我们先来讨论形如

$$\int R(x, \sqrt[n]{ax+b}) \mathrm{d}x \quad (a \neq 0)$$

的代数无理式的积分法. 这里被积函数 $R(x, \sqrt[n]{ax+b})$ 是由变量 x 与根式 $\sqrt[n]{ax+b}$ 经过有限次有理运算得到的无理式. 例如 $\dfrac{1}{x - \sqrt[3]{3x+2}}$ 与 $\dfrac{x}{\sqrt{x+1} - \sqrt[3]{x+1}}$ 就是上述类型的代数无理式.

不定积分

$$\int R(x, \sqrt[n]{ax+b}) \mathrm{d}x \quad (a \neq 0)$$

可以通过变换 $\sqrt[n]{ax+b} = t$ 化为 t 的有理函数的积分. 实际上, 令 $t = \sqrt[n]{ax+b}$, 则

$$x = \frac{t^n - b}{a}, \quad \mathrm{d}x = \frac{nt^{n-1}}{a} \mathrm{d}t,$$

于是原不定积分化为

$$\int R\left(\frac{t^n - b}{a}, t\right) \frac{nt^{n-1}}{a} \mathrm{d}t.$$

这是 t 的有理函数的不定积分.

例1 求 $\int \dfrac{\mathrm{d}x}{x - \sqrt[3]{3x+2}}$.

解 令 $t = \sqrt[3]{3x+2}$, 则有 $x = \dfrac{t^3 - 2}{3}$, $\mathrm{d}x = t^2 \mathrm{d}t$. 于是

$$\int\frac{\mathrm{d}x}{x-\sqrt[3]{3x+2}} = \int\frac{t^2\mathrm{d}t}{\frac{t^3-2}{3}-t} = \int\frac{3t^2\mathrm{d}t}{t^3-3t-2}$$

$$= \int\left[\frac{4}{3(t-2)}+\frac{5}{3(t+1)}-\frac{1}{(t+1)^2}\right]\mathrm{d}t$$

$$= \frac{4}{3}\ln|t-2|+\frac{5}{3}\ln|t+1|+\frac{1}{t+1}+C$$

$$= \frac{4}{3}\ln|\sqrt[3]{3x+2}-2|+\frac{5}{3}\ln|\sqrt[3]{3x+2}+1|$$

$$+\frac{1}{\sqrt[3]{3x+2}+1}+C.$$

例 2 求 $\int\dfrac{x}{\sqrt{x+1}-\sqrt[3]{x+1}}\mathrm{d}x$.

解 令 $t=\sqrt[6]{x+1}$，则有 $x=t^6-1$，$\mathrm{d}x=6t^5\mathrm{d}t$. 于是

$$\int\frac{x}{\sqrt{x+1}-\sqrt[3]{x+1}}\mathrm{d}x = \int\frac{(t^6-1)\cdot 6t^5}{t^3-t^2}\mathrm{d}t$$

$$= 6\int\frac{(t^6-1)t^3}{t-1}\mathrm{d}t$$

$$= 6\int[t^5+t^4+t^3+t^2+t+1]t^3\mathrm{d}t$$

$$= 6\left[\frac{t^9}{9}+\frac{t^8}{8}+\frac{t^7}{7}+\frac{t^6}{6}+\frac{t^5}{5}+\frac{t^4}{4}\right]+C.$$

将 $t=\sqrt[6]{x+1}$ 代入，就得到我们要求的不定积分.

对于形如

$$\int R\left(x,\sqrt[n]{\frac{ax+b}{cx+d}}\right)\mathrm{d}x \quad (ac\neq 0)$$

的不定积分，类似于上面，作变换

$$t=\sqrt[n]{\frac{ax+b}{cx+d}}$$

就可以化为有理函数的积分.

最后，对于 $R(x,\sqrt{ax^2+bx+c})$ 型的不定积分，我们常常是用

配方法将根式 $\sqrt{ax^2+bx+c}$ 简化成 $\sqrt{e^2-t^2}$ 或 $\sqrt{t^2\pm e^2}$ 的形式,然后再利用已知的积分公式来计算.

例3 求 $\int \dfrac{\mathrm{d}x}{\sqrt{3+x+x^2}}$.

解 二次式 $3+x+x^2 = \left(x+\dfrac{1}{2}\right)^2 + \dfrac{11}{4}$. 所以令 $t = x+\dfrac{1}{2}$,则

$$\int \frac{\mathrm{d}x}{\sqrt{3+x+x^2}} = \int \frac{\mathrm{d}x}{\sqrt{\left(x+\dfrac{1}{2}\right)^2 + \dfrac{11}{4}}}$$

$$= \int \frac{\mathrm{d}t}{\sqrt{t^2 + \dfrac{11}{4}}} = \ln\left(t + \sqrt{t^2+\dfrac{11}{4}}\right) + C$$

$$= \ln\left(x + \dfrac{1}{2} + \sqrt{3+x+x^2}\right) + C.$$

例4 求 $\int \dfrac{3x-2}{\sqrt{3+x+x^2}}\mathrm{d}x$.

解 本例中被积函数的分母与例 3 中的相同,分子是一个一次多项式 $3x-2$. 我们可先将 $(3x-2)\mathrm{d}x$ 表示成微分 $\mathrm{d}(3+x+x^2)$ (这是分母上根式内的二次式的微分)与 $\mathrm{d}x$ 的线性组合,即表成

$$\frac{3}{2}\mathrm{d}(3+x+x^2) - \frac{7}{2}\mathrm{d}x$$

的形式,就不难求解了. 具体演算过程如下:

$$\int \frac{3x-2}{\sqrt{3+x+x^2}}\mathrm{d}x = 3\int \frac{x-\dfrac{2}{3}}{\sqrt{3+x+x^2}}\mathrm{d}x$$

$$= 3\int \frac{\dfrac{1}{2}\mathrm{d}(3+x+x^2) - \dfrac{7}{6}\mathrm{d}x}{\sqrt{3+x+x^2}}$$

$$= \frac{3}{2}\int \frac{\mathrm{d}(3+x+x^2)}{\sqrt{3+x+x^2}} - \frac{7}{2}\int \frac{\mathrm{d}x}{\sqrt{\left(x+\dfrac{1}{2}\right)^2 + \dfrac{11}{4}}}$$

$$= 3\sqrt{3+x+x^2} - \frac{7}{2}\ln\left|x+\frac{1}{2}+\sqrt{x^2+x+3}\right| + C.$$

例 5 求 $\int \frac{x^2+x+1}{\sqrt{4+x-x^2}}\mathrm{d}x$.

解 本题中被积函数的分母是二次式$(4+x-x^2)$的根式,而分子是一个二次多项式. 我们可先将分子配成

$$k(4+x-x^2) + ax + b \quad (k,a,b\text{ 为常数})$$

的形式. 再利用积分的运算法则及例 4 的方法,就不难求积了. 具体演算过程如下:

$$\int \frac{x^2+x+1}{\sqrt{4+x-x^2}}\mathrm{d}x = \int \frac{-(-x^2+x+4)+2x+5}{\sqrt{-x^2+x+4}}\mathrm{d}x$$

$$= -\int \sqrt{-x^2+x+4}\,\mathrm{d}x + \int \frac{2x+5}{\sqrt{-x^2+x+4}}\mathrm{d}x$$

$$= -\int \sqrt{\frac{17}{4}-\left(x-\frac{1}{2}\right)^2}\,\mathrm{d}x - \int \frac{\mathrm{d}(-x^2+x+4)}{\sqrt{-x^2+x+4}}$$

$$\quad + 6\int \frac{\mathrm{d}x}{\sqrt{\frac{17}{4}-\left(x-\frac{1}{2}\right)^2}}$$

$$= -\frac{x-\frac{1}{2}}{2}\sqrt{-x^2+x+4} - \frac{\frac{17}{4}}{2}\arcsin\frac{x-\frac{1}{2}}{\frac{\sqrt{17}}{2}}$$

$$\quad -2\sqrt{-x^2+x+4} + 6\arcsin\frac{x-\frac{1}{2}}{\frac{\sqrt{17}}{2}}$$

$$= -\frac{2x+7}{4}\sqrt{-x^2+x+4}$$

$$\quad + \frac{31}{8}\arcsin\frac{2x-1}{\sqrt{17}} + C.$$

习题 4.7

求下列不定积分：

1. $\int \dfrac{\sqrt{x}}{1+\sqrt{x}} dx.$

2. $\int y \sqrt[3]{a+y} dy.$

3. $\int \dfrac{x^{\frac{1}{2}} dx}{x^{\frac{3}{4}}+1}.$

4. $\int \dfrac{dx}{1+\sqrt[3]{x+a}}.$

5. $\int \dfrac{2x+3}{\sqrt{x^2+x}} dx.$

6. $\int \dfrac{2+x}{\sqrt{4x^2-4x+5}} dx.$

7. $\int \sqrt{5-2x+x^2} dx.$

8. $\int \sqrt{3-2x-x^2} dx.$

第五章 定 积 分

在历史上,人们很早就知道,为了求得圆的面积公式,先把圆分割成若干个扇形,再把扇形近似地看成小三角形,最后通过计算这些小三角形的面积的和的极限而得到圆的面积公式.定积分的概念正是在研究这类和的极限的过程中形成的.在微积分学产生之前,尽管人们知道了求圆的面积的方法,但是这种方法没有在更广泛的范围内得到应用,其原因之一是没有一个有效的方法来计算这类和的极限.直到 17 世纪,牛顿(Newton)与莱布尼兹(Leibniz)发现了这类和的极限可以通过不定积分来计算,即把定积分的计算归结为求原函数的两个函数值之差.这样一来,才使得定积分的计算有了系统的方法,从而得到广泛的应用.

本章的目的是要介绍定积分的概念、性质、计算定积分的牛顿-莱布尼兹公式,以及定积分在几何、物理方面的简单应用.

§1 定积分的概念

本节将从求平面曲线所围的面积、变速运动的路程、变力作功这样三个典型的问题出发,导出定积分的概念.

1. 曲边梯形的面积

求任意封闭曲线所围成的平面图形的面积的问题,常常可以化成求"曲边梯形"面积的问题.所谓曲边梯形乃是指这样的图形,它有三条边是直线,其中两条边同时垂直于第三条边.第四条边是一条曲线段(图 5.1).我们并不排除这样的情形,即两条平行的边中有一条(或甚至两条)缩成一点(图 5.2 和 5.3).

为了求曲边梯形的面积,我们选取一个直角坐标系,使所求曲

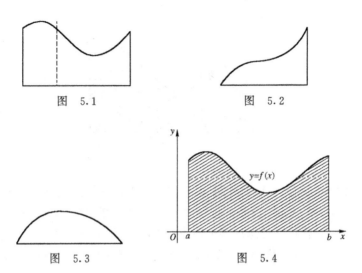

图 5.1　　图 5.2

图 5.3　　图 5.4

边梯形由连续曲线 $y=f(x)$ ($f(x)\geqslant 0$)，x 轴以及直线 $x=a$，$x=b$ 所围成(图 5.4). 在 a 与 b 之间插入分点 $x_1,x_2,\cdots,x_{n-1}$，并且令 $x_0=a,x_n=b$，于是有

$$a=x_0<x_1<x_2<\cdots<x_{n-1}<x_n=b.$$

这样，就将区间 $[a,b]$ 分成了 n 个小区间：$[x_{k-1},x_k]$ ($k=1,2,\cdots,n$)；这些小区间的长度可以是任意的，一般说来，它们彼此可以不相等. 这些分点 x_k ($k=0,1,2,\cdots,n$) 的全体称为区间 $[a,b]$ 的一个"分割". 在每一个小区间 $[x_{k-1},x_k]$ 上任取一点 ξ_k ($x_{k-1}\leqslant \xi_k\leqslant x_k$)，令 $\Delta x_k=x_k-x_{k-1}$，则 $f(\xi_k)\Delta x_k$ 表示以 $f(\xi_k)$ 为高，Δx_k 为底边长的小矩形的面积(图 5.5)，所有这些小矩形的面积之和(图 5.5 中带阴影的阶梯形的面积)可以看做是我们要求的曲边梯形的面积 A 的近似值，即：

$$\sigma=\sum_{k=1}^n f(\xi_k)\Delta x_k\approx A.\ ①$$

---

① 符号 $\sum\limits_{k=1}^n a_k$ 代表和式 $a_1+a_2+\cdots+a_n$.

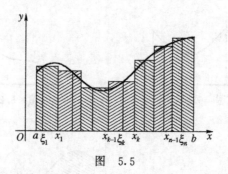

图 5.5

显然,和数 σ 依赖于区间 $[a,b]$ 的分割以及中间点 $\xi_k (k=1,2,\cdots,n)$ 的取法.但是,当我们把区间 $[a,b]$ 分得足够细时,不论中间点怎样取,σ 就可以任意地接近曲边梯形的面积 A.这一事实可以用极限概念加以严格描述,以 λ 表示一切小区间的长度中的最大者,即
$$\lambda = \max_{1 \leqslant k \leqslant n} \Delta x_k,$$
那么"$\lambda \to 0$"就刻画了区间 $[a,b]$ 的无限细分的过程[①],而 σ 在此过程中的极限就是曲边梯形的面积 A,即
$$\lim_{\lambda \to 0} \sigma = \lim_{\lambda \to 0} \sum_{k=1}^{n} f(\xi_k) \Delta x_k = A.$$

2. 质点沿直线作变速运动所走的路程

已知一质点沿一直线运动,在某段时间 $[a,b]$ 内任一时刻 t 的速度是 $v=v(t)$.求质点在这一段时间内走过的路程.

如果质点的运动是等速的,即 v 是常数,那么,从 $t=a$ 到 $t=b$ 质点走过的路程是 $S=v(b-a)$.对于一般的变速运动的情形,不能这样计算,但是我们可以采用类似于上面讲的求曲边梯形面积的方法来解决.

我们用分点

---

① 注意:"$n \to \infty$"并不一定刻画区间 $[a,b]$ 的无限细分的过程,请读者想想这是为什么?

$$a = t_0 < t_1 < t_2 < \cdots < t_{n-1} < t_n = b$$

把时间区间$[a,b]$分成n个小区间$[t_{k-1}, t_k]$($k=1,2,\cdots,n$). 如在上一段所作的那样, 在每一个小区间$[t_{k-1}, t_k]$上任取一值τ_k. 在时刻$t=\tau_k$质点运动的速度是$v(\tau_k)$. 如果区间$[t_{k-1}, t_k]$很小, 则我们可以认为, 质点在$[t_{k-1}, t_k]$内各点处的运动速度与$v(\tau_k)$相差都是很小的, 故在此区间内可以近似地看作为等速运动, 速度为$v(\tau_k)$. 于是可求出质点从$t=t_{k-1}$到$t=t_k$所走过的路程S_k的近似值为$v(\tau_k)\Delta t_k$(其中$\Delta t_k = t_k - t_{k-1}$), 即

$$S_k \approx v(\tau_k)\Delta t_k.$$

由此, 可以得到质点从$t=a$到$t=b$时所走过的路程的近似值

$$S = \sum_{k=1}^{n} S_k \approx \sum_{k=1}^{n} v(\tau_k)\Delta t_k. \tag{1}$$

与上一段一样, 如果令

$$\lambda = \max_{1 \leqslant k \leqslant n} \Delta t_k,$$

则"$\lambda \to 0$"就刻画了时间区间$[a,b]$无限细分的过程, 在这个过程中, (1)式右边的极限就是质点从$t=a$到$t=b$时所走过的路程S, 即

$$S = \lim_{\lambda \to 0} \sum_{k=1}^{n} v(\tau_k)\Delta t_k.$$

3. 变力所作的功

设一物体沿x轴运动, 在运动过程中始终有力F作用于物体上. 力F的方向或与Ox轴方向一致(此时F取正值)或与Ox轴的方向相反(此时F取负值). 如果力F是一常力(大小、方向不变), 则当物体从a移动到b时力F所做的功是

$$W = F(b-a).$$

W为正值或负值取决于力F的方向与Ox轴方向相同还是相反. 现在假定力F不是常力, 即在Ox轴上不同点处取不同的值, 则力F是x的函数: $F=F(x)$(见图5.6). 我们来求当物体从a移动到

b 时变力 $F(x)$ 所作的功.

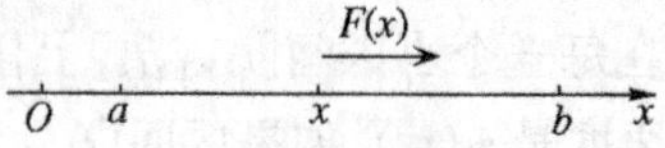

图 5.6

用分点
$$a = x_0 < x_1 < x_2 < \cdots < x_{n-1} < x_n = b$$
将区间 $[a,b]$ 分成 n 个小区间 $[x_{k-1}, x_k]$ $(k=1,2,\cdots,n)$. 在每个小区间 $[x_{k-1}, x_k]$ 上任取一值 ξ_k, 力 F 在点 ξ_k 取的值是 $F(\xi_k)$. 如果区间 $[x_{k-1}, x_k]$ 很小, 则我们可以认为, 力 F 在这个区间里的变化是不大的, 因而它在这个区间上不同点处取的值与它在点 ξ_k 处的值 $F(\xi_k)$ 相差很小; 也就是说, 在区间 $[x_{k-1}, x_k]$ 上力 F 可以近似地看做是常力 $F(\xi_k)$. 于是, 物体从 x_{k-1} 移动到 x_k 时力 F 所做的功 W_k 近似地等于 $F(\xi_k) \Delta x_k$, 即
$$W_k \approx F(\xi_k) \Delta x_k.$$
令 W 是物体从 a 移动到 b 时力 F 作的功, 我们就有
$$W = \sum_{k=1}^{n} W_k \approx \sum_{k=1}^{n} F(\xi_k) \Delta x_k. \tag{2}$$
与上面一样, 如果令
$$\lambda = \max_{1 \leqslant k \leqslant n} \Delta x_k,$$
则 $\lambda \to 0$ 就刻画了距离区间 $[a,b]$ 无限细分的过程, (2) 式右边的极限就是物体从 a 移动到 b 时力 F 所作的功 W, 即
$$W = \lim_{\lambda \to 0} \sum_{k=1}^{n} F(\xi_k) \Delta x_k.$$

4. 定积分的定义

上面我们讨论了三类不同的实际问题. 尽管这三类问题的具体内容不同, 但其数学形式是完全一样的, 即都归结为计算一个和的极限:

$$\lim_{\lambda \to 0} \sum_{i=1}^{n} f(\xi_i) \Delta x_i.$$

此外,还有很多问题,如求体积、质量、弧长、液体的压力、生物的繁殖规律等等也都如此. 为了研究上述形式的和的极限,我们把它抽象为定积分的概念. 其定义如下:

定义 设函数 $f(x)$ 在区间 $[a,b]$ 上有定义. 用分点

$$a = x_0 < x_1 < x_2 < \cdots < x_{n-1} < x_n = b$$

将区间 $[a,b]$ 分成 n 个小区间. 令 $\Delta x_k = x_k - x_{k-1} (k=1,2,\cdots,n)$,

$$\lambda = \max_{1 \leqslant k \leqslant n} \Delta x_k.$$

在每一个小区间 $[x_{k-1}, x_k]$ 上任取一点 $\xi_k (x_{k-1} \leqslant \xi_k \leqslant x_k)$,作和数

$$\sigma = \sum_{k=1}^{n} f(\xi_k) \Delta x_k.$$

如果对区间 $[a,b]$ 的任意一个分割,以及中间点 ξ_k 的任意取法,当 $\lambda \to 0$ 时,和数 σ 总有极限,即

$$\lim_{\lambda \to 0} \sigma = \lim_{\lambda \to 0} \sum_{k=1}^{n} f(\xi_k) \Delta x_k \text{ 存在},$$

则称此极限值为函数 $f(x)$ 从 a 到 b 的**定积分**,记作

$$\int_a^b f(x) \mathrm{d}x,$$

即

$$\lim_{\lambda \to 0} \sum_{k=1}^{n} f(\xi_k) \Delta x_k = \int_a^b f(x) \mathrm{d}x,$$

其中 a 与 b 分别称为定积分的**下限**与**上限**,函数 $f(x)$ 称为**被积函数**.

当 $\lambda \to 0$ 时,和数 σ 以 I 为极限,这一事实可以用"ε-δ"语言严格叙述如下:对于任意给定的正数 ε,都存在正数 δ,使得对于区间的任意分割以及中间点的任意取法,只要 $\lambda < \delta$,就有

$$|\sigma - I| < \varepsilon.$$

如果函数 $f(x)$ 在区间 $[a,b]$ 上的定积分存在,我们就说它在这个区间上是**可积的**.

最先将定积分定义为上述和式的极限的是黎曼(Riemann).所以上面定义的定积分也称为**黎曼积分**,而和式 $\sum_{i=1}^{n}f(\xi_i)\Delta x_i$ 被称为**黎曼和**.

根据定积分的定义,前面三个例子中的面积 A、路程 S 和功 W 都可以表为定积分:

$$A=\int_a^b f(x)\mathrm{d}x, \quad S=\int_a^b v(t)\mathrm{d}t, \quad W=\int_a^b F(x)\mathrm{d}x.$$

5. 定积分的几何意义

前面已经指出,当 $f(x)\geqslant 0$ 时,定积分 $\int_a^b f(x)\mathrm{d}x$ 的数值等于由曲边 $y=f(x)$ 及直线 $x=a, x=b, x$ 轴围成的曲边梯形的面积 A (图 5.7),即

$$\int_a^b f(x)\mathrm{d}x = A.$$

当 $f(x)\leqslant 0$ 时,积分 $\int_a^b f(x)\mathrm{d}x$ 的值等于由曲线 $y=f(x)$ 及直线 $x=a, x=b, x$ 轴所围的曲边梯形的面积 A 的负值(图 5.8),即

$$\int_a^b f(x)\mathrm{d}x = -A.$$

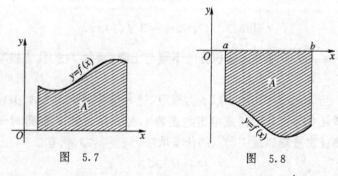

图 5.7　　　　　　图 5.8

不难看出,当 $f(x)$ 有正有负时(图 5.9),定积分 $\int_a^b f(x)\mathrm{d}x$ 的

数值等于由曲线 $y=f(x)$ 及直线 $x=a, x=b, x$ 轴所围成的几个曲边梯形的面积的代数和,例如对于图 5.9,有

$$\int_a^b f(x)\mathrm{d}x = A_1 - A_2 + A_3,$$

其中 A_1, A_2, A_3 为相应的小曲边梯形的面积.

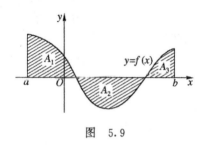

图 5.9

6. 关于函数的可积性

有了定积分的概念之后,人们自然要问,是否所有的函数都是可积的? 为了回答这个问题,我们先证明下面的命题.

命题 若函数 $y=f(x)$ 在 $[a,b]$ 上可积,则它在 $[a,b]$ 上有界.

*证 用反证法. 设 $y=f(x)$ 在 $[a,b]$ 上无界. 这时,我们对于区间 $[a,b]$ 作一个分割:

$$a = x_0 < x_1 < x_2 < \cdots < x_n = b,$$

并考虑黎曼和

$$\sigma = \sum_{i=1}^n f(\xi_i)\Delta x_i,$$

其中 ξ_i 是 $[x_{i-1}, x_i]$ 内任意一点. 因为 $f(x)$ 在 $[a,b]$ 上无界,故至少在某个小区间 $[x_{k-1}, x_k]$ 内无界. 在取定其他中间点 $\xi_i (i \neq k)$ 之后,我们适当取 ξ_k,使得 $f(\xi_k)\Delta x_k$ 的绝对值充分大以至 $|\sigma|$ 大于任意给定的正数. 这样,σ 就不可能有极限,与 $f(x)$ 可积的假设矛盾. 证毕.

这个命题告诉我们,一个函数可积的必要条件是它有界. 因此

在区间上无界的函数都是不可积的.

现在我们要问,是否所有的有界函数都可积呢?回答是否定的.下面是一个反例.

例1 狄利克雷(Dirichlet)函数
$$D(x) = \begin{cases} 0, & x \text{ 为无理数} \\ 1, & x \text{ 为有理数} \end{cases}$$
在任意一个区间上都是不可积的.

事实上,对于任意区间$[a,b]$上任意一个分割
$$a = x_0 < x_1 < \cdots < x_n = b,$$
这个函数的黎曼和为
$$\sigma = \sum_{i=1}^{n} D(\xi_i) \Delta x_i,$$
当所有的ξ_i都取无理点时,$\sigma = 0$,而当所有的ξ_i都取有理点时,$\sigma = \sum_{i=1}^{n} \Delta x_i = b - a$. 这表明$\sigma$在中间点取法任意的情况下不可能有极限.因而这个函数是不可积的.

到底哪些函数是可积的呢?已经证明,至少下面三类函数是可积的:

(i) 闭区间上的连续函数;

(ii) 具有有限个间断点的有界函数;

(iii) 有界单调函数.

这里我们承认这些结论但略去证明.

在本节末尾,我们举例说明:如何利用定义来计算定积分.

例2 计算定积分 $\int_0^1 x^2 \mathrm{d}x$.

解 函数$y = x^2$在区间$[0,1]$上是连续的,所以可以肯定,它在这个区间上是可积的.由定积分的定义,对于可积函数来说,不论区间如何分割,也不论中间点如何选取,当$\lambda \to 0$时,积分和σ都趋于同一个极限值.因此,我们可以采取区间的一种特殊分割法以及中间点的一种特殊选法,使得积分和σ的极限值容易算出来.

将区间$[0,1]$分成 n 等分,分点是

$$0 = \frac{0}{n} < \frac{1}{n} < \frac{2}{n} < \cdots < \frac{n-1}{n} < \frac{n}{n} = 1,$$

n 个小区间的长度都等于 $\frac{1}{n}$. 取每一个小区间 $\left[\frac{k-1}{n}, \frac{k}{n}\right]$ 的左端点 $\frac{k-1}{n}$ 作为中间点 $\xi_k (k=1,2,\cdots,n)$. 在这样的区间分割与中间点的取法之下,积分和是

$$\sigma = \sum_{k=1}^{n} \left(\frac{k-1}{n}\right)^2 \frac{1}{n} = \frac{1}{n^3} \sum_{k=1}^{n} (k-1)^2$$

$$= \frac{1}{n^3} \cdot \frac{n(n-1)(2n-1)}{6}$$

$$= \frac{(n-1)(2n-1)}{6n^2},$$

当 $\lambda = \frac{1}{n} \to 0$,即 $n \to \infty$ 时,我们得到

$$\int_0^1 x^2 \mathrm{d}x = \lim_{n\to\infty} \frac{(n-1)(2n-1)}{6n^2} = \frac{1}{3}.$$

这种直接根据定义求定积分的方法,一般说来计算比较复杂,甚至有时是行不通的. 我们将在下面给出更有效的计算方法.

习 题 5.1

1. 设 $x = \varphi(y)$ 是 $[c,d]$ 上的连续函数,而且 $\varphi(y) \geqslant 0 (c \leqslant y \leqslant d)$,则由曲线 $x = \varphi(y)$,直线 $y = c, y = d$ 以及 y 轴围成的平面图形(图 5.10)的面积 A 为:

$$A = \int_c^d \varphi(y) \mathrm{d}y.$$

试应用定积分定义导出此公式.

2. 一平面图形由曲线 $y = f(x), y = g(x)$,直线 $x = a$ 以及 $x = b$ 围成,其中 $f(x) \geqslant g(x) (a \leqslant x \leqslant b)$(图 5.11). 此平面图形的面积 A 为

$$A = \int_a^b [f(x) - g(x)] dx.$$

试用定积分定义导出此公式.

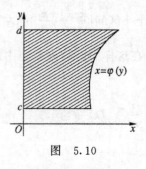

图 5.10

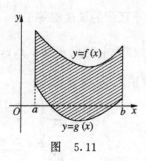

图 5.11

3. (1) 试用定积分表示上半圆周

$$y = \sqrt{a^2 - x^2} \quad (-a \leqslant x \leqslant a, a > 0)$$

与 x 轴所围图形的面积；

(2) 利用定积分的几何意义，求定积分 $\int_0^a \sqrt{a^2 - x^2} dx$ 的值.

4. (1) 画出直线 $y = -x, x = a, x = b (0 < a < b)$ 及 x 轴所围的图形；

(2) 利用定积分的几何意义，求定积分 $\int_a^b -x dx$ 的值.

§2 定积分的基本性质

为了研究定积分的理论与计算，需要讨论定积分的性质. 以后经常要用到的定积分的基本性质有：

(i) 定积分的上、下限对换时，定积分的值变号.

前面我们定义"从 a 到 b 的定积分"时，假定了 $a < b$. 但是，在定积分的应用与计算中，常常还要考虑下限比上限大的定积分，即"从 b 到 a 的定积分" ($b > a$). 这时我们可用类似的手法来定义定积分，即重复以前的区间分割步骤，只是把顺序颠倒一下. 插入分

点:
$$b = x_0 > x_1 > x_2 > \cdots > x_{n-1} > x_n = a,$$

取中间点 $\xi_k(x_{k-1} \geqslant \xi_k \geqslant x_k)$ 并且作和数

$$\sigma' = \sum_{k=1}^{n} f(\xi_k) \Delta x_k,$$

其中 $\Delta x_k = x_k - x_{k-1}$[①]. 令

$$\lambda = \max_{1 \leqslant k \leqslant n} |\Delta x_k|,$$

如果当 $\lambda \to 0$ 时和数 σ' 有极限 I', 即

$$\lim_{\lambda \to 0} \sigma' = \lim_{\lambda \to 0} \sum_{k=1}^{n} f(\xi_k) \Delta x_k = I',$$

则称 I' 为函数 $f(x)$ 从 b 到 a 的定积分, 记作

$$I' = \int_b^a f(x) \mathrm{d}x.$$

由于这里的分点 $x_0, x_1, \cdots, x_n$ 是从右到左的,

$$\Delta x_k = x_k - x_{k-1} = -(x_{k-1} - x_k)$$

而 $x_{k-1} - x_k$ 是小区间的长度, 所以显然有

$$\int_b^a f(x) \mathrm{d}x = -\int_a^b f(x) \mathrm{d}x. \tag{1}$$

上式说明, 定积分的上、下限对换时, 定积分的值改变符号.

又作为一种极其特殊的情况, 我们定义

$$\int_a^a f(x) \mathrm{d}x = 0.$$

即当上、下限相等时, 定积分等于零.

(ii) 如果函数 $f(x)$ 在 $[a, b]$ 上可积, k 是常数, 则 $kf(x)$ 在这个区间上也可积, 且

$$\int_a^b kf(x) \mathrm{d}x = k \int_a^b f(x) \mathrm{d}x.$$

(iii) 如果函数 $f(x)$ 与 $g(x)$ 都在区间 $[a, b]$ 上可积, 则

---

① 注意, 这时 $\Delta x_k < 0$.

$f(x)\pm g(x)$ 在这个区间上也可积,且
$$\int_a^b [f(x) \pm g(x)]dx = \int_a^b f(x)dx \pm \int_a^b g(x)dx.$$

(ii),(iii) 这两个性质是定积分的定义以及相应的极限运算定理的简单推论,请读者自己推导.

(iv) 若函数 $f(x)$ 有从 a 到 b、从 a 到 c 以及从 c 到 b 的积分,则
$$\int_a^b f(x)dx = \int_a^c f(x)dx + \int_c^b f(x)dx. \tag{2}$$

证 我们先证 $a<c<b$ 的情形. 考虑区间 $[a,b]$ 的这样一类特殊的分割法:$a=x_0<x_1<x_2<\cdots<x_{n-1}<x_n=b$,在 $\lambda\to 0$($\lambda=\max\limits_{1\leqslant k\leqslant n}\Delta x_k$) 的过程中点 c 始终是分点之一. 这时我们有
$$\sigma = \sum_{k=1}^n f(\xi_k)\Delta x_k = \sum_{[a,c]} f(\xi_k)\Delta x_k + \sum_{[c,b]} f(\xi_k)\Delta x_k,$$
其中 $\sum\limits_{[a,c]} f(\xi_k)\Delta x_k$ 表示区间 $[a,c]$ 上的一个积分和,$\sum\limits_{[c,b]} f(\xi_k)\Delta x_k$ 的意义类似. 当 $\lambda\to 0$ 时,取上式两边的极限就得 (2) 式.

其次,对于 a,b,c 的其他分布情况,我们可以根据性质 (i) 以及刚才讲过的情况加以证明. 例如,设 $a<b<c$,根据已证明的结论我们有
$$\int_a^c f(x)dx = \int_a^b f(x)dx + \int_b^c f(x)dx,$$
移项得
$$\int_a^b f(x)dx = \int_a^c f(x)dx - \int_b^c f(x)dx.$$
根据 (i) 又有
$$\int_a^b f(x)dx = \int_a^c f(x)dx + \int_c^b f(x)dx.$$

(v) 如果函数 $f(x)$ 与 $g(x)$ 在区间 $[a,b]$ 上可积①,且在这个区间上恒有 $f(x) \leqslant g(x)$,则

$$\int_a^b f(x)\mathrm{d}x \leqslant \int_a^b g(x)\mathrm{d}x. \tag{3}$$

证 分割区间,在每个小区间上取点 ξ_k,然后分别作 $f(x)$ 与 $g(x)$ 的积分和. 由假设条件有

$$\sum_{k=1}^n f(\xi_k)\Delta x_k \leqslant \sum_{k=1}^n g(\xi_k)\Delta x_k.$$

当 $\lambda \to 0$ 时对上式两边取极限就得到(3)式.

(vi) 如果 $f(x)$ 在区间 $[a,b]$ 上可积,并且 $m \leqslant f(x) \leqslant M$,则有

$$m(b-a) \leqslant \int_a^b f(x)\mathrm{d}x \leqslant M(b-a). \tag{4}$$

证 由性质(v)及假设条件,有

$$\int_a^b m\mathrm{d}x \leqslant \int_a^b f(x)\mathrm{d}x \leqslant \int_a^b M\mathrm{d}x.$$

再由定积分的定义,我们知道

$$\int_a^b m\mathrm{d}x = m(b-a), \quad \int_a^b M\mathrm{d}x = M(b-a),$$

这样,即得到(4)式.

特别地,如果 $f(x)$ 在 $[a,b]$ 上非负即 $f(x) \geqslant 0$,则有

$$\int_a^b f(x)\mathrm{d}x \geqslant 0.$$

(vii) 若 $f(x)$ 在区间 $[a,b]$ 上可积,则 $|f(x)|$ 在区间 $[a,b]$ 上也可积.

该性质的证明已超出教学大纲的范围,我们将它略去.

思考题 若 $|f(x)|$ 在 $[a,b]$ 上可积,能否推出 $f(x)$ 在 $[a,b]$ 上可积?

例 1 设 $f(x)$ 在区间 $[a,b]$ 上可积,证明

---

① 一提到区间 $[a,b]$,总是指 $a<b$. 因此,不等式(3)只对 $a<b$ 时成立. 对于 $a>b$ 的情况,不等式(3)中的不等号应改为"$\geqslant$".

$$\left|\int_a^b f(x)\mathrm{d}x\right| \leqslant \int_a^b |f(x)|\mathrm{d}x.$$

证 对一切 $x \in [a,b]$，都有 $-|f(x)| \leqslant f(x) \leqslant |f(x)|$，由性质(v)与(ii)便有

$$-\int_a^b |f(x)|\mathrm{d}x \leqslant \int_a^b f(x)\mathrm{d}x \leqslant \int_a^b |f(x)|\mathrm{d}x,$$

上式等价于

$$\left|\int_a^b f(x)\mathrm{d}x\right| \leqslant \int_a^b |f(x)|\mathrm{d}x.$$

证完.

(viii) 若两函数 $f(x)$ 与 $g(x)$ 在 $[a,b]$ 上都可积，且在 $[a,b]$ 上除去有限个点外 $f(x)$ 等于 $g(x)$，即
$f(x) = g(x)$, $x \in [a,b] \setminus \{x_1, x_2, \cdots, x_k\}$, $x_1, x_2, \cdots, x_k \in [a,b]$，
则

$$\int_a^b f(x)\mathrm{d}x = \int_a^b g(x)\mathrm{d}x.$$

证明从略.

在讲下一个性质之前，先引进积分平均值的概念.

定义 设函数 $f(x)$ 在区间 $[a,b]$ 上可积，则称

$$\frac{1}{b-a}\int_a^b f(x)\mathrm{d}x$$

为 $f(x)$ 在区间 $[a,b]$ 上的**积分平均值**.

例 2 求 $f(x) = x^2$ 在区间 $[0,1]$ 上的积分平均值.

解 由上节例 2 可知，$\int_0^1 x^2 \mathrm{d}x = \frac{1}{3}$，所以积分平均值为

$$\frac{1}{1-0}\int_0^1 x^2 \mathrm{d}x = \frac{1}{3}.$$

从例 2 看出，函数 x^2 在 $[0,1]$ 上的积分平均值 $\frac{1}{3}$，正好等于该函数在点 $x = \frac{1}{\sqrt{3}} \in [0,1]$ 处的函数值. 这一性质有一般性，即有：

若函数 $f(x)$ 在区间 $[a,b]$ 上连续,则 $f(x)$ 在 $[a,b]$ 上的积分平均值,必等于 $f(x)$ 在 $[a,b]$ 上某一点处的值. 更通用的表述就是下列积分中值定理.

(ix) **积分中值定理** 设函数 $f(x)$ 在区间 $[a,b]$ 上连续,则必存在一点 $c(a\leqslant c\leqslant b)$,使等式

$$\int_a^b f(x)\mathrm{d}x = f(c)(b-a) \tag{5}$$

成立.

我们先说明定理的几何意义.考虑 $f(x)\geqslant 0(a\leqslant x\leqslant b)$ 的情形.等式(5)左边的定积分表示曲线 $y=f(x)$ 与直线 $x=a,x=b,y=0$ 所围成的曲边梯形的面积.定理的几何意义是,在 $[a,b]$ 上可以找到一点 c,使得以 $f(c)$ 为高,$b-a$ 为底的矩形与这个曲边梯形有相等的面积. 也就是说,一定可以作一个水平线段,使得曲边梯形被这个线段所截下的面积(图 5.12 中带阴影的部分)刚好等于线段下曲边梯形不足的面积(5.12 中带斜线的部分).

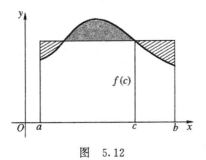

图 5.12

***证** 因 $f(x)$ 在 $[a,b]$ 上连续,函数 $f(x)$ 必在 $[a,b]$ 上取到最大值 M 和最小值 m. 根据性质(vi),我们有

$$m(b-a) \leqslant \int_a^b f(x)\mathrm{d}x \leqslant M(b-a),$$

即

$$m \leqslant \frac{1}{b-a}\int_a^b f(x)\mathrm{d}x \leqslant M.$$

可见,积分平均值
$$\frac{1}{b-a}\int_a^b f(x)\mathrm{d}x$$
是介于 $f(x)$ 在 $[a,b]$ 上的最大值 M 与最小值 m 之间的一个数值. 根据闭区间上连续函数的性质,必存在一点 c,使
$$f(c)=\frac{1}{b-a}\int_a^b f(x)\mathrm{d}x,$$
即 $\int_a^b f(x)\mathrm{d}x=f(c)(b-a) \quad (a\leqslant c\leqslant b)$. 证毕.

例3 设 $f(x)$ 在区间 $[a,b]$ 上连续,且
$$\int_a^b f(x)\mathrm{d}x=0,$$
证明:$f(x)$ 在 $[a,b]$ 上至少有一个根.

证 由积分中值定理,在 $[a,b]$ 上至少有一点 c,使
$$f(c)=\frac{1}{b-a}\int_a^b f(x)\mathrm{d}x=0.$$
证毕.

最后指出,定积分的值只依赖于被积函数与积分区间,而与积分变量的记号无关,即有下列等式:
$$\int_a^b f(x)\mathrm{d}x=\int_a^b f(u)\mathrm{d}u=\int_a^b f(t)\mathrm{d}t.$$
这是因为定积分是黎曼和的极限.当取定一种分割以及取定每个小区间的中间点后,函数 f 的黎曼和就是一个数值,它与自变量用 x 表示或用 u,t 表示毫无关系.因此,定积分中积分变量的记号改变并不影响定积分的值.

习 题 5.2

1. 设 f 是连续函数且 $\int_0^3 f(t)\mathrm{d}t=3, \int_0^5 f(t)\mathrm{d}t=7$,求 $\int_3^5 f(x)\mathrm{d}x$ 与 $\int_5^3 3f(u)\mathrm{d}u$.

2. 指出下列各题中两个定积分的大小关系:

(1) $\int_0^1 x dx$ 与 $\int_0^1 x^2 dx$;　　(2) $\int_1^2 x dx$ 与 $\int_1^2 x^2 dx$;

(3) $\int_1^2 x^2 dx$ 与 $\int_1^2 3x dx$;　　(4) $\int_5^6 x^2 dx$ 与 $\int_5^6 3x dx$.

3. 求函数 $f(x)=|x|-1$ 在下列各区间上的积分平均值,并指出在各区间上哪些点处的函数值等于积分平均值:

(1) $[-1,1]$;　　(2) $[1,3]$;　　(3) $[-1,3]$.

4. 设函数 $f(x)$ 连续且 $\int_1^3 f(x)dx=8$. 证明: $f(x)=4$ 在区间 $[1,3]$ 上至少有一个根.

5. 设函数 $f(x)$ 在区间 $[a,b]$ 上连续,非负(即 $f(x)\geqslant 0$),且 $\int_a^b f(x)dx=0$. 证明: $f(x)\equiv 0$, $x\in[a,b]$.

6. 证明不等式: $1<\int_1^2 e^{x^2-x}dx<e^2$.

§3　微积分基本定理·变上限的定积分

1. 微积分基本定理

不定积分与定积分是作为两个不同的概念引进的,但它们之间有着内在的联系.这种内在的联系在某些实际问题中已经显现出来.例如,已知一质点沿直线运动的速度为 $v=v(t)$,求从时刻 $t=a$ 到时刻 $t=b(a<b)$ 质点所走过的路程.前面已经指出这个问题可化为求定积分 $\int_a^b v(t)dt$. 另一方面,如果 $S=S(t)$ 是该质点的路程函数,那么从 $t=a$ 到 $t=b$ 质点所走的距离应为 $S(b)-S(a)$. 这也就是说

$$\int_a^b v(t)dt = S(b) - S(a).$$

在第四章中,我们已指出 $S=S(t)$ 是 $v=v(t)$ 的一个原函数.现设 $F(t)$ 是 $v=v(t)$ 的任意取定的一个原函数,那么 $F(t)=S(t)+C$,

其中 C 是一个常数. 所以我们又有
$$\int_a^b v(t)\mathrm{d}t = F(b) - F(a).$$
这就是说,速度函数的任意一个原函数在 b 与 a 两点的函数值之差,恰好是速度函数在区间 $[a,b]$ 上的定积分的值. 这一事实不仅对速度函数成立,而且具有一般性.

定理 1(微积分基本定理) 设函数 $f(x)$ 在区间 $[a,b]$ 上可积,而函数 $F(x)$ 在 $[a,b]$ 上连续,在 (a,b) 内可微,且 $F'(x)=f(x)$ ($a<x<b$),则有
$$\int_a^b f(x)\mathrm{d}x = F(b) - F(a). \tag{1}$$

证 用分点
$$a = x_0 < x_1 < x_2 < \cdots < x_{n-1} < x_n = b$$
将区间 $[a,b]$ 分成 n 个小区间,显然有
$$F(b) - F(a) = \sum_{k=1}^n [F(x_k) - F(x_{k-1})].$$
因为函数 $F(x)$ 在每一个小区间 $[x_{k-1}, x_k]$ 上都满足微分中值定理的条件,所以有
$$F(x_k) - F(x_{k-1}) = F'(c_k)\Delta x_k = f(c_k)\Delta x_k,$$
其中 $x_{k-1}<c_k<x_k, \Delta x_k = x_k - x_{k-1}$. 于是我们得到
$$F(b) - F(a) = \sum_{k=1}^n f(c_k)\Delta x_k.$$
上式等号右边是函数 $f(x)$ 在中间点的特殊选择下的一个积分和 σ. 因 $f(x)$ 在 $[a,b]$ 上可积,当 $\lambda \to 0$ 时,和数 σ 的极限存在. 对上式两边求极限,即得
$$F(b) - F(a) = \lim_{\lambda \to 0} \sum_{k=1}^n f(c_k)\Delta x_k = \int_a^b f(x)\mathrm{d}x.$$
这就证明了公式 (1). 证毕.

公式 (1) 通常称为**牛顿-莱布尼兹公式**,为方便起见,有时我们也把这个公式写成下面的形式:

$$\int_a^b f(x)\mathrm{d}x = F(x)\Big|_a^b,$$

其中 $F(x)\big|_a^b$ 表示 $F(b)-F(a)$. 这个公式的重要意义在于,把求定积分的问题化为求原函数的问题. 只要我们能够用上一章讲的求不定积分的方法求得被积函数的一个原函数,那么相应的定积分的值就得到了.

最后我们指出,当 $b<a$ 时,公式(1)仍然成立. 事实上,根据定积分的性质(i),

$$\int_a^b f(x)\mathrm{d}x = -\int_b^a f(x)\mathrm{d}x = -[F(a)-F(b)] = F(b)-F(a).$$

所以不论 a 与 b 谁大谁小,公式(1)总是成立的.

例 1 求定积分 $\int_0^1 x^2 \mathrm{d}x$.

解 在区间 $[0,1]$ 上 x^2 是连续函数,因而可积. 又因 $x^3/3$ 是 x^2 的一个原函数,我们有

$$\int_0^1 x^2 \mathrm{d}x = \frac{x^3}{3}\Big|_0^1 = \frac{1}{3} - 0 = \frac{1}{3}.$$

从这个具体例子可以看出,用牛顿-莱布尼兹公式计算定积分,比在前两节中直接根据定义计算要简单得多.

例 2 求定积分 $\int_{-2}^{-1}\left(\sqrt[3]{x}+\frac{1}{x}\right)\mathrm{d}x$.

解 $\sqrt[3]{x}+1/x$ 在区间 $[-2,-1]$ 上连续,因而可积,它的原函数是 $\frac{3}{4}x^{\frac{4}{3}}+\ln|x|$,于是,我们有

$$\int_{-2}^{-1}\left(\sqrt[3]{x}+\frac{1}{x}\right)\mathrm{d}x = \left(\frac{3}{4}x^{\frac{4}{3}}+\ln|x|\right)\Big|_{-2}^{-1}$$
$$= \frac{3}{4}[1 - 2\sqrt[3]{2}] - \ln 2.$$

2. 上限为变量的定积分·连续函数的原函数的存在性

在上面导出牛顿-莱布尼兹公式时,我们假定了被积函数

$f(x)$有原函数$F(x)$.但是什么样的函数才有原函数呢?这个问题并没有解决.现在引进变上限的定积分的概念,利用它我们可以证明连续函数都有原函数.

数学理论上已经证明,若函数$f(x)$在区间$[a,b]$上可积,则对于任意的$x(a<x\leqslant b)$,函数$f(x)$在区间$[a,x]$上也可积,即定积分

$$\int_a^x f(x)dx$$

存在.上式中x既表示积分变量又表示积分上限,容易混淆.为区别起见,把积分变量换一个字母表示,比如换成u.这样,上述积分就成为

$$\int_a^x f(u)du.$$

如果x在区间$[a,b]$上变动,那么,上面这个定积分就成为x的一个函数,称为**变上限的定积分**,记作$\Phi(x)$.从图形上看,$\Phi(x)$代表图 5.13 中带阴影的曲边梯形的面积.下面我们证明关于这个函数的一个定理.

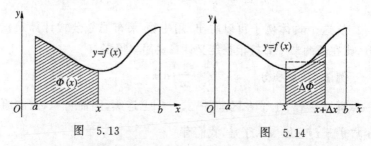

图 5.13   图 5.14

定理 2 如果函数$y=f(x)$在区间$[a,b]$上连续,则函数

$$\Phi(x)=\int_a^x f(u)du$$

在$[a,b]$上可微[①],且

[①] 在区间$[a,b]$的两个端点处,只有单侧微商.例如,在左端点$x=a$处$\Phi(x)$只有右微商$f(a)$,即$\lim\limits_{\Delta x\to 0+0}\dfrac{\Phi(a+\Delta x)-\Phi(a)}{\Delta x}=f(a)$.

$$\Phi'(x) = f(x).$$

证 设 $a<x<b$,又 $|\Delta x|$ 充分小,使 $a\leqslant x+\Delta x\leqslant b$. 由定积分的性质得

$$\Delta\Phi = \Phi(x+\Delta x) - \Phi(x) = \int_a^{x+\Delta x} f(u)\mathrm{d}u - \int_a^x f(u)\mathrm{d}u$$
$$= \int_a^{x+\Delta x} f(u)\mathrm{d}u + \int_x^a f(u)\mathrm{d}u$$
$$= \int_x^{x+\Delta x} f(u)\mathrm{d}u.$$

(从图形上看,$\Delta\Phi$ 就是图 5.14 中带阴影的曲边梯形的面积.)根据积分中值定理,

$$\Delta\Phi = \int_x^{x+\Delta x} f(u)\mathrm{d}u = f(c)\cdot\Delta x,$$

其中 c 是介于 x 与 $x+\Delta x$ 之间的一个数.于是有

$$\frac{\Delta\Phi}{\Delta x} = f(c).$$

令 $\Delta x\to 0$,上式两边取极限.由 $f(x)$ 的连续性得

$$\lim_{\Delta x\to 0}\frac{\Delta\Phi}{\Delta x} = \lim_{\Delta x\to 0} f(c) = f(x),$$

即 $\qquad\Phi'(x)=f(x)\quad(a<x<b).$

同样可以证明

$$\lim_{\Delta x\to 0+0}\frac{\Phi(a+\Delta x)-\Phi(a)}{\Delta x} = f(a);$$
$$\lim_{\Delta x\to 0-0}\frac{\Phi(b+\Delta x)-\Phi(b)}{\Delta x} = f(b),$$

即 $\Phi(x)$ 在区间 $[a,b]$ 的两端点处有左、右微商.证毕.

这个定理告诉我们这样一个结论:连续函数的原函数都是存在的.同时这个定理还可给出微积分基本定理的另外一个证明.事实上,由 $\Phi(x)$ 的定义知 $\Phi(b)=\int_a^b f(u)\mathrm{d}u$. 而 $\Phi(x)$ 是 $f(x)$ 的一个原函数,所以对于 $f(x)$ 的任意一个原函数 $F(x)$,都有 $F(x)=$

$\Phi(x)+C$. 这样,
$$F(b) - F(a) = [\Phi(b) + C] - [\Phi(a) + C] = \Phi(b)$$
$$= \int_a^b f(x)\mathrm{d}x,$$

注意上面用到了 $\Phi(a) = \int_a^a f(u)\mathrm{d}u = 0$. 应当指出,这里我们假定了 $f(x)$ 是连续的,这个条件比前面微积分基本定理中的条件要强.

例 3 求 $\dfrac{\mathrm{d}}{\mathrm{d}x}\int_x^1 \cos t^2 \mathrm{d}t$.

解 因为 $\int_x^1 \cos t^2 \mathrm{d}t = -\int_1^x \cos t^2 \mathrm{d}t$. 所以
$$\frac{\mathrm{d}}{\mathrm{d}x}\int_x^1 \cos t^2 \mathrm{d}t = -\frac{\mathrm{d}}{\mathrm{d}x}\int_1^x \cos t^2 \mathrm{d}t = -\cos x^2.$$

例 4 求 $\dfrac{\mathrm{d}}{\mathrm{d}x}\int_1^{x^2} \cos t^2 \mathrm{d}t$.

解 这里上限 x^2 是 x 的函数,所以 $\int_1^{x^2} \cos t^2 \mathrm{d}t$ 是 x 的复合函数. 令 $u = x^2$,并令
$$\Phi(u) = \int_1^u \cos t^2 \mathrm{d}t,$$
则 $\int_1^{x^2} \cos t^2 \mathrm{d}t = \Phi(x^2)$. 由复合函数的求导法则得
$$\frac{\mathrm{d}}{\mathrm{d}x}\int_1^{x^2} \cos t^2 \mathrm{d}t = \frac{\mathrm{d}}{\mathrm{d}x}\Phi(x^2) = \frac{\mathrm{d}\Phi(u)}{\mathrm{d}u} \cdot \frac{\mathrm{d}u}{\mathrm{d}x}$$
$$= \cos u^2 \cdot 2x = 2x\cos x^4.$$

与例 3 及例 4 同理,有下列一般公式:设 $\varphi_1(x)$ 与 $\varphi_2(x)$ 在 $[a,b]$ 上可微且当 $a \leqslant x \leqslant b$ 时 $\varphi_1(x) \leqslant \varphi_2(x)$. 又函数 $f(x)$ 在 $(-\infty, +\infty)$ 上连续,则
$$\frac{\mathrm{d}}{\mathrm{d}x}\int_{\varphi_1(x)}^{\varphi_2(x)} f(t)\mathrm{d}t = f(\varphi_2(x)) \cdot \varphi_2'(x) - f(\varphi_1(x)) \cdot \varphi_1'(x).$$

读者可试着自己证明这一公式.

习 题 5.3

求下列各定积分：

1. $\int_2^4 \left(x+\dfrac{1}{x^2}\right)dx.$
2. $\int_1^4 x^2 dx.$
3. $\int_\pi^{2\pi} \sin\theta d\theta.$
4. $\int_a^0 \dfrac{dx}{a^2+x^2}$ $(a>0).$
5. $\int_0^{\frac{\pi}{2}} \cos\theta d\theta.$
6. $\int_{-1}^0 \dfrac{dt}{4t^2-9}.$
7. $\int_0^a \dfrac{b^2}{a^2}(a^2-x^2)dx.$
8. $\int_{\frac{\pi}{2}}^0 \dfrac{1+\cos 2x}{2}dx.$
9. $\int_0^{10} \dfrac{7}{20-x}dx.$
10. $\int_{-\frac{1}{2}}^{\frac{1}{2}} \dfrac{dx}{\sqrt{1-x^2}}.$
11. $\int_1^2 \dfrac{dx}{\sqrt{4+x^2}}.$
12. $\int_{-1}^1 \dfrac{xdx}{\sqrt{5-4x}}.$
13. $\int_0^{\ln 2} xe^{-x}dx.$
14. $\int_{-1}^{-2} \dfrac{x}{x+3}dx.$
15. $\int_0^{-1} \dfrac{dx}{e^x}.$

在题 16～17 中，证明各不等式：

16. $\dfrac{1}{2} < \int_0^{\frac{1}{2}} \dfrac{dx}{\sqrt{1-x^n}} < \dfrac{\pi}{6}$ $(n>2).$

17. $\dfrac{1}{40} < \int_{10}^{20} \dfrac{x^2 dx}{x^4+x+1} < \dfrac{1}{20}.$

18. 设 $\int_2^x f(u)du = x^3-2x-4$，求 $f(x)$.

19. $y = \int_x^s \sqrt{1+t^2}dt$，求 $\dfrac{dy}{dx}$，其中 s 为常数.

20. $y = \int_0^{\sqrt{x}} \sin(t^2)dt$，求 $\dfrac{dy}{dx}$.

21. $y = \int_{x^4}^{x^5} \cos t^2 dt$，求 $\dfrac{dy}{dx}$.

22. 求极限 $\lim\limits_{n\to\infty}\left(\dfrac{1}{n+1}+\dfrac{1}{n+2}+\cdots+\dfrac{1}{n+n}\right).$

§4 定积分的换元积分法与分部积分法

1. 定积分的换元积分法则

定理 1（换元积分法则） 设

(i) 函数 $f(x)$ 在区间 $[a,b]$ 上连续；

(ii) 作变换 $x=\varphi(t)$，函数 $\varphi(t)$ 在区间 $[\alpha,\beta]$ 上有连续的微商 $\varphi'(t)$，且当 t 在 $[\alpha,\beta]$ 上变化时，$\varphi(t)$ 的值不超出区间 $[a,b]$；

(iii) $\varphi(\alpha)=a, \varphi(\beta)=b$，则

$$\int_a^b f(x)\mathrm{d}x = \int_\alpha^\beta f[\varphi(t)]\varphi'(t)\mathrm{d}t. \tag{1}$$

证 由假设条件可知，函数 $f(x)$ 在区间 $[a,b]$ 上连续，函数 $f[\varphi(t)]\varphi'(t)$ 在区间 $[\alpha,\beta]$ 上连续，所以它们都有原函数，且(1)式两边的定积分都存在. 设 $F(x)$ 是 $f(x)$ 的一个原函数，则 $F[\varphi(t)]$ 是 $f[\varphi(t)]\varphi'(t)$ 的一个原函数. 由牛顿-莱布尼兹公式，(1)式的左边是

$$\int_a^b f(x)\mathrm{d}x = F(b) - F(a),$$

而(1)式的右边是

$$\int_\alpha^\beta f[\varphi(t)]\varphi'(t)\mathrm{d}t = F[\varphi(\beta)] - F[\varphi(\alpha)]$$
$$= F(b) - F(a).$$

这就证明了公式(1). 证毕.

我们指出：利用定积分换元法则求定积分与利用不定积分换元法则求得原函数，再由牛顿-莱布尼兹公式求定积分，这两种办法相比较往往前者要简单. 原因是：在不定积分的换元法则中要求把新变量最后换成原来的积分变量 x. 而利用定积分的换元积分法则则无须这样做. 也正因为如此，定积分换元法则中不要求所作的变量替换 $x=\varphi(t)$ 有反函数. 最后我们强调指出，上述定积分的换元积分法则中，积分变量 t 的上、下限是这样确定的：将 x 的

上限 b 对应的 β 作为上限,而将 a 对应的 α 作为下限. 而无须考虑 α 与 β 的大小关系如何. 这是因为在这个公式的证明中只用到牛顿-莱布尼兹公式,而后者对上限与下限的大小没有限制.

(1)式也可表成
$$\int_a^b f(x)\mathrm{d}x = \int_\alpha^\beta f(\varphi(t))\mathrm{d}\varphi(t),$$
记法是:作变换 $x=\varphi(t)$ 时,$f(x)$ 用 $f(\varphi(t))$ 代替,$\mathrm{d}x$ 用 $\mathrm{d}\varphi(t)=\varphi'(t)\mathrm{d}t$ 代替,上、下限由对应关系确定.

例1 计算定积分 $\int_0^4 \dfrac{\sqrt{x}}{1+\sqrt{x}}\mathrm{d}x$.

解 作变量替换 $\sqrt{x}=t$ 即 $x=t^2(t\geqslant 0)$,于是 $\mathrm{d}x=\mathrm{d}t^2=2t\mathrm{d}t$. 从等式 $0=\alpha^2, 4=\beta^2$,并注意 $t\geqslant 0$,便确定 $\alpha=0, \beta=2$. 由公式(1)我们有

$$\begin{aligned}\int_0^4 \frac{\sqrt{x}}{1+\sqrt{x}}\mathrm{d}x &= \int_0^2 \frac{t}{1+t}\cdot 2t\mathrm{d}t = 2\int_0^2 \frac{t^2}{1+t}\mathrm{d}t \\ &= 2\int_0^2 \left(t-1+\frac{1}{t+1}\right)\mathrm{d}t = 2\left[\frac{t^2}{2}-t+\ln(1+t)\right]_0^2 \\ &= 2(2-2+\ln 3) = 2\ln 3.\end{aligned}$$

例1是将公式(1)中等式左边的积分化为右边的积分,从而求出结果. 有时也可将等式右边的积分化为左边的积分而求得结果.

例2 计算定积分
$$\int_{-\frac{\pi}{2}}^{\frac{\pi}{2}} \sin^2 t\cos t\,\mathrm{d}t.$$

解 令 $x=\sin t$,则当 $t=-\pi/2$ 时,$x=-1$;当 $t=\pi/2$ 时,有 $x=1$. 由公式(1),有

$$\int_{-\frac{\pi}{2}}^{\frac{\pi}{2}}\sin^2 t\cos t\,\mathrm{d}t = \int_{-1}^1 x^2\mathrm{d}x = \frac{1}{3}x^3\bigg|_{-1}^1 = \frac{2}{3}.$$

例3 计算定积分 $\int_0^a \sqrt{a^2-x^2}\,\mathrm{d}x\ (a>0)$.

解 令 $x=a\sin t(0\leqslant t\leqslant \pi/2)$,当 $x=0$ 时,$t=0$.当 $x=a$ 时,$t=\pi/2$.所以有

$$\int_0^a \sqrt{a^2-x^2}\,\mathrm{d}x = \int_0^{\frac{\pi}{2}} a^2\cos^2 t\,\mathrm{d}t = \frac{a^2}{2}\int_0^{\frac{\pi}{2}}[1+\cos 2t]\mathrm{d}t$$

$$= \frac{a^2}{2}\left[t+\frac{\sin 2t}{2}\right]_0^{\frac{\pi}{2}} = \frac{\pi}{4}a^2.$$

在这个例子中,我们对变量 t 作限制 $0\leqslant t\leqslant \pi/2$.这是因为在这个限制下才有 $\sqrt{a^2-x^2}=a\cos t$,否则 $a\cos t$ 前面的符号是不确定的.

例 4 计算定积分 $\int_{-2a}^{-\frac{2a}{\sqrt{3}}} \frac{\sqrt{x^2-a^2}}{x^3}\mathrm{d}x\ (a>0)$.

解 因 x 的变化域是 $\left[-2a,-\frac{2}{\sqrt{3}}a\right]$,所以我们作变量替换 $x=-a\sec t$,t 的变化域可限为 $(0,\pi/2)$,当 $x=-2a$ 时,$t=\pi/3$.当 $x=-2a/\sqrt{3}$ 时,$t=\pi/6$.又 $\mathrm{d}x=-a\sec t\cdot\tan t\mathrm{d}t$.所以

$$\int_{-2a}^{-\frac{2a}{\sqrt{3}}} \frac{\sqrt{x^2-a^2}}{x^3}\mathrm{d}x = \int_{\frac{\pi}{3}}^{\frac{\pi}{6}} \frac{\sqrt{a^2\tan^2 t}}{(-a\sec t)^3}\cdot(-a\sec t\cdot\tan t)\mathrm{d}t$$

$$= \int_{\frac{\pi}{3}}^{\frac{\pi}{6}} \frac{a\tan t}{-a^3\sec^3 t}\cdot(-a\sec t\cdot\tan t)\mathrm{d}t = \frac{1}{a}\int_{\frac{\pi}{3}}^{\frac{\pi}{6}}\sin^2 t\mathrm{d}t$$

$$= \frac{1}{a}\int_{\frac{\pi}{3}}^{\frac{\pi}{6}}\frac{1-\cos 2t}{2}\mathrm{d}t = \frac{1}{a}\left[\frac{t}{2}-\frac{\sin 2t}{4}\right]_{\frac{\pi}{3}}^{\frac{\pi}{6}}$$

$$= \frac{1}{a}\left[\frac{\pi}{12}-\frac{\pi}{6}-\frac{\sin\frac{\pi}{3}}{4}+\frac{\sin\frac{2\pi}{3}}{4}\right] = -\frac{\pi}{12a}.$$

本例中积分变量 t 的下限比上限大,这是正确的.因为这是符合换元积分法中上、下限的对应原则的.

例 5 证明 $\int_0^{\frac{\pi}{2}}\sin^n x\mathrm{d}x = \int_0^{\frac{\pi}{2}}\cos^n x\mathrm{d}x$.

证 令 $x=\frac{\pi}{2}-t$，则上式左边化为

$$\int_0^{\frac{\pi}{2}} \sin^n x \,dx = -\int_{\frac{\pi}{2}}^0 \sin^n\left(\frac{\pi}{2}-t\right) dt = \int_0^{\frac{\pi}{2}} \cos^n t \,dt = \int_0^{\frac{\pi}{2}} \cos^n x \,dx.$$

例 6 设函数 $f(x)$ 在区间 $[-a,a]$ 上连续. 试证当 $f(x)$ 是偶函数时

$$\int_{-a}^a f(x)\,dx = 2\int_0^a f(x)\,dx;$$

当 $f(x)$ 是奇函数时

$$\int_{-a}^a f(x)\,dx = 0.$$

证 我们有

$$\int_{-a}^a f(x)\,dx = \int_0^a f(x)\,dx + \int_{-a}^0 f(x)\,dx.$$

设 $f(x)$ 是偶函数，即 $f(-x)=f(x)$. 这时

$$\int_{-a}^0 f(x)\,dx \xrightarrow{\text{令 } x=-t} \int_a^0 f(-t)(-dt) = \int_0^a f(t)\,dt$$

$$= \int_0^a f(x)\,dx,$$

所以
$$\int_{-a}^a f(x)\,dx = 2\int_0^a f(x)\,dx.$$

设 $f(x)$ 是奇函数，即 $f(-x)=-f(x)$. 这时

$$\int_{-a}^0 f(x)\,dx \xrightarrow{x=-t} \int_a^0 f(-t)(-dt) = -\int_0^a f(t)\,dt$$

$$= -\int_0^a f(x)\,dx,$$

所以
$$\int_{-a}^a f(x)\,dx = 0.$$

从图 5.15, 5.16 读者可以看出例 6 中结论的几何意义.

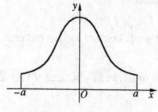
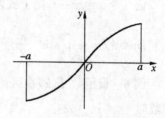

图 5.15 左右对称　　　　图 5.16 关于原点对称

例 7 设 $y=f(x)$ 是定义在 $(-\infty,+\infty)$ 上的连续的周期函数,其周期为 T,即对任一 x 都有
$$f(x+T)=f(x).$$
试证明:
$$\int_a^{a+T} f(x)\mathrm{d}x = \int_0^T f(x)\mathrm{d}x,$$
其中 a 为任意实数.

证 从图 5.17 看出,只需证明 $\int_T^{T+a} f(x)\mathrm{d}x = \int_0^a f(x)\mathrm{d}x$,原式就容易证明了.

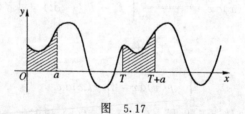

图 5.17

令 $x=t+T$ 即 $t=x-T$,则
$$\int_T^{T+a} f(x)\mathrm{d}x = \int_0^a f(t+T)\mathrm{d}t = \int_0^a f(t)\mathrm{d}t = \int_0^a f(x)\mathrm{d}x.$$
于是
$$\begin{aligned}\int_a^{a+T} f(x)\mathrm{d}x &= \int_a^T f(x)\mathrm{d}x + \int_T^{a+T} f(x)\mathrm{d}x \\ &= \int_a^T f(x)\mathrm{d}x + \int_0^a f(x)\mathrm{d}x = \int_0^T f(x)\mathrm{d}x.\end{aligned}$$

证毕.

例 7 告诉我们：对于以 T 为周期的周期函数，在任意一个长度为 T 的区间上的积分，其积分值都相等. 由此可得

$$\int_0^{2\pi} \sin x \mathrm{d}x = \int_{-\pi}^{\pi} \sin x \mathrm{d}x, \quad \int_0^{2n\pi} \cos x \mathrm{d}x = n\int_0^{2\pi} \cos x \mathrm{d}x,$$

$$\int_0^{\pi} \cos^4 t \mathrm{d}t = \int_{-\frac{\pi}{2}}^{\frac{\pi}{2}} \cos^4 t \mathrm{d}t$$

等等.

例 8 求旋轮线 $x=a(t-\sin t), y=a(1-\cos t)$ 的一拱（x 从 0 变到 $2\pi a$）与 x 轴围成的平面图形的面积 A.

解 旋轮线的图形如图 5.18 所示，

$$A = \int_0^{2\pi a} y \mathrm{d}x.$$

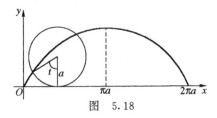

图 5.18

令 $x=a(t-\sin t)$，则 $y=a(1-\cos t)$，当 t 从 0 变到 2π 时，x 由 0 变到 $2\pi a$. 又 $\mathrm{d}x=a(1-\cos t)\mathrm{d}t$，我们有

$$\begin{aligned}
A &= \int_0^{2\pi} a(1-\cos t) \cdot a(1-\cos t)\mathrm{d}t \\
&= a^2 \int_0^{2\pi} (1 - 2\cos t + \cos^2 t)\mathrm{d}t \\
&= a^2 \int_0^{2\pi} \left(1 - 2\cos t + \frac{1+\cos 2t}{2}\right)\mathrm{d}t \\
&= a^2 \int_0^{2\pi} \left(\frac{3}{2} - 2\cos t + \frac{\cos 2t}{2}\right)\mathrm{d}t \\
&= a^2 \left[\frac{3}{2}t - 2\sin t + \frac{\sin 2t}{4}\right]_0^{2\pi} = 3\pi a^2.
\end{aligned}$$

2. 定积分的分部积分法则

定理 2 设 $u(x)$ 与 $v(x)$ 在区间 $[a,b]$ 上有连续的微商 $u'(x)$ 与 $v'(x)$，则有
$$\int_a^b uv'\mathrm{d}x = uv\Big|_a^b - \int_a^b u'v\mathrm{d}x.$$

或
$$\int_a^b u\mathrm{d}v = uv\Big|_a^b - \int_a^b v\mathrm{d}u. \tag{2}$$

证 由假设条件，$u'v$ 与 uv' 在 $[a,b]$ 上都连续，因而它们在这个区间上可积. 因
$$(uv)' = u'v + uv',$$
故
$$\int_a^b (uv)'\mathrm{d}x = \int_a^b (u'v + uv')\mathrm{d}x.$$
利用牛顿-莱布尼兹公式，我们有
$$\int_a^b (uv)'\mathrm{d}x = uv\Big|_a^b,$$
因此
$$uv\Big|_a^b = \int_a^b u'v\mathrm{d}x + \int_a^b uv'\mathrm{d}x,$$
移项即得 (2) 式.

例 9 求定积分 $\int_0^1 xe^x\mathrm{d}x$.

解 $\int_0^1 xe^x\mathrm{d}x = \int_0^1 x\mathrm{d}e^x = xe^x\Big|_0^1 - \int_0^1 e^x\mathrm{d}x = e - [e^x]_0^1 = 1.$

例 10 求定积分 $I_n = \int_0^{\frac{\pi}{2}} \sin^n x\mathrm{d}x$，其中 $n(\geqslant 2)$ 是正整数.

解 利用分部积分法则，得到
$$I_n = -\int_0^{\frac{\pi}{2}} \sin^{n-1} x\mathrm{d}(\cos x)$$
$$= -\Big[\sin^{n-1} x\cos x\Big]_0^{\frac{\pi}{2}} + \int_0^{\frac{\pi}{2}} \cos x\mathrm{d}(\sin^{n-1} x)$$

$$= (n-1)\int_0^{\frac{\pi}{2}} \sin^{n-2}x \cos^2 x \, dx$$

$$= (n-1)\int_0^{\frac{\pi}{2}} \sin^{n-2}x (1-\sin^2 x) \, dx$$

$$= (n-1)\int_0^{\frac{\pi}{2}} \sin^{n-2}x \, dx - (n-1)\int_0^{\frac{\pi}{2}} \sin^n x \, dx.$$

即 $I_n = (n-1)I_{n-2} - (n-1)I_n,$

移项得 $I_n = \dfrac{n-1}{n} I_{n-2}.$

这是一个递推公式. 逐次地运用这个公式就可以减少 I_n 的标号 n 以至最后到达 I_0 或 I_1(视 n 为偶数或奇数而定), 而 I_0 与 I_1 是容易计算的:

$$I_0 = \int_0^{\frac{\pi}{2}} (\sin x)^0 dx = \int_0^{\frac{\pi}{2}} 1 \, dx = \frac{\pi}{2},$$

$$I_1 = \int_0^{\frac{\pi}{2}} \sin x \, dx = -\left[\cos x\right]_0^{\frac{\pi}{2}} = 1.$$

当 $n=2k$(k 为正整数)时, 我们有

$$I_{2k} = \frac{2k-1}{2k} \cdot I_{2k-2} = \frac{2k-1}{2k} \cdot \frac{2k-3}{2k-2} \cdot I_{2k-4}$$

$$= \cdots = \frac{2k-1}{2k} \cdot \frac{2k-3}{2k-2} \cdots \cdot \frac{5}{6} \cdot \frac{3}{4} \cdot \frac{1}{2} \cdot I_0$$

$$= \frac{(2k-1) \cdot (2k-3) \cdots 5 \cdot 3 \cdot 1}{2k \cdot (2k-2) \cdots 6 \cdot 4 \cdot 2} \cdot \frac{\pi}{2}. \tag{3}$$

当 $n=2k+1$ 时, 我们有

$$I_{2k+1} = \frac{2k}{2k+1} \cdot \frac{2k-2}{2k-1} \cdots \cdot \frac{6}{7} \cdot \frac{4}{5} \cdot \frac{2}{3} \cdot 1$$

$$= \frac{2k \cdot (2k-2) \cdots 6 \cdot 4 \cdot 2}{(2k+1) \cdot (2k-1) \cdots 7 \cdot 5 \cdot 3}. \tag{4}$$

为简单起见, 我们有时将上面得到的结果分别表为

$$I_{2k} = \frac{(2k-1)!!}{(2k)!!} \cdot \frac{\pi}{2}, \quad I_{2k+1} = \frac{(2k)!!}{(2k+1)!!}.$$

这里,符号 $n!!$ 表示不超过 n 的自然数的"二进阶乘". 例如 $6!!=6\cdot 4\cdot 2$;$7!!=7\cdot 5\cdot 3\cdot 1$,等等.

从例 10 看出,若先利用不定积分的分部积分法则求出原函数,然后再求定积分,要比这里的解法复杂得多.

记住公式(3)与(4)是有益的,因为今后遇到的定积分或重积分的计算中,很多题目都可归结为计算

$$I_n = \int_0^{\frac{\pi}{2}} \sin^n x \mathrm{d}x = \int_0^{\frac{\pi}{2}} \cos^n x \mathrm{d}x.$$

例 11 求 $\int_0^{\frac{\pi}{2}} \cos^4 2x \mathrm{d}x$.

解 通过变换,可将所求积分化为上述 I_n. 事实上,令 $t=2x$,则

$$\int_0^{\frac{\pi}{2}} \cos^4 2x \mathrm{d}x = \frac{1}{2} \int_0^{\pi} \cos^4 t \mathrm{d}t = \frac{1}{2} \int_{-\frac{\pi}{2}}^{\frac{\pi}{2}} \cos^4 t \mathrm{d}t$$

$$= \int_0^{\frac{\pi}{2}} \cos^4 t \mathrm{d}t = I_4 = \frac{3}{4} \cdot \frac{1}{2} \cdot \frac{\pi}{2} = \frac{3\pi}{16}.$$

例 12 求 $\int_0^1 x^5 \sqrt{1-x^2} \mathrm{d}x$.

解 令 $x=\sin t$ $\left(0 \leqslant t \leqslant \frac{\pi}{2}\right)$,则

$$\int_0^1 x^5 \sqrt{1-x^2} \mathrm{d}x = \int_0^{\frac{\pi}{2}} \sin^5 t \cos^2 t \mathrm{d}t = \int_0^{\frac{\pi}{2}} \sin^5 t (1-\sin^2 t) \mathrm{d}t$$

$$= I_5 - I_7 = \left(1 - \frac{6}{7}\right) \frac{4}{5} \cdot \frac{2}{3} \cdot 1 = \frac{8}{105}.$$

习 题 5.4

在题 1~19 中,利用定积分的换元法和分部积分法求各定积分:

1. $\int_0^1 x^2 \sqrt{1-x^2} \mathrm{d}x$. 　　2. $\int_0^{\pi} x \sin x \mathrm{d}x$.

3. $\int_{-a}^{a} \dfrac{x^2 \mathrm{d}x}{\sqrt{a^2+x^2}}$.

4. $\int_{0}^{4} \sqrt{x^2+9}\,\mathrm{d}x$.

5. $\int_{0}^{\frac{1}{2}} \dfrac{x^2 \mathrm{d}x}{\sqrt{1-x^2}}$.

6. $\int_{0}^{1} t e^t \mathrm{d}t$.

7. $\int_{0}^{1} \sqrt{4-x^2}\,\mathrm{d}x$.

8. $\int_{3}^{4} \dfrac{\mathrm{d}x}{3x\sqrt{25-x^2}}$.

9. $\int_{0}^{3} x \sqrt[3]{1-x^2}\,\mathrm{d}x$.

10. $\int_{-\frac{\pi}{2}}^{\frac{\pi}{2}} \sqrt{\cos x - \cos^3 x}\,\mathrm{d}x$.

11. $\int_{0}^{\pi} x \cos x\,\mathrm{d}x$.

12. $\int_{\frac{1}{e}}^{e} |\ln x|\,\mathrm{d}x$.

13. $\int_{0}^{a}(a^2-x^2)^{\frac{n}{2}}\mathrm{d}x$.

14. $\int_{0}^{4} \dfrac{\mathrm{d}x}{1+\sqrt{x}}$.

15. $\int_{0}^{3} \dfrac{\mathrm{d}x}{(x+2)\sqrt{x+1}}$.

16. $\int_{3}^{29} \dfrac{(x-2)^{\frac{2}{3}}}{(x-2)^{\frac{2}{3}}+3}\mathrm{d}x$.

17. $\int_{0}^{\frac{\pi}{2}} \dfrac{\mathrm{d}\varphi}{12+13\cos\varphi}$.

18. $\int_{0}^{\frac{\pi}{2}} \sin^{11} x\,\mathrm{d}x$; $\int_{0}^{\pi} \sin^6 \dfrac{x}{2}\,\mathrm{d}x$.

19. $\int_{-1}^{-2} \dfrac{\sqrt{x^2-1}}{x}\,\mathrm{d}x$.

20. 证明 $\int_{0}^{a} f(x)\mathrm{d}x = \int_{0}^{a} f(a-x)\mathrm{d}x$.

21. 证明：

$$\int_{0}^{2\pi} \cos^{2n} x\,\mathrm{d}x = 4\int_{0}^{\frac{\pi}{2}} \cos^{2n} x\,\mathrm{d}x, \quad n \text{ 为正整数}.$$

22. 设 $f(x)$ 在 $[-a,a]$ 上连续，证明：

$$\int_{-a}^{a} f(x)\mathrm{d}x = \int_{0}^{a} [f(x)+f(x-a)]\mathrm{d}x.$$

23. 设 $f(x)$ 在 $[a,b]$ 上连续，证明：

$$\int_{a}^{b} f(x)\mathrm{d}x = (b-a)\int_{0}^{1} f[a+(b-a)x]\mathrm{d}x.$$

24. 证明：$\int_{0}^{a} x^3 f(x^2)\mathrm{d}x = \dfrac{1}{2}\int_{0}^{a^2} x f(x)\mathrm{d}x$.

25. 证明：$\int_{0}^{1} x^m (1-x)^n \mathrm{d}x = \int_{0}^{1} x^n (1-x)^m \mathrm{d}x$.

26. 利用分部积分公式证明：若 $f(x)$ 连续，则
$$\int_0^x \left[\int_0^t f(u)\mathrm{d}u\right]\mathrm{d}t = \int_0^x f(t) \cdot (x-t)\mathrm{d}t.$$

27. 设函数 f 在区间 $[0,1]$ 上连续，利用换元积分法则证明
$$\int_0^\pi xf(\sin x)\mathrm{d}x = \pi \int_0^{\frac{\pi}{2}} f(\sin x)\mathrm{d}x.$$

28. 利用上题的结果，求
$$\int_0^\pi \frac{x\sin x}{1+\cos^2 x}\mathrm{d}x.$$

§5 定积分的应用举例

现在举一些例子说明定积分在几何、物理和其他方面的应用．希望读者通过这些例子能掌握其中的方法，做到举一反三，以便解决更多的应用问题．

1. 旋转体的体积

一曲边梯形绕 x 轴（或 y 轴）旋转而成的立体叫做旋转体．我们先根据定积分的概念导出旋转体的体积公式，然后讲几个例题．

设曲边梯形由曲线 $y=f(x)$ ($a \leqslant x \leqslant b$) 及直线 $x=a$，$x=b$，$y=0$ 围成，其中函数 $y=f(x)$ 在区间 $[a,b]$ 上连续且不取负值．将这个曲边梯形绕 x 轴旋转一周而成的旋转体的体积记作 V．用分点
$$a = x_0 < x_1 < x_2 < \cdots < x_{n-1} < x_n = b$$
将区间 $[a,b]$ 分成 n 个小区间．通过各分点作垂直于 x 轴的截面，将整个旋转体分成 n 片．令 ΔV_k ($k=1,2,\cdots,n$) 表示第 k 片的体积，则有
$$V = \sum_{k=1}^n \Delta V_k.$$

在每一个小区间 $[x_{k-1}, x_k]$ 上任取一点 ξ_k,于是,当 $\Delta x_k = x_k - x_{k-1}$ 很小时,可以认为小片的体积 ΔV_k 近似地等于高为 Δx_k,底半径为 $f(\xi_k)$ 的正圆柱体的体积(图 5.19),即

$$\Delta V_k \approx \pi [f(\xi_k)]^2 \Delta x_k.$$

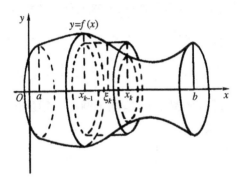

图 5.19

因此,
$$V \approx \sum_{k=1}^{n} \pi [f(\xi_k)]^2 \Delta x_k.$$

与前面一样,令
$$\lambda = \max_{1 \leqslant k \leqslant n} \Delta x_k,$$

则当 $\lambda \to 0$ 时就得到
$$V = \lim_{\lambda \to 0} \sum_{k=1}^{n} \pi [f(\xi_k)]^2 \Delta x_k.$$

根据定积分的定义,上式右边正是函数 $\pi [f(x)]^2$ 在区间 $[a,b]$ 上的定积分,所以

$$V = \pi \int_a^b [f(x)]^2 dx = \pi \int_a^b y^2 dx.$$

例1 求椭圆

$$\frac{x^2}{a^2} + \frac{y^2}{b^2} = 1 \quad (a > 0, b > 0)$$

的上半部与 x 轴围成的曲边梯形绕 x 轴旋转而成的椭球的体积

(见图 5.20).

解 椭圆上半部的方程是

$$y = \frac{b}{a}\sqrt{a^2 - x^2}.$$

根据旋转体体积的公式与对称性,所求椭球的体积是

$$V = 2\pi \int_0^a \frac{b^2}{a^2}(a^2 - x^2)dx = 2\pi \frac{b^2}{a^2}\int_0^a (a^2 - x^2)dx$$

$$= 2\pi \frac{b^2}{a^2}\left[a^2 x - \frac{x^3}{3}\right]_0^a = 2\pi \frac{b^2}{a^2} \cdot \frac{2}{3}a^3 = \frac{4}{3}\pi ab^2.$$

特别地,当 $a = b$ 时,椭圆变成圆,上半圆绕 x 轴旋转而得一球,从而有球的体积公式

$$V = \frac{4}{3}\pi a \cdot a^2 = \frac{4}{3}\pi a^3.$$

例 2 求圆

$$x^2 + (y-b)^2 = a^2 \quad (a, b \text{ 为正数}, b > a)$$

绕 x 轴旋转所得之环体的体积 V(见图 5.21).

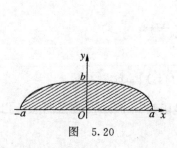

图 5.20

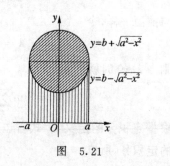

图 5.21

解 上半圆

$$y = b + \sqrt{a^2 - x^2}$$

与 $x = -a, x = a$ 以及 x 轴围成的曲边梯形绕 x 轴旋转所成立体体积

$$V_1 = 2\pi \int_0^a (b + \sqrt{a^2 - x^2})^2 dx.$$

230

下半圆
$$y = b - \sqrt{a^2 - x^2}$$
与 $x=-a, x=a$ 以及 x 轴围成的曲边梯形绕 x 轴旋转所成立体体积

$$V_2 = 2\pi \int_0^a (b - \sqrt{a^2 - x^2})^2 dx.$$

因为 $V=V_1-V_2$, 所以我们得到

$$V = 2\pi \int_0^a (b + \sqrt{a^2 - x^2})^2 dx - 2\pi \int_0^a (b - \sqrt{a^2 - x^2})^2 dx$$

$$= 2\pi \int_0^a [(b + \sqrt{a^2 - x^2})^2 - (b - \sqrt{a^2 - x^2})^2] dx$$

$$= 2\pi \int_0^a 4b\sqrt{a^2 - x^2}\, dx = 8\pi b \int_0^a \sqrt{a^2 - x^2}\, dx$$

$$= 8\pi b \cdot \frac{\pi a^2}{4} = 2\pi^2 a^2 b.$$

2. 曲线的弧长

设曲线弧 $\stackrel{\frown}{AB}$ 由参数方程

$$x = \varphi(t), \quad y = \psi(t) \quad (\alpha \leqslant t \leqslant \beta)$$

给出(图 5.22), 点 A 对应于参数 $t=\alpha$, 点 B 对应于参数 $t=\beta$, 假

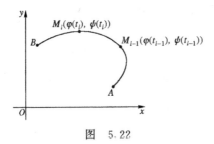

图 5.22

定函数 $\varphi(t)$ 与 $\psi(t)$ 都有连续的微商 $\varphi'(t)$ 与 $\psi'(t)$, 则曲线弧 $\stackrel{\frown}{AB}$ 的长度由公式

$$s = \int_\alpha^\beta \sqrt{(x_t')^2 + (y_t')^2} \mathrm{d}t = \int_\alpha^\beta \sqrt{[\varphi'(t)]^2 + [\psi'(t)]^2} \mathrm{d}t$$

给出.

证 用分点 $\alpha = t_0 < t_1 < t_2 < \cdots < t_n = \beta$ 将区间 $[\alpha, \beta]$ 分成 n 份, 它们对应于曲线的分点 $A = M_0, M_1, \cdots, M_n = B$, 点 M_i 的坐标为 $(\varphi(t_i), \psi(t_i))$ $(i = 0, 1, 2, \cdots, n)$. 令 $\Delta s_i (i = 1, 2, \cdots, n)$ 表示小弧段 $\overset{\frown}{M_{i-1}M_i}$ 的长度, 则有

$$s = \sum_{i=1}^n \Delta s_i.$$

当分割很细时, $\overset{\frown}{M_{i-1}M_i}$ 的长度可用弦 $\overline{M_{i-1}M_i}$ 的长度近似代替, 即

$$\Delta s_i \approx \sqrt{[\varphi(t_i) - \varphi(t_{i-1})]^2 + [\psi(t_i) - \psi(t_{i-1})]^2}$$
$$\approx \sqrt{[\varphi'(t_{i-1})\Delta t_i]^2 + [\psi'(t_{i-1})\Delta t_i]^2}$$
$$= \sqrt{\varphi'^2(t_{i-1}) + \psi'^2(t_{i-1})} \Delta t_i,$$

因此

$$s \approx \sum_{i=1}^n \sqrt{\varphi'^2(t_{i-1}) + \psi'^2(t_{i-1})} \Delta t_i.$$

令

$$\lambda = \max_{1 \leqslant i \leqslant n} \Delta t_i,$$

则当 $\lambda \to 0$ 时, 就有

$$s = \lim_{\lambda \to 0} \sum_{i=1}^n \sqrt{\varphi'^2(t_{i-1}) + \psi'^2(t_{i-1})} \Delta t_i = \int_\alpha^\beta \sqrt{\varphi'^2(t) + \psi'^2(t)} \mathrm{d}t.$$

例 3 求旋轮线 $x = a(t - \sin t), y = a(1 - \cos t)$ 的第一拱的弧长 s $(a > 0)$.

解 求微商, 得 $x'(t) = a(1 - \cos t), y'(t) = a\sin t$. 所以

$$\sqrt{[x'(t)]^2 + [y'(t)]^2} = a\sqrt{2(1 - \cos t)} = 2a\left|\sin \frac{t}{2}\right|.$$

因为第一拱相应于参数 t 从 0 到 2π, 这时 $\sin \frac{t}{2} \geqslant 0$, 因此弧长为

$$s = \int_0^{2\pi} 2a \left|\sin \frac{t}{2}\right| \mathrm{d}t = 2a \int_0^{2\pi} \sin \frac{t}{2} \mathrm{d}t$$
$$= 2a \left[-2\cos \frac{t}{2}\right]_0^{2\pi} = 8a.$$

一般地说,在曲线弧$\widehat{AB}$上任取一点M,设相应的参数值为t,则变弧$\widehat{AM}$之长s由下式计算:
$$s = s(t) = \widehat{AM} = \int_\alpha^t \sqrt{\varphi'^2(t) + \psi'^2(t)}\mathrm{d}t.$$
将$s(t)$对积分上限t求导数,得
$$\frac{\mathrm{d}s}{\mathrm{d}t} = \sqrt{\varphi'^2(t) + \psi'^2(t)},$$
因而 $\mathrm{d}s = \sqrt{\varphi'^2(t)+\psi'^2(t)}\mathrm{d}t = \sqrt{\left(\frac{\mathrm{d}x}{\mathrm{d}t}\right)^2 + \left(\frac{\mathrm{d}y}{\mathrm{d}t}\right)^2}\mathrm{d}t.$

称$\mathrm{d}s$为变弧$\widehat{AM}$的微分,简称**弧微分**.利用弧微分,上述曲线弧$\widehat{AB}$的长度s可表为
$$s = \int_\alpha^\beta \mathrm{d}s.$$

当曲线弧$\widehat{AB}$由方程$y=f(x)(a \leqslant x \leqslant b)$给出时,可取$x$作为参数,即取关系式
$$\begin{cases} x = x, \\ y = f(x) \end{cases} a \leqslant x \leqslant b$$
作为曲线的参数方程.这时,弧微分公式是
$$\mathrm{d}s = \sqrt{1 + y'^2}\mathrm{d}x.$$
当曲线方程由极坐标$r = r(\theta)(\alpha \leqslant \theta \leqslant \beta)$给出时,可取曲线的参数方程为
$$\begin{cases} x = r(\theta)\cos\theta, \\ y = r(\theta)\sin\theta \end{cases} \alpha \leqslant \theta \leqslant \beta.$$
这时弧微分$\mathrm{d}s = \sqrt{x_\theta'^2 + y_\theta'^2}\mathrm{d}\theta$,其中
$$\begin{cases} x_\theta' = r_\theta'\cos\theta - r\sin\theta, \\ y_\theta' = r_\theta'\sin\theta + r\cos\theta. \end{cases}$$
所以 $\quad x_\theta'^2 + y_\theta'^2 = r^2 + r_\theta'^2.$

于是我们有
$$\mathrm{d}s = \sqrt{r^2(\theta) + [r'(\theta)]^2}\mathrm{d}\theta.$$

因此，在直角坐标系中的弧长公式是
$$s = \int_a^b \mathrm{d}s = \int_a^b \sqrt{1+[f'(x)^2]}\,\mathrm{d}x.$$
在极坐标下的弧长公式是
$$s = \int_\alpha^\beta \mathrm{d}s = \int_\alpha^\beta \sqrt{r^2(\theta)+[r'(\theta)]^2}\,\mathrm{d}\theta.$$

例 4 求悬链线
$$y = \frac{a}{2}(e^{\frac{x}{a}}+e^{-\frac{x}{a}})$$
由 $x=0$ 至 $x=b$ 这一段弧长（见图 5.23）。

解 由已知条件 $y' = \frac{1}{2}(e^{\frac{x}{a}}-e^{-\frac{x}{a}})$，由弧长公式

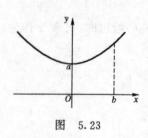

图 5.23

$$\begin{aligned}
s &= \int_0^b \sqrt{1+\left[\frac{1}{2}(e^{\frac{x}{a}}-e^{-\frac{x}{a}})\right]^2}\,\mathrm{d}x \\
&= \int_0^b \frac{1}{2}(e^{\frac{x}{a}}+e^{-\frac{x}{a}})\,\mathrm{d}x \\
&= \frac{a}{2}\left[e^{\frac{x}{a}}-e^{-\frac{x}{a}}\right]_0^b \\
&= \frac{a}{2}(e^{\frac{b}{a}}-e^{-\frac{b}{a}}).
\end{aligned}$$

3. 微元法

由前面各例看出，应用定积分来求某一个量 Q 时，首先要求这个量是分布在某一区间上的可加函数，即：当我们把量 Q 所分布的区间 $[a,b]$ 分成 n 个小区间 $[x_{k-1}, x_k]$ $(k=1,2,\cdots,n)$ 后，总的量 Q 等于对应于各小区间上的部分量 ΔQ_k 的和：$Q = \sum_{k=1}^n \Delta Q_k$；其次是能用均匀分布在 $[x_{k-1}, x_k]$ 上的量 $q(\xi_k)\cdot\Delta x_k$ 来近似地代替 ΔQ_k，即

$$\Delta Q_k \approx q(\xi_k)\cdot\Delta x_k, \tag{1}$$

其中 $x_{k-1} \leqslant \xi_k \leqslant x_k$，$\Delta x_k = x_k - x_{k-1}$。最后得到近似式：

$$Q = \sum_{k=1}^{n} \Delta Q_k \approx \sum_{k=1}^{n} q(\xi_k) \cdot \Delta x_k. \qquad (2)$$

令 $\lambda = \max\limits_{1 \leqslant k \leqslant n} \Delta x_k \to 0$,

取极限就得到了量 Q 的精确值

$$Q = \lim_{\lambda \to 0} \sum_{k=1}^{n} q(\xi_k) \cdot \Delta x_k = \int_a^b q(x) \mathrm{d}x.$$

我们可以把以上的步骤归纳为：分割,近似代替,求和,取极限.在这里,关键的一步是"近似代替",即选择函数 $q(x)$,使得当 $\Delta x_k \to 0$ 时 ΔQ_k 与 $q(\xi_k)\Delta x_k$ 是等价的无穷小量,从而它们的误差是比 Δx_k 更高阶的无穷小量,这样,才有可能通过取极限得到量 Q 的精确值.否则有可能导致错误的结果.例如,在导出弧长公式时,我们如果不用分割后的小弦长 $\sqrt{\Delta x_i^2 + \Delta y_i^2}$ 来近似代替小的弧长而是由 $|\Delta x_i|$ 来代替小的弧长,这就会导致错误的弧长公式 $\left(s = \int_a^b \mathrm{d}x = b-a\right)$.产生这种错误的原因在于 $|\Delta x_i|$ 与 Δs_i 不是等价的无穷小量.在处理实际问题时,用怎样的量作近似代替,这需要对具体问题作具体分析.一般说来,可以先从实际意义出发考虑近似公式的合理性.从理论上说,则要求

$$\Delta Q_k - q(\xi_k)\Delta x_k = o(\Delta x_k), \quad \Delta x_k \to 0.$$

下面我们还将举一些应用的例子,请读者从中总结经验.

在实际应用时,常将上述步骤简化.我们不必每次都说将区间分作 n 等份,而是用 $[x, x+\mathrm{d}x]$ 表示任意取定的一个小区间,以 ΔQ 表示这个小区间所对应的 Q 的部分量;再根据具体问题,找出函数 $q(x)$,使 $\Delta Q \approx q(x)\mathrm{d}x$, $q(x)\mathrm{d}x$ 称为 Q 的**微元**,记作 $\mathrm{d}Q$;然后把求和与取极限两个步骤合成为求定积分,即直接用 $q(x)\mathrm{d}x$ 的定积分表示 Q:

$$Q = \int_a^b \mathrm{d}Q = \int_a^b q(x)\mathrm{d}x.$$

用这种简化的步骤来解决实际问题的方法称为**微元分析法**,或简

称微元法.

4. 旋转体的侧面积

设有平面曲线弧$\overset{\frown}{AB}$,它由参数方程
$$x = \varphi(t), \quad y = \psi(t) \quad (\alpha \leqslant t \leqslant \beta)$$
给出. 令 F 代表曲线弧$\overset{\frown}{AB}$绕 x 轴旋转所成的旋转体的侧面积. 我们来证明:当 $\varphi'(t)$ 与 $\psi'(t)$ 连续时,有侧面积公式
$$F = 2\pi \int_{\alpha}^{\beta} \psi(t) \sqrt{[\varphi'(t)]^2 + [\psi'(t)]^2} dt.$$

为证明此公式,我们在$[\alpha,\beta]$中任取一小区间$[t,t+dt]$,设它对应于弧段$\overset{\frown}{MM'}$. 弧段$\overset{\frown}{MM'}$绕 x 轴旋转所得的旋转体的侧面积 ΔF 可用弦$\overline{MM'}$绕 x 轴旋转所得的圆台的侧面积(参见图 5.24 中带阴影的部分)近似代替. 而此圆台的两底半径分别为 $\psi(t)$ 及 $\psi(t+dt)$,斜高为$\overline{MM'}$,故圆台侧面积为
$$\pi[\psi(t)+\psi(t+dt)]\sqrt{[\varphi(t+dt)-\varphi(t)]^2+[\psi(t+dt)-\psi(t)]^2}$$
$$\approx 2\pi\psi(t)\sqrt{\varphi'^2(t)+\psi'^2(t)}dt,$$

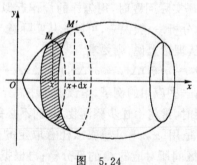

图 5.24

因此
$$\Delta F \approx 2\pi\psi(t)\sqrt{\varphi'^2(t)+\psi'^2(t)}dt.$$
于是侧面积 F 的微元
$$dF = 2\pi\psi(t)\sqrt{\varphi'^2+\psi'^2}dt.$$
所以
$$F = 2\pi \int_{\alpha}^{\beta} \psi(t) \sqrt{\varphi'^2+\psi'^2} dt.$$

以上侧面积公式还可简写成
$$F = 2\pi \int_{(A)}^{(B)} y \mathrm{d}s.$$

如果曲线弧 $\widehat{AB}$ 是由方程 $y=f(x)(a \leqslant x \leqslant b)$ 或极坐标方程 $r=r(\theta)$ $(\alpha \leqslant \theta \leqslant \beta)$ 给出的,则可分别取 x 或 θ 作为参数,从而得到相应的侧面积公式

$$F = 2\pi \int_a^b y\sqrt{1+y'^2}\mathrm{d}x,$$
$$F = 2\pi \int_\alpha^\beta [r(\theta)\sin\theta]\sqrt{r^2+r_\theta'^2}\mathrm{d}\theta.$$

对于曲线弧 $\widehat{AB}$ 绕 y 轴旋转的情形,请读者自己考虑.

例 5 求旋轮线 $x=a(t-\sin t), y=a(1-\cos t)$ 的一拱绕 x 轴旋转所成旋转体的侧面积 F.

解 由于
$$\mathrm{d}s = \sqrt{x'^2+y'^2}\mathrm{d}t = 2a\left|\sin\frac{t}{2}\right|\mathrm{d}t,$$
又
$$y = a(1-\cos t) = 2a\sin^2\frac{t}{2}.$$
因此 $F = 2\pi \int_0^{2\pi} 4a^2\sin^3\frac{t}{2}\mathrm{d}t$
$$\xlongequal{u=\frac{t}{2}} 16\pi a^2 \int_0^\pi \sin^3 u \mathrm{d}u = 16\pi a^2 \cdot 2I_3 = \frac{64}{3}\pi a^2.$$

5. 引力的计算

由万有引力定律我们知道,距离为 r 的两质点间的引力的绝对值为
$$|\boldsymbol{F}| = k\frac{m_1 m_2}{r^2},$$
其中 m_1, m_2 分别为两质点的质量,k 为引力常数,引力的方向沿着两质点的联线.如果我们讨论的不是两个质点,而是两个物体之间

的引力,或者是一个物体对一个质点的引力,那么,这样的问题一般地要用重积分才能解决.下面举的两个例子是比较简单的情形,可以用定积分来解决.

例 6 设有一均匀细棒,长为 $2l$,质量为 m,在棒的延长线上离棒的中心为 $a(a>l)$ 处有一单位质量的质点 M. 求棒对 M 的引力 F.

解 以棒的中心为原点,棒所在的直线为 x 轴,并使质点 M 在 x 轴的正方向上(图 5.25). 显然,棒的(线)密度为 $m/2l$.

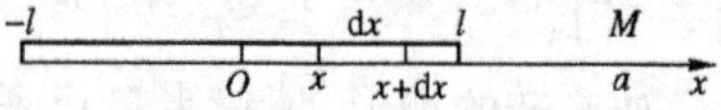

图 5.25

分割区间 $[-l, l]$,考虑任意一小段 $[x, x+\mathrm{d}x]$. 把这一小段近似地看做一质点,其质量为 $m\mathrm{d}x/2l$,而与质点 M 的距离为 $a-x$. 由万有引力定律,这一小段对 M 的引力的绝对值为

$$\Delta |F| \approx k\frac{m\mathrm{d}x}{2l(a-x)^2} \quad \text{即} \quad \mathrm{d}|F| = k\frac{m\mathrm{d}x}{2l(a-x)^2},$$

由于各小段对 M 的引力的方向都向着细棒. 于是棒对 M 的总引力的绝对值为

$$|F| = \frac{km}{2l}\int_{-l}^{l}\frac{\mathrm{d}x}{(a-x)^2} = \frac{km}{2l}\left.\frac{1}{a-x}\right|_{-l}^{l} = \frac{km}{a^2-l^2}.$$

F 的方向是沿 x 轴的负方向.

例 7 同上例,但质点 M 位于棒的垂直平分线上距棒的中心为 a 处.

解 取原点及 x 轴如上例,并取 y 轴在棒的垂直平分线上,其正向通过点 M(图 5.26).

现在由于在 x 轴上取不同的小段 $[x, x+\mathrm{d}x]$ 时,各小段对 M 的引力的方向不同,就不能像例 6 中那样,将 $\mathrm{d}|F|$ 积分便得 $|F|$,现在需要考虑引力 F 沿 x 轴与沿 y 轴的两个分力 F_x 与 F_y.

和上例一样,考虑任意一小段 $[x, x+\mathrm{d}x]$,近似地把它看成一

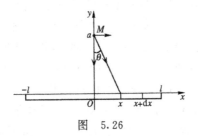

图 5.26

质点：其质量为 $mdx/2l$，与 M 的距离为 $\sqrt{a^2+x^2}$. 因此，这一小段对 M 的引力的绝对值为

$$\Delta|F| \approx \frac{km dx}{2l(a^2+x^2)},$$

该引力的方向是从点 M 指向点 x. 设此方向与 y 轴负方向的夹角为 θ，则该引力的水平分力及垂直分力的绝对值分别为

$$d|F_x| = \frac{km\sin\theta dx}{2l(a^2+x^2)}, \quad d|F_y| = \frac{km\cos\theta dx}{2l(a^2+x^2)}.$$

因此所求总引力 F 的水平分力及垂直分力的绝对值分别为

$$|F_x| = \int_{-l}^{l} d|F_x|, \quad |F_y| = \int_{-l}^{l} d|F_y|.$$

由对称性，知 $|F_x|=0$，所以只需计算 $|F_y|$. 由图 5.26 不难看出，

$$\cos\theta = \frac{a}{\sqrt{a^2+x^2}},$$

因此 $\quad |F_y| = \int_{-l}^{l} \frac{kma dx}{2l(a^2+x^2)^{\frac{3}{2}}} = \frac{kma}{2l}\int_{-l}^{l} \frac{dx}{(a^2+x^2)^{\frac{3}{2}}}$

$$= \frac{km}{a\sqrt{a^2+l^2}}.$$

F_y 的方向沿 y 轴的负方向.

6. 静止液体对薄板的侧压力

设有一薄板，垂直放在一均匀的静止液体中，求液体对薄板的侧压力 P.

因为我们总可以把任意形状的薄板分成若干个曲边梯形的薄板,所以只需考虑形状为曲边梯形的薄板.取直角坐标系 Oxy 如图 5.27,y 轴在水平面上,向右为正向,x 轴垂直向下.设薄板的底边位于 x 轴上,而平行于 y 轴的两条边的方程分别为 $x=a,x=b$;又设曲边的方程为 $y=f(x)$,其中 $f(x)$ 是 x 的连续函数.

考虑 $[x,x+\mathrm{d}x]$ 对应的一小条薄板.只要分割足够细,这一小横条所受液体的侧压力 ΔP 近似地等于当它水平地放在深度为 x 的位置时所受液体的垂直压力;而后者等于以小横条为底、以 x 为高的液体柱的重力.当 $\mathrm{d}x$ 充分小时,我们用小矩形的面积 $f(x)\mathrm{d}x$ 来近似地代替小横条的面积,于是液体柱的体积近似为 $xf(x)\mathrm{d}x$,从而

$$\Delta P \approx \rho g[xf(x)\mathrm{d}x],$$

即
$$\mathrm{d}P = \rho g x f(x)\mathrm{d}x,$$

其中 ρ 是液体的密度,$g=9.8 \text{ m/s}^2$.因此,所求薄板侧压力为

$$P = \int_a^b \mathrm{d}P = \rho g \int_a^b x f(x) \mathrm{d}x.$$

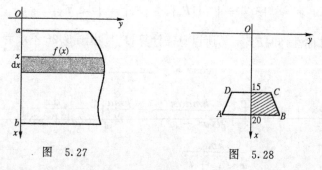

图 5.27   图 5.28

例 8 有一薄板的形状为等腰梯形,其下底为 10 m,上底为 6 m,高为 5 m,已知此薄板垂直地放在水中,下底沉没于水面下的距离为 20 m.求水对于薄板的压力 P.

解 如图 5.28 用梯形 $ABCD$ 表示此薄板.由对称性,只需计算薄板的一半(图 5.28 中带阴影的部分)所受的侧压力 $P/2$.为

此,需先求出直线 BC 的方程.由假设,B,C 两点的坐标分别是 $(20,5)$ 与 $(15,3)$,由此立即得到 BC 的方程

$$y = \frac{2}{5}x - 3.$$

我们知道,水的密度为 $\rho = 1000 \text{ kg/m}^3$. 因此

$$\frac{P}{2} = \rho g \int_{15}^{20} x\left(\frac{2}{5}x - 3\right) dx = 3470833 \text{ N},$$

即
$$P = 6941666 \text{ N}.$$

习 题 5.5

在题 1~9 中,先描绘由曲线(或直线)围成的平面图形的草图,然后求出各平面图形的面积:

1. $y = \frac{1}{x^3}, x = 1, x = 2$ 以及 x 轴.
2. $y = x^3, x = -1, x = 1$ 以及 x 轴.
3. $y = x^2 - 3x + 2$ 和 $y = 0$.
4. $y = x^2$ 与 $x = y^2$.
5. $\frac{x^2}{a^2} + \frac{y^2}{b^2} = 1$.
6. $y^2 = -4(x-1)$ 与 $y^2 = -2(x-2)$.
7. $y^2 = x$ 与 $y = x^3$.
8. $y^2 = 2x + 1$ 与 $x - y = 1$.
9. $y = e^x \sin x (0 \leqslant x \leqslant 2\pi)$ 与 $y = 0$.

10. 如果 1 kg 的力能使弹簧伸长 1 cm,现在要使弹簧伸长 10 cm,问需作多少功?(提示:利用虎克定律.)

11. 一气缸的半径为 10 cm,长为 80 cm(图 5.29),充满气体,压强为 980000 Pa[①]. 如果温度保持固定,推动活塞使气体体积减少 1/2,问需要作功多少?

[①] 1 Pa = 1 N/m².

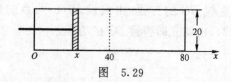

图 5.29

12. 试用定积分的定义证明:由 $x=\varphi(y)\geqslant 0(c\leqslant y\leqslant d)$,直线 $y=c, y=d$ 以及 y 轴围成的平面图形绕 y 轴旋转而成的立体之体积 V 为:
$$V = \pi\int_c^d [\varphi(y)]^2 dy = \pi\int_c^d x^2 dy.$$

在题 13～16 中,求由曲线围成的平面图形绕 x 轴旋转所成立体的体积:

13. $y^2=4ax$ 与 $x=b$ $(a>0, b>0)$.

14. $x^{\frac{2}{3}}+y^{\frac{2}{3}}=a^{\frac{2}{3}}$.

15. $y=\sin x (0\leqslant x\leqslant \pi)$ 及 $y=0$.

16. $y=xe^x$ 及 $x=1, y=0$.

在题 17～19 中,求由曲线围成的平面图形绕 y 轴旋转所成立体的体积:

17. $\dfrac{x^2}{16}+\dfrac{y^2}{9}=1$.

18. $ay^2=x^3, x=0$ 及 $y=b (a, b$ 是正数$)$.

19. $\left(\dfrac{x}{a}\right)^{\frac{2}{3}}+\left(\dfrac{y}{b}\right)^{\frac{2}{3}}=1$.

20. 设函数 $y=f(x)$ 在区间 $[a,b] (a>0)$ 上连续且不取负值,则由曲线 $y=f(x)$,直线 $x=a, x=b$ 以及 x 轴围成的平面图形绕 y 轴旋转所成立体体积 V 为
$$V = 2\pi\int_a^b xf(x)dx.$$

试用定积分定义导出此公式. 利用此公式求由曲线 $y=e^x, x=1, x=2$ 以及 x 轴围成的平面图形绕 y 轴旋转所成立体的体积.

21. 图 5.30 中曲线 OA 的方程式为 $y^2=x^3$. 试求下列各种情

况下所产生的体积：当平面图形

(1) OAB 绕 Ox 轴旋转时；

(2) OAB 绕 Oy 轴旋转时；

(3) OAC 绕 Oy 轴旋转时；

(4) OAC 绕 Ox 轴旋转时。

22. 求曲线 $y=\dfrac{1}{\sqrt{3a}}x^{\frac{2}{3}}$ 位于 $x=0$ 与 $x=5a$ 之间的弧长.

23. 求 $9ay^2=x(x-3a)^2$ 位于 $x=0$ 到 $x=3a$ 之间的弧长.

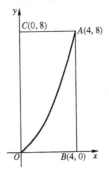

图 5.30

24. 一曲线的方程为 $y=\dfrac{x^3}{6}+\dfrac{1}{2x}$，求由 $x=1$ 到 $x=3$ 之间这段弧的弧长.

25. 求曲线 $r=a\sin^3\dfrac{\theta}{3}$ 的全长.

26. 试证双纽线 $r^2=2a^2\cos 2\theta(a>0)$ 的全长 L 可表为如下的形式：

$$L=4\sqrt{2}a\int_0^1\dfrac{\mathrm{d}x}{\sqrt{1-x^4}}.$$

27. 试证椭圆 $\dfrac{x^2}{a^2}+\dfrac{y^2}{b^2}=1(a>b>0)$ 的全长 L 可用下式表示：

$$L=4a\int_0^{\frac{\pi}{2}}\sqrt{1-k^2\sin^2\theta}\mathrm{d}\theta \quad \left(k=\dfrac{\sqrt{a^2-b^2}}{a}\right).$$

28. 求曲线 $\left(\dfrac{x}{a}\right)^{\frac{2}{3}}+\left(\dfrac{y}{b}\right)^{\frac{2}{3}}=1\ (a>0,b>0)$ 的长.

29. 求抛物线 $y^2=4ax$ 由顶点到 $x=3a$ 对应的点的弧段绕 x 轴旋转所得的旋转体的侧面积.

30. 求 $\dfrac{x^2}{a^2}+\dfrac{y^2}{b^2}=1\ (0<b<a)$ 分别绕长、短轴旋转而成的椭球面的面积.

31. 求 $x^{2/3}+y^{2/3}=a^{2/3}$ 绕 x 轴旋转所得的旋转体的侧面积.

32. 计算圆弧 $x^2+y^2=a^2\left(\dfrac{a}{2}\leqslant y\leqslant a\right)$ 绕 y 轴旋转所得球冠的面积.

33. 求 $r^2=a^2\cos 2\varphi$ 绕极轴旋转所成曲面的面积.

34. 设有二均匀细棒,长分别为 l_1,l_2,质量分别为 m_1,m_2. 它们位于同一直线上,相邻二端点之距离为 a. 求此二细棒之间的引力.

35. 具有不变的线密度 ρ_0 的无穷长直线以怎样的力吸引距此直线为 a 的单位质量的质点?

36. 有一半径为 r 的均匀半圆弧,质量为 m. 求它对于圆心处的单位质点的引力.

37. 一断面为圆的水管,直径为 6 m,水平地放着,里面的水是半满的. 今求水管的竖立闸门上所受的压力 P.

38. 计算上底为 6.4 m,下底为 4.2 m,高为 2 m 的等腰梯形壁,当上底与水平面相齐时,壁所受的侧压力.

§6 定积分的近似计算法

在此之前我们所讲的定积分的计算方法,主要是先求出被积函数的原函数再利用牛顿-莱布尼兹公式,或者是利用定积分的换元积分法与分部积分法. 一般说来,最终是要通过求原函数来算出定积分的值. 但是在实际应用中,我们也常常遇到这样的被积函数,它们的原函数不是初等函数,即无论经过怎样的变换都无法求出原函数的有限表达式. 因此,我们必须介绍定积分的近似计算法. 迄今为止,定积分的近似计算方法已有好多种,它们已成为实际应用中计算积分的主要方法. 本节介绍两种最简单的近似计算法. 从中可把握近似计算的基本思想. 关于近似计算过程中涉及的公式误差与计算误差等有关知识,限于篇幅,这里不能讲了.

1. 矩形法

设函数 $y=f(x)$ 在区间 $[a,b]$ 上连续. 把区间 $[a,b]$ 分成 n 等份, 把每一等份的长度记作 $\Delta x\left(\text{即 }\Delta x=\dfrac{b-a}{n}\right)$, 于是分点为

$$x_k = a + k\Delta x \quad (k = 0,1,2,\cdots,n);$$

又令

$$y_k = f(x_k) = f(a + k\Delta x) \quad (k = 0,1,2,\cdots,n).$$

在每一个小区间 $[x_{k-1}, x_k]$ 上取 $\xi_k = x_{k-1}(k=1,2,\cdots,n)$, 我们就可以得到积分和

$$\sum_{k=1}^{n} y_{k-1}\Delta x.$$

从直观上看,这个积分和就是图 5.31 中阴影矩形的面积. 由定积分的定义,我们有

$$\int_a^b f(x)\mathrm{d}x = \lim_{n\to\infty}\sum_{k=1}^{n} y_{k-1}\Delta x.$$

因此,当 n 充分大时,我们可得以下近似公式:

$$\int_a^b f(x)\mathrm{d}x \approx \sum_{k=1}^{n} y_{k-1}\Delta x = \frac{b-a}{n}[y_0 + y_1 + \cdots + y_{n-1}], \quad (1)$$

与上类似,当在每个小区间 $[x_{k-1}, x_k]$ 上取 $\xi_k = x_k(k=1,2,\cdots,n)$ 时,我们又可得近似公式

$$\int_a^b f(x)\mathrm{d}x \approx \sum_{k=1}^{n} y_k \Delta x = \frac{b-a}{n}[y_1 + y_2 + \cdots + y_n]. \quad (2)$$

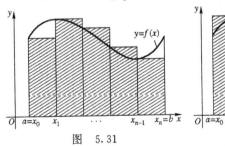

图 5.31

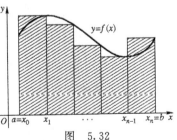

图 5.32

(2)式右端的数值等于图 5.32 中阴影矩形的面积.公式(1)或(2)通常称为**矩形公式**.

以 R_n 表示矩形公式的误差.可以证明,若 $f'(x)$ 在 $[a,b]$ 上连续,则

$$|R_n| \leqslant \frac{(b-a)^2}{2n}M,$$

其中 $M = \max\limits_{a \leqslant x \leqslant b}|f'(x)|$.

2. 梯形法

这里的假设及符号都与矩形法中相同.不同的是用小的直边梯形面积作为每一个小的曲边梯形(如图 5.33)面积的近似值,取这 n 个小直边梯形面积之和作为定积分的近似值(图 5.33).我们就有近似公式

$$\int_a^b f(x)\mathrm{d}x \approx \sum_{k=1}^n \frac{y_{k-1}+y_k}{2}\Delta x$$
$$= \frac{b-a}{n}\left[\frac{y_0+y_n}{2}+y_1+y_2+\cdots+y_{n-1}\right]. \qquad (3)$$

这个公式称为**梯形公式**.

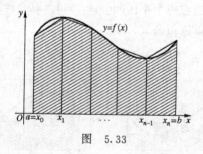

图 5.33

以 T_n 表示梯形公式的误差,可以证明,若 $f''(x)$ 在 $[a,b]$ 上连续,则

$$|T_n| \leqslant \frac{(b-a)^3}{12n^2}M,$$

其中 $M = \max\limits_{a \leqslant x \leqslant b} |f''(x)|$.

从以上各近似公式的表达式看出,当 n 取值相同时,由公式(3)算得的值正好是由公式(1)与(2)算得之值的平均值,因此一般说来,用梯形公式计算定积分的近似值比用矩形公式准确度高一些.

例 利用梯形法求定积分

$$\int_{\frac{\pi}{4}}^{\frac{\pi}{2}} \frac{\sin x}{x} \mathrm{d}x$$

的近似值(精确到第三位小数).

解 这里 $f(x) = \dfrac{\sin x}{x}$. 显然

$$f'' = \frac{2\sin x - x^2 \sin x - 2x\cos x}{x^3}$$

在 $[\pi/4, \pi/2]$ 上连续,注意到其分子在 $[\pi/4, \pi/2]$ 上递减且恒取负值,可估出分子的绝对值小于 0.47,又

$$\left|\frac{1}{x^3}\right| \leqslant \left(\frac{4}{\pi}\right)^3 \leqslant \left(\frac{4}{3.1415}\right)^3 \leqslant 2.065,$$

所以 $\qquad |f''(x)| < 1 \quad \left(\dfrac{\pi}{4} \leqslant x \leqslant \dfrac{\pi}{2}\right)$.

即 $M < 1$,于是

$$|T_n| \leqslant \frac{\left(\dfrac{\pi}{2} - \dfrac{\pi}{4}\right)^3}{12n^2} \cdot 1 \leqslant \frac{0.042}{n^2}.$$

当 $n = 10$ 时,$|T_n| \leqslant 0.00042$. 所以取 $n = 10$ 就可达到所需的精确程度,这时

$$x_0 = 0.78540, \quad x_1 = 0.86394, \quad x_2 = 0.94248,$$
$$x_3 = 1.02102, \quad x_4 = 1.09956, \quad x_5 = 1.17810,$$
$$x_6 = 1.25664, \quad x_7 = 1.33518, \quad x_8 = 1.41372,$$
$$x_9 = 1.49226, \quad x_{10} = 1.57080.$$

计算得

$$y_0 = 0.9003, \quad y_1 = 0.8802, \quad y_2 = 0.8584,$$
$$y_3 = 0.8351, \quad y_4 = 0.8103, \quad y_5 = 0.7842,$$
$$y_6 = 0.7568, \quad y_7 = 0.7283, \quad y_8 = 0.6986,$$
$$y_9 = 0.6681, \quad y_{10} = 0.6366.$$

又 $\sum_{k=1}^{9} y_k = 7.02, \quad \frac{1}{2}(y_0 + y_{10}) = 0.7685,$

$$\frac{b-a}{n} = \frac{1}{10} \cdot \frac{\pi}{4} = 0.0785,$$

所以 $\int_{\frac{\pi}{4}}^{\frac{\pi}{2}} \frac{\sin x}{x} dx \approx 0.0785(7.02 + 0.7685) \approx 0.6114.$

习 题 5.6

1. 用梯形法求 $\int_0^1 \sqrt{1+x^4} dx$ 的近似值（取 $n=10$），并问 $|T_{10}| \leqslant$?

§7 广 义 积 分

上面我们讨论的定积分是在有限区间上的有界函数的积分．但是在实际应用中，有时需要计算函数在无穷区间上的积分(即积分限为无穷的积分)，或在有限区间上的无界函数的积分．前者称为无穷积分，后者称为瑕积分，无穷积分与瑕积分统称为广义积分．

1. 无穷积分

我们先来看这样一个几何问题：求由曲线 $y = \frac{1}{x^2}$，x 轴及直线 $x=1$ 所围成的位于直线 $x=1$ 右方的"无穷曲边梯形"的面积(见图 5.34)．

这个"无穷曲边梯形"的面积可以这样计算：先取任意的常数 $A > 1$，计算出在区间 $[1, A]$ 上以 $y = 1/x^2$ 为曲边的曲边梯形的面

积(图 5.34 中阴影部分)

$$S(A) = \int_1^A \frac{1}{x^2}dx = 1 - \frac{1}{A};$$

然后让 $A \to +\infty$,这时 $S(A) \to 1$. 于是可以认为 1 就是所求的"无穷曲边梯形"的面积. 我们就把这个极限值 1 理解为函数 $1/x^2$ 在无穷区间 $[1,+\infty)$ 上的积分,并记作

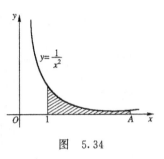

图 5.34

$$\int_1^\infty \frac{1}{x^2} dx.$$

下面我们给出这种积分的一般定义.

定义 1 设函数 $f(x)$ 在区间 $[a,+\infty)$ 上有定义,并且在这个区间的任一有限子区间 $[a,A]$ 上都可积(因而 $\int_a^A f(x)dx$ 都有意义). 如果当 $A \to +\infty$ 时,积分 $\int_a^A f(x)dx$ 有极限,则我们称函数 $f(x)$ 在区间 $[a,+\infty)$ 上的**无穷积分** $\int_a^{+\infty} f(x)dx$ **收敛**,否则我们称**无穷积分** $\int_a^{+\infty} f(x)dx$ **发散**. 在无穷积分收敛的情况下,我们把积分 $\int_a^A f(x)dx$ 在 $A \to +\infty$ 时的极限值作为无穷积分的值,即

$$\int_a^{+\infty} f(x)dx = \lim_{A \to +\infty} \int_a^A f(x)dx. \tag{1}$$

类似地,我们可以定义函数 $f(x)$ 在区间 $(-\infty,a]$ 上的无穷积分:

$$\int_{-\infty}^a f(x)dx = \lim_{A' \to -\infty} \int_{A'}^a f(x)dx.$$

函数 $f(x)$ 在区间 $(-\infty,+\infty)$ 上的无穷积分定义为:

$$\int_{-\infty}^{+\infty} f(x)dx = \int_{-\infty}^a f(x)dx + \int_a^{+\infty} f(x)dx, \tag{2}$$

其中 a 为任一实数. 当等式右边两个积分都收敛时,则称无穷积分

$\int_{-\infty}^{+\infty} f(x)\mathrm{d}x$ 是收敛的,否则称 $\int_{-\infty}^{+\infty} f(x)\mathrm{d}x$ 发散.

例 1 $\int_{0}^{+\infty} \dfrac{1}{1+x^2}\mathrm{d}x = \lim\limits_{A\to+\infty}\int_{0}^{A}\dfrac{\mathrm{d}x}{1+x^2} = \lim\limits_{A\to+\infty}\arctan A = \dfrac{\pi}{2}.$

例 2 $\int_{-\infty}^{+\infty}\dfrac{1}{1+x^2}\mathrm{d}x = \int_{-\infty}^{0}\dfrac{1}{1+x^2}\mathrm{d}x + \int_{0}^{+\infty}\dfrac{1}{1+x^2}\mathrm{d}x$
$\qquad\qquad = 2\int_{0}^{+\infty}\dfrac{1}{1+x^2}\mathrm{d}x = \pi.$

例 3 讨论无穷积分
$$\int_{a}^{+\infty}\dfrac{1}{x^\lambda}\mathrm{d}x \quad (\lambda>0, a>0)$$
的敛散性.

解 如果 $\lambda\neq 1$,则
$$\int_{a}^{A}\dfrac{1}{x^\lambda}\mathrm{d}x = \left.\dfrac{x^{1-\lambda}}{1-\lambda}\right|_{a}^{A} = \dfrac{1}{1-\lambda}(A^{1-\lambda}-a^{1-\lambda}).$$

因此,当 $\lambda>1$、$A\to+\infty$ 时,上式有极限,故积分收敛(收敛于数 $\dfrac{1}{\lambda-1}a^{1-\lambda}$);当 $\lambda<1$ 时,积分发散.

如果 $\lambda=1$,则
$$\int_{a}^{A}\dfrac{1}{x}\mathrm{d}x = (\ln A - \ln a) \to +\infty \ (A\to+\infty\text{ 时}),$$
这时积分也发散.

总之,这个无穷积分当 $\lambda>1$ 时收敛,当 $\lambda\leqslant 1$ 时发散.

例 4 讨论 $\int_{0}^{+\infty}\mathrm{e}^{-x}\mathrm{d}x$ 的敛散性.

解 因为 $\int_{0}^{A}\mathrm{e}^{-x}\mathrm{d}x = -(\mathrm{e}^{-A}-1)$,$\lim\limits_{A\to+\infty}\int_{0}^{A}\mathrm{e}^{-x}\mathrm{d}x = 1$,所以此无穷积分收敛.

以上我们利用定义判断了无穷积分的敛散性.但这并不是一个有效的方法,因为只有对于少数较简单的被积函数,才能写出它们的原函数.因此,需要有一些判别无穷积分敛散性的更简单有效的方法.下面对被积函数是非负函数的情况,给出两个常用的判别法.

引理 若 $f(x)$ 是 $[a,+\infty)$ 上的非负函数,且在任意有穷区间 $[a,A]$ 上可积,则 $\int_a^{+\infty} f(x)\mathrm{d}x$ 收敛的充分必要条件是:当 $A\in[a,+\infty)$ 时,积分 $\int_a^A f(x)\mathrm{d}x$ 有界,即存在常数 $M>0$,使对一切 $A\in[a,+\infty)$,都有 $\left|\int_a^A f(x)\mathrm{d}x\right|\leqslant M$.

***证** 必要性 已知 $\int_a^{+\infty}f(x)\mathrm{d}x$ 收敛即 $\lim\limits_{A\to+\infty}\int_a^A f(x)\mathrm{d}x$ 存在,因而当 $A\in[a,+\infty)$ 时,积分 $\int_a^A f(x)\mathrm{d}x$ 有界.

充分性 令
$$F_n = \int_a^n f(x)\mathrm{d}x, \quad n>a,$$
则由所设条件知,序列 $\{F_n\}(n>a)$ 单调递增且有上界,故有极限,设
$$\lim_{n\to+\infty} F_n = F.$$
因而对任意 $\varepsilon>0$,存在正整数 $N(>a)$,使当 $n\geqslant N$ 时 $|F_n-F|<\varepsilon$,即
$$F-\varepsilon \leqslant F_n \leqslant F+\varepsilon, \quad n\geqslant N \text{ 时}. \tag{3}$$
现取 $X=N+1$,对任意 $A>X$,令 $n=[A]$,显然有
$$n\leqslant A < n+1.$$
由 $f(x)$ 为非负函数,便有
$$F_n \leqslant \int_a^A f(x)\mathrm{d}x \leqslant F_{n+1}. \tag{4}$$
再注意 $A>X$ 时 $n>N$,于是由 (3),(4) 两式即得
$$F-\varepsilon \leqslant \int_a^A f(x)\mathrm{d}x \leqslant F+\varepsilon,$$
即 $A>X$ 时有
$$\left|\int_a^A f(x)\mathrm{d}x - F\right| < \varepsilon.$$
以上说明 $\lim\limits_{A\to+\infty}\int_a^A f(x)\mathrm{d}x=F$,即 $\int_a^{+\infty}f(x)\mathrm{d}x$ 收敛. 证毕.

利用此引理,可得下列收敛判别法.

定理1(比较判别法) 设 $f(x)$ 与 $g(x)$ 在 $[a,+\infty)$ 上有定义, 且当 $x \geqslant X \geqslant a$ 时,有
$$0 \leqslant f(x) \leqslant g(x).$$
又设 $f(x)$ 与 $g(x)$ 在任一区间 $[a,b]$ 上可积,则

(i) 由 $\int_a^{+\infty} g(x)dx$ 收敛可推出 $\int_a^{+\infty} f(x)dx$ 也收敛;

(ii) 由 $\int_a^{+\infty} f(x)dx$ 发散可推出 $\int_a^{+\infty} g(x)dx$ 也发散.

证 首先指出,由于 $\int_a^{+\infty} f(x)dx = \int_a^X f(x)dx + \int_X^{+\infty} f(x)dx$, 所以 $\int_a^{+\infty} f(x)dx$ 收敛的充要条件是 $\int_X^{+\infty} f(x)dx$ 收敛.

(i) 当 $\int_a^{+\infty} g(x)dx$ 收敛时即有 $\int_X^{+\infty} g(x)dx$ 收敛,这时对任意 $A > X$ 都有
$$\int_X^A f(x)dx \leqslant \int_X^A g(x)dx \leqslant \int_X^{+\infty} g(x)dx,$$
上式中的无穷积分 $\int_X^{+\infty} g(x)dx$ 是一个确定的常数,因而上式说明:当 $A \in [X, +\infty)$ 时,积分 $\int_X^A f(x)dx$ 有界.于是,无穷积分 $\int_X^{+\infty} f(x)dx$ 收敛,因而 $\int_a^{+\infty} f(x)dx$ 收敛.

(ii) 用反证法即可证明定理的结论,请读者完成. 证毕.

例5 讨论 $\int_1^{+\infty} \left|\dfrac{\sin x}{x^p}\right| dx$ 的敛散性 $(p > 1)$.

解 因为 $\left|\dfrac{\sin x}{x^p}\right| \leqslant \dfrac{1}{x^p}$,而当 $p > 1$ 时 $\int_1^{+\infty} \dfrac{1}{x^p}dx$ 收敛,由比较判别法知,所论无穷积分也收敛.

例6 讨论 $\int_0^{+\infty} e^{-x^2}dx$ 的敛散性.

解 当 $x \geqslant 1$ 时,有 $0 \leqslant e^{-x^2} < e^{-x}$.由例4已知 $\int_0^{+\infty} e^{-x}dx$ 收

敛.由比较判别法即可断言 $\int_0^{+\infty} e^{-x^2} dx$ 收敛.

这个无穷积分在统计学中起着重要作用,以后还可证明:

$$\int_0^{+\infty} e^{-x^2} dx = \frac{\sqrt{\pi}}{2}.$$

顺便指出,统计学中还要用到下列无穷积分:

$$J_n = \int_0^{+\infty} x^n e^{-x^2} dx \quad (n \text{ 是正整数}).$$

为求此积分我们可先用分部积分法则导出一个递推公式.当 $n \geqslant 2$ 时,

$$\begin{aligned}\int_0^b x^n e^{-x^2} dx &= -\frac{1}{2} \int_0^b x^{n-1} d e^{-x^2} \\ &= -\frac{1}{2} [x^{n-1} e^{-x^2}]_0^b + \frac{1}{2} \int_0^b e^{-x^2} dx^{n-1} \\ &= -\frac{1}{2} b^{n-1} e^{-b^2} + \frac{n-1}{2} \int_0^b x^{n-2} e^{-x^2} dx.\end{aligned}$$

令 $b \to +\infty$,由洛必达法则可得到第一项极限为 0,所以

$$\int_0^{+\infty} x^n e^{-x^2} dx = \frac{n-1}{2} \int_0^{+\infty} x^{n-2} e^{-x^2} dx,$$

即

$$J_n = \frac{n-1}{2} J_{n-2}.$$

逐次地运用这一公式就可以减少 J_n 的标号 n 直至最后到达 J_0 或 J_1(视 n 为偶数或奇数而定),而

$$J_0 = \int_0^{+\infty} e^{-x^2} dx = \frac{\sqrt{\pi}}{2},$$

$$\begin{aligned}J_1 &= \int_0^{+\infty} x e^{-x^2} dx = \lim_{b \to +\infty} \int_0^b -\frac{1}{2} e^{-x^2} d(-x^2) \\ &= \lim_{b \to +\infty} \left(-\frac{1}{2}\right) [e^{-x^2}]_0^b = \lim_{b \to +\infty} \left[\frac{1 - e^{-b^2}}{2}\right] = \frac{1}{2}.\end{aligned}$$

因此,当 $n = 2k$(k 为正整数)时,

$$J_{2k} = \frac{2k-1}{2} J_{2k-2} = \frac{2k-1}{2} \cdot \frac{2k-3}{2} J_{2k-4}$$

$$= \cdots = \frac{2k-1}{2} \cdot \frac{2k-3}{2} \cdots \cdot \frac{5}{2} \cdot \frac{3}{2} \cdot \frac{1}{2} \cdot J_0$$

$$= \frac{(2k-1)!!}{2^k} J_0 = \frac{(2k-1)!!}{2^k} \cdot \frac{\sqrt{\pi}}{2}.$$

类似地,

$$J_{2k+1} = \frac{(2k)!!}{2^k} \frac{1}{2} = \frac{k!}{2}.$$

定理 2（比较判别法的极限形式） 设函数 $f(x)$ 及 $g(x)$ 在 $[a,+\infty)$ 上非负,在任意有限区间 $[a,A]$ 上都可积,且

$$\lim_{x \to +\infty} \frac{f(x)}{g(x)} = l,$$

则

(i) 当 $0 < l < +\infty$ 时, $\int_a^{+\infty} f(x)\mathrm{d}x$ 与 $\int_a^{+\infty} g(x)\mathrm{d}x$ 同时收敛或同时发散；

(ii) 当 $l = 0$ 时,由 $\int_a^{+\infty} g(x)\mathrm{d}x$ 收敛,可推出 $\int_a^{+\infty} f(x)\mathrm{d}x$ 也收敛；

(iii) 当 $l = +\infty$ 时,由 $\int_a^{+\infty} g(x)\mathrm{d}x$ 发散,可推出 $\int_a^{+\infty} f(x)\mathrm{d}x$ 也发散.

我们将略去这个定理的证明.有兴趣的读者不妨自己试着完成它.

例 7 讨论积分 $\int_1^{+\infty} \frac{\mathrm{d}x}{\sqrt{x(x^3+1)}}$ 的敛散性.

解 因为 $\lim\limits_{x \to +\infty} \frac{1}{\sqrt{x(x^3+1)}} \bigg/ \frac{1}{x^2} = 1$,由定理 2 的结论(i)以及例 3,积分收敛.

推论 无穷积分 $\int_2^{+\infty} \frac{\mathrm{d}x}{x^k \ln x}$ 当 $k > 1$ 时收敛；当 $k \leqslant 1$ 时发散.

证 当 $k = 1$ 时,直接由定义可判断所论积分发散.

当 $k > 1$ 时,注意 $\lim\limits_{x \to +\infty} \frac{1}{x^k \ln x} \bigg/ \frac{1}{x^k} = 0$,由定理 2 的结论(ii)及例

3,所论积分收敛.

当 $k<1$ 时,取常数 λ,使其满足 $k<\lambda<1$. 这时,极限
$$\lim_{x\to+\infty}\frac{1}{x^k\ln x}\bigg/\frac{1}{x^\lambda}=\lim_{x\to+\infty}\frac{x^{\lambda-k}}{\ln x}=+\infty,$$
由定理 2 的结论(iii)以及例 3,所论积分发散.

2. 瑕积分

先来看一个例子:求由曲线 $y=1/\sqrt{1-x}$,x 轴,y 轴以及直线 $x=1$ 所围成的"无穷曲边梯形"的面积(见图 5.35).

这里,当 $x\to 1-0$ 时,函数 $1/\sqrt{1-x}$ 趋于 $+\infty$. 它在区间 $[0,1)$ 上是一个无界函数,所以不能用通常的定积分来计算这个曲边梯形的面积. 但是,对于在点 $x=1$ 左近旁的任一点 $1-\varepsilon$,函数 $1/\sqrt{1-x}$ 在区间 $[0,1-\varepsilon]$ 上却是有界的,并且在 $[0,1-\varepsilon]$ 上以 $y=1/\sqrt{1-x}$ 为曲边的曲边梯形的面积(图 5.35 中带阴影的部分)是
$$\int_0^{1-\varepsilon}\frac{1}{\sqrt{1-x}}\mathrm{d}x=-2\sqrt{1-x}\bigg|_0^{1-\varepsilon}=2(1-\sqrt{\varepsilon});$$

当 $\varepsilon\to 0+0$ 时,它趋于 2. 于是所求"无穷曲边梯形"的面积就可以认为是 2. 我们把这个极限值理解为函数 $1/\sqrt{1-x}$ 在区间 $[0,1]$ 上的瑕积分,并仍然记为
$$\int_0^1\frac{1}{\sqrt{1-x}}\mathrm{d}x.$$

下面我们给出瑕积分的一般定义.

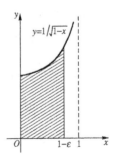

图 5.35

定义 2 设函数 $f(x)$ 在有限区间 $[a,b]$ 上有定义,且对于任意的 $\varepsilon(0<\varepsilon<b-a)$,$f(x)$ 在区间 $[a,b-\varepsilon]$ 上都可积,但在点 b 左近旁 $[b-\varepsilon,b)$,$f(x)$ 无界(点 b 称为**瑕点**). 如果当 $\varepsilon\to 0+0$ 时,积分 $\int_a^{b-\varepsilon}f(x)\mathrm{d}x$ 有极限,

则称函数 $f(x)$ 在 $[a,b]$ 上的**瑕积分** $\int_a^b f(x)\mathrm{d}x$ **收敛**;否则称之为**发散**. 在收敛的情况下,我们将 $\int_a^{b-\varepsilon} f(x)\mathrm{d}x$ 在 $\varepsilon \to 0+0$ 时的极限值作为瑕积分的值,即

$$\int_a^b f(x)\mathrm{d}x = \lim_{\varepsilon \to 0+0} \int_a^{b-\varepsilon} f(x)\mathrm{d}x.$$

如果函数 $f(x)$ 在区间 $(a,b]$ 上只在点 a 的右近旁 $(a, a+\varepsilon]$ 无界,则 $f(x)$ 以 a 为瑕点. 我们可类似地定义瑕积分

$$\int_a^b f(x)\mathrm{d}x = \lim_{\varepsilon \to 0+0} \int_{a+\varepsilon}^b f(x)\mathrm{d}x.$$

瑕积分的记号和通常定积分的记号是一样的,但两者的含义不同,这一点大家必须区别开.

例 8 $\displaystyle\int_0^1 \frac{1}{\sqrt{1-x^2}}\mathrm{d}x = \lim_{\varepsilon \to 0+0} \int_0^{1-\varepsilon} \frac{1}{\sqrt{1-x^2}}\mathrm{d}x$

$\displaystyle \qquad\qquad = \lim_{\varepsilon \to 0+0} \arcsin(1-\varepsilon) = \frac{\pi}{2}.$

例 9 讨论 $\int_0^1 \frac{1}{x^\lambda}\mathrm{d}x\ (\lambda>0)$ 的收敛性.

解 点 $x=0$ 为瑕点. 如果 $\lambda \neq 1$,则

$$\int_\varepsilon^1 \frac{\mathrm{d}x}{x^\lambda} = \frac{x^{1-\lambda}}{1-\lambda}\bigg|_\varepsilon^1 = \frac{1}{1-\lambda}(1-\varepsilon^{1-\lambda}).$$

当 $\lambda<1, \varepsilon \to 0$ 时,上式的极限存在,故积分收敛,且收敛于 $\frac{1}{1-\lambda}$;当 $\lambda>1$ 时,积分发散. 如果 $\lambda=1$,则

$$\int_\varepsilon^1 \frac{1}{x}\mathrm{d}x = \ln x\bigg|_\varepsilon^1 = -\ln\varepsilon \to +\infty \ (\varepsilon \to 0+0 \text{ 时}),$$

所以积分发散.

总之,这个瑕积分当 $\lambda<1$ 时收敛,当 $\lambda \geqslant 1$ 时发散.

与无穷积分类似,为判别瑕积分的敛散性,也有比较判别法及其极限形式.

定理 3 设函数 $f(x)$ 与 $g(x)$ 在 $[a,b)$ 上非负,都以 b 为瑕点,在任意区间 $[a,b-\varepsilon]$ 上可积 $(0<\varepsilon<b-a)$,且当 $a\leqslant x<b$ 时,有
$$0\leqslant f(x)\leqslant g(x),$$
则

(i) 由 $\int_a^b g(x)\mathrm{d}x$ 收敛可推出 $\int_a^b f(x)\mathrm{d}x$ 也收敛;

(ii) 由 $\int_a^b f(x)\mathrm{d}x$ 发散可推出 $\int_a^b g(x)\mathrm{d}x$ 也发散.

定理 4 设函数 $f(x)$ 与 $g(x)$ 在 $[a,b)$ 上非负,都以 b 为瑕点,在任意区间 $[a,b-\varepsilon]$ 上可积 $(0<\varepsilon<b-a)$,若
$$\lim_{x\to b-0}\frac{f(x)}{g(x)}=l,$$
则

(i) 当 $0<l<+\infty$ 时,$\int_a^b f(x)\mathrm{d}x$ 与 $\int_a^b g(x)\mathrm{d}x$ 同时收敛或发散;

(ii) 当 $l=0$ 时,由 $\int_a^b g(x)\mathrm{d}x$ 收敛,可推出 $\int_a^b f(x)\mathrm{d}x$ 也收敛;

(iii) 当 $l=+\infty$ 时,由 $\int_a^b g(x)\mathrm{d}x$ 发散,可推出 $\int_a^b f(x)\mathrm{d}x$ 也发散.

定理 3、定理 4 的证明与定理 1、定理 2 的证明类似. 读者可试着自己完成.

与上类似,当 a 是瑕点时,请读者自己写出比较判别法及其极限形式.

例 10 讨论广义积分
$$\int_0^{+\infty}\mathrm{e}^{-x}x^{a-1}\mathrm{d}x \quad (a>0)$$
的敛散性.

这个广义积分在 $a\geqslant 1$ 时是一个无穷积分,而在 $0<a<1$ 时是带瑕点 $(x=0)$ 的无穷积分.

解 将所论广义积分分为两项:

$$\int_0^{+\infty} x^{a-1}\mathrm{e}^{-x}\mathrm{d}x = \int_0^1 x^{a-1}\mathrm{e}^{-x}\mathrm{d}x + \int_1^{+\infty} x^{a-1}\mathrm{e}^{-x}\mathrm{d}x. \tag{5}$$

(5)式中右端第一项当 $\alpha<1$ 时为瑕积分,且当 $x\to 0$ 时,

$$x^{a-1}\mathrm{e}^{-x}\Big/\frac{1}{x^{1-a}} = \mathrm{e}^{-x} \to 1,$$

因而当 $0<1-\alpha<1$ 即 $0<\alpha<1$ 时,$\int_0^1 x^{a-1}\mathrm{e}^{-x}\mathrm{d}x$ 与瑕积分 $\int_0^1 \frac{\mathrm{d}x}{x^{1-a}}$ 同时收敛. 而当 $\alpha \geqslant 1$ 时,$\int_0^1 x^{a-1}\mathrm{e}^{-x}\mathrm{d}x$ 为正常积分. 总之我们可以说,当 $\alpha>0$ 时(5)式中右端第一项收敛. 再看(5)式中右端第二项,当 $x\to +\infty$ 时,对任意实数 α,都有

$$x^{a-1}\mathrm{e}^{-x}\Big/\frac{1}{x^2} = x^{a+1}\mathrm{e}^{-x} \to 0,$$

因而由 $\int_1^{+\infty} \frac{1}{x^2}\mathrm{d}x$ 收敛即可推出 $\int_1^{+\infty} x^{a-1}\mathrm{e}^{-x}\mathrm{d}x$ 对一切实数 α 收敛. 综合起来可得:当 $\alpha>0$ 时上述含参变量的无穷积分收敛. 故当 $\alpha>0$ 时,它确定了一个 α 的函数,称为 **Γ 函数**,记作

$$\Gamma(\alpha) = \int_0^{+\infty} x^{a-1}\mathrm{e}^{-x}\mathrm{d}x, \quad \alpha>0.$$

首先指出,Γ 函数满足下列递推公式:

$$\Gamma(\alpha+1) = \alpha\Gamma(\alpha), \quad \alpha>0.$$

事实上,用分部积分法可得

$$\begin{aligned}\Gamma(\alpha+1) &= \int_0^{+\infty} x^a \mathrm{e}^{-x}\mathrm{d}x \\ &= -x^a\mathrm{e}^{-x}\Big|_0^{+\infty} + \alpha\int_0^{+\infty} x^{a-1}\mathrm{e}^{-x}\mathrm{d}x \\ &= \alpha\Gamma(\alpha).\end{aligned}$$

注意到 $\Gamma(1) = \int_0^{+\infty} \mathrm{e}^{-x}\mathrm{d}x = 1$,当 α 为正整数 n 时,就有

$$\Gamma(n+1) = n\Gamma(n) = n(n-1)\Gamma(n-1) = \cdots = n!.$$

因而 Γ 函数可看成是阶乘运算的推广.

今后常要用到 $\Gamma\left(\frac{1}{2}\right)$ 这个值. 不难算出

$$\Gamma\left(\frac{1}{2}\right) = \int_0^{+\infty} x^{-\frac{1}{2}} e^{-x} dx \xrightarrow{t=\sqrt{x}} \int_0^{+\infty} t^{-1} e^{-t^2} \cdot 2t dt$$

$$= 2\int_0^{+\infty} e^{-t^2} dt = 2 \cdot \frac{\sqrt{\pi}}{2} = \sqrt{\pi}.$$

利用 $\Gamma\left(\frac{1}{2}\right) = \sqrt{\pi}$ 还可算出另外某些 $\Gamma(\alpha)$ 的值. 如

$$\Gamma\left(\frac{11}{2}\right) = \frac{9}{2}\Gamma\left(\frac{9}{2}\right) = \frac{9}{2} \cdot \frac{7}{2} \cdot \frac{5}{2} \cdot \frac{3}{2} \cdot \frac{1}{2}\Gamma\left(\frac{1}{2}\right)$$

$$= \frac{945}{32}\sqrt{\pi}.$$

当 α 取其余实数值时,可通过查 Γ 函数值表来求得 $\Gamma(\alpha)$ 的值.

以上这些公式在数理统计中常要用到.

习 题 5.7

在题 1～6 中,求各广义积分的值或指出其发散性:

1. $\int_0^{+\infty} x\sin x dx.$
2. $\int_4^{+\infty} \frac{dx}{x\sqrt{x-1}}.$
3. $\int_0^{+\infty} \frac{8a^3}{x^2+4a^2} dx.$
4. $\int_1^{+\infty} \frac{1}{x\sqrt{2x^2-1}} dx.$
5. $\int_0^{+\infty} e^{-ax} dx \ (a>0).$
6. $\int_{-\infty}^{+\infty} \frac{dx}{x^2+2x+2}.$

证明下列各等式:

7. $\dfrac{1}{\sigma\sqrt{2\pi}} \int_{-\infty}^{+\infty} (x-a)^2 e^{-\frac{(x-a)^2}{2\sigma^2}} dx = \sigma^2$ (σ 是一正数).

8. $\dfrac{1}{\sigma\sqrt{2\pi}} \int_{-\infty}^{+\infty} e^{-\frac{(x-a)^2}{2\sigma^2}} dx = 1.$

9. $\dfrac{1}{\sigma\sqrt{2\pi}} \int_{-\infty}^{+\infty} x e^{-\frac{(x-a)^2}{2\sigma^2}} dx = a.$

第六章 空间解析几何

在学习多元微积分之前,我们需要先讲述空间解析几何.空间解析几何不仅是学习多元微积分的基础,而且也是许多其他课程的基础,并且在解决实际问题时也经常会直接用到它.

§1 空间直角坐标系

像在平面解析几何中引进平面直角坐标系一样,我们引进空间直角坐标系,以便用代数方法研究立体几何问题.

在空间选定一点 O,以 O 为公共原点作三条互相垂直的数轴 Ox,Oy,Oz,它们的方向如图 6.1 所示,这样就确定了一个空间直角坐标系[①].点 O 称为直角坐标系的**原点**;数轴 Ox,Oy,Oz 简称为 x 轴,y 轴,z 轴,都叫做**坐标轴**;任意两坐标轴所确定的平面:Oxy 平面,Oyz 平面和 Ozx 平面都叫做**坐标平面**.

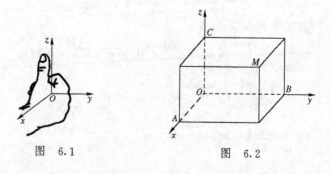

图 6.1　　　　图 6.2

---

① 这样的坐标系称为右手坐标系,因为将右手沿 x 轴到 y 轴的方向握住 z 轴时,大拇指伸开正沿着 z 轴的正方向(见图 6.1).

设 M 为空间中任意一点,过点 M 作三个平面分别平行于三个坐标平面,它们与三个坐标轴分别交于点 A,B 和 C(见图 6.2). 令 x,y,z 分别表示点 A,B,C 在 x 轴,y 轴,z 轴上的坐标.于是,对于空间中任意一点 M,都有惟一的一组有序实数 x,y,z 与之对应.反之,对于任意给定的有序的三个实数 x,y,z,我们可以在 x 轴,y 轴,z 轴上分别找到以它们为坐标的点 A,B,C. 过这三个点分别作与 x 轴,y 轴,z 轴垂直的平面.记这三个相互垂直的平面的交点为 M. 于是,对于任意有序的三个实数 x,y,z,空间中必有惟一的点 M 与之对应.这样,在空间中的点 M 与有序的三个实数 x,y,z 之间就建立了一一对应的关系,我们称 x,y,z 为点 M 的坐标,记作 $M(x,y,z)$,并称 x 为点 M 的**横坐标**,y 为**纵坐标**,z 为**立坐标**.

三个坐标面把空间分成八个部分,每一部分称为一个卦限.八个卦限的顺序如图 6.3 所示.第一卦限中的点的三个坐标的符号都是正的.其他卦限的点的三个坐标的符号,请读者自己写出.

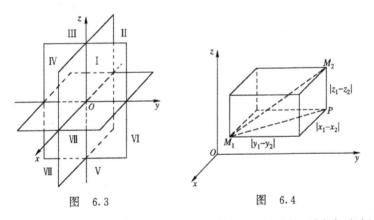

图 6.3   图 6.4

设 $M_1(x_1,y_1,z_1)$ 与 $M_2(x_2,y_2,z_2)$ 是空间中两点,则它们之间的距离为

$$|\overline{M_1M_2}| = \sqrt{(x_1-x_2)^2+(y_1-y_2)^2+(z_1-z_2)^2}.$$

这是因为,过 M_1, M_2 分别作三个平面平行于三个坐标平面,这样的六个平面围成一个以 $\overline{M_1M_2}$ 为对角线的长方体,这个长方体的三个棱长分别为 $|x_1-x_2|, |y_1-y_2|, |z_1-z_2|$(见图 6.4). 于是

$$|\overline{M_1M_2}|^2 = |\overline{M_1P}|^2 + |\overline{PM_2}|^2$$
$$= (x_1-x_2)^2 + (y_1-y_2)^2 + (z_1-z_2)^2.$$

特别地,点 $M(x,y,z)$ 到原点的距离为

$$|\overline{OM}| = \sqrt{x^2+y^2+z^2}.$$

例如,点 $M(1,-2,2)$ 到原点的距离为

$$|\overline{OM}| = \sqrt{1^2+(-2)^2+2^2} = \sqrt{9} = 3.$$

习 题 6.1

1. 求点 $(2,-3,-1)$ 和 (a,b,c) 关于(1) 各坐标平面;(2) 各坐标轴;(3) 坐标原点的对称点的坐标.

2. 在 Oxz 平面上的点及在 y 轴上的点的坐标各有什么特征?

3. 求点 $A(4,-3,5)$ 到坐标原点和各坐标轴的距离.

§2 向量代数

1. 向量的概念

在实际问题中通常遇到的量,一般可分为两类. 一类可以仅用数值来表示,例如温度、密度、时间和质量等都属于这一类. 这一类量叫**数量**. 另一类量,只用数值表示是不够的,要完全表示它们,必须同时说明它们的方向. 例如位移、速度、角速度、加速度和力矩等. 这种既要用数值又要用方向才能完全确定的量叫**向量**(或**矢量**).

我们常用有向线段 $\overrightarrow{AB}$ 来表示一个向量. 线段的长度 $|\overline{AB}|$ 表示向量的大小,从 A 到 B 的方向表示向量的方向(见图 6.5). A 点叫**起点**,B 点叫**终点**.

两个长度相等,方向相同的有向线段 $\overrightarrow{AB}$ 和 $\overrightarrow{CD}$ 表示相同的向

量,记作 $\overrightarrow{AB}=\overrightarrow{CD}$ (见图 6.6). 也就是说, 向量可以平行地自由移动. 所以必要时可把一个向量平移使其起点具有所需要的位置. 特别地, 对于两个互相平行的向量, 当通过平移使它们的起点重合时, 此两向量就在同一直线上. 故今后我们称两个互相平行的向量为**共线**的向量. 为方便起见, 有时也用符号 a,b 表示向量. 与向量 a 的长度相等而方向相反的那个向量称为 a 的反向量, 记作 $-a$. 显然, $-\overrightarrow{AB}=\overrightarrow{BA}$, $-(-a)=a$. 向量 a 的长度称为向量 a 的模, 记作 $|a|$. 显然 $|-a|=|a|$.

图 6.5　　　　　　　　图 6.6

2. 向量的线性运算

向量的线性运算是指向量的加法、减法以及向量与数量的乘法这三种运算.

定义 1　给定两个向量 a 与 b, 作向量 $\overrightarrow{AB}=a$, $\overrightarrow{BC}=b$, 即向量 b 的起点在向量 a 的终点. 那么由 a 的起点到 b 的终点形成一个新的向量 $\overrightarrow{AC}=c$, 我们称向量 c 是 a 与 b 之和, 记作 $a+b$ (图 6.7).

定义 1 中所述的加法, 称为按**三角形法则**的加法(参见图 6.7). 还有一种称为**按平行四边形法则**的加法, 即: 将两向量 a 与 b 平移, 使它们有相同的起点, 并以 a,b 为相邻的两边作平行四边形, 则该平行四边形的一条有向对角线(与 a,b 有公共起点的)所

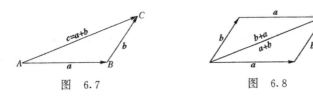

图 6.7　　　　　　　　图 6.8

表示的向量,定义为 a 与 b 的和向量 $a+b$. 从图 6.8 不难看出,这两种加法是等价的.

由图 6.8 与图 6.9 很容易看出向量的加法满足交换律
$$a+b=b+a$$
与结合律
$$(a+b)+c=a+(b+c).$$

定义 2 若向量 b 与 c 之和为向量 a,则称向量 c 为 a 与 b 之差,记作 $a-b$.

对于给定的向量 a 与 b,作向量 $\overrightarrow{OA}=a, \overrightarrow{OB}=b$,则向量 $c=\overrightarrow{BA}$ 显然就是 a 与 b 之差(见图 6.10).

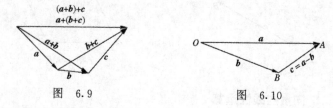

图 6.9　　　　　图 6.10

由图 6.11 看出,向量 a 与 b 的差等于向量 a 与 $-b$ 之和,即
$$a-b = a+(-b).$$
利用这个关系,可以把向量相减的问题化为向量相加的问题.

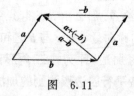

图 6.11

如果一个向量的起点与终点重合,我们就称这个向量为**零向量**,记作 **0**. 零向量的模为 0,方向任意.

显然,对任意一向量 a,都有
$$a-a=0, \quad a+(-a)=0, \quad a+0=0+a=a.$$
总之,数的加法与减法运算所满足的一些法则,对于向量的加法与减法运算也都成立.

定义 3 设 a 是任意一个向量,λ 是任意一个实数. 我们规定 λa 是一个新的向量,λa 的模为向量 a 的模的 $|\lambda|$ 倍,即
$$|\lambda a| = |\lambda| \cdot |a|,$$
而当 $\lambda > 0$ 时,λa 的方向与 a 的方向相同;当 $\lambda < 0$ 时,λa 的方向与 a 的方向相反(见图 6.12). 我们把这个向量 λa 称为数 λ 与向量 a 之积.

根据定义 3 立刻有
$$(-1)a = -a.$$

数量与向量的乘法运算满足以下各法则:

(i) $\lambda(\mu a) = (\lambda\mu)a = \mu(\lambda a)$;

(ii) $(\lambda + \mu)a = \lambda a + \mu a$;

(iii) $\lambda(a+b) = \lambda a + \lambda b$.

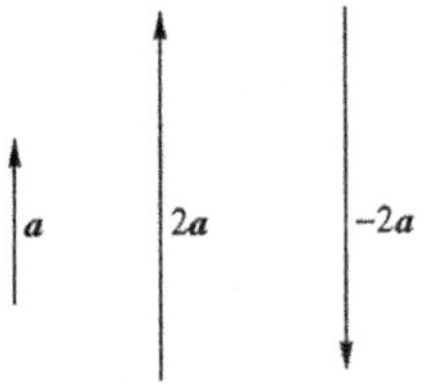

图 6.12

这几个法则,请读者自己验证.

下列命题今后经常要用:

命题 非零向量 a 与向量 b 共线的充分必要条件是,存在常数 t,使 $b = ta$.

证 充分性 当 $b = ta$ 时,b 或与 a 同向或与 a 反向或为零向量,此三情况都表明 b 与 a 共线.

必要性 已知 a 与 b 共线,令 $\dfrac{|b|}{|a|} = \lambda$,再取
$$t = \begin{cases} \lambda, & a \text{ 与 } b \text{ 同向时}, \\ -\lambda, & a \text{ 与 } b \text{ 反向时}, \end{cases}$$
由数乘向量的定义,即有
$$b = ta.$$

证毕.

模为 1 的向量都叫做**单位向量**. 方向与向量 a 的方向相同且模为 1 的向量称为沿 a 方向的单位向量,记作 a^0. 由定义 3 可知
$$a = |a|a^0.$$

265

即一个向量可以表成它的模与沿此向量方向的单位向量之积.

3. 向量的坐标表示法

为了便于计算,我们来引进向量的坐标表示法. 在空间建立一直角坐标系 $Oxyz$,令 i,j,k 分别表示沿 x 轴,y 轴,z 轴方向的单位向量(见图 6.13). 设 a 是一个给定的向量,并设当 a 的起点与坐标原点 O 重合时,a 的终点在点 M 处,即 $a=\overrightarrow{OM}$,若点 M 的坐标为 (x,y,z),不难看出

$$\overrightarrow{OA}=xi,\quad \overrightarrow{OB}=yj,\quad \overrightarrow{OC}=zk.$$

这里点 A,B,C 与 M 满足关系式

$$\overrightarrow{OM}=\overrightarrow{OA}+\overrightarrow{OB}+\overrightarrow{OC}.$$

由此得到向量 a 的**坐标表达式**

$$a=\overrightarrow{OM}=xi+yj+zk.$$

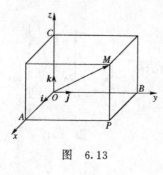

图 6.13

坐标表达式中的三个系数组成的有序三元数组 $\{x,y,z\}$ 称为向量 a 的**坐标**,有时也记作 $a=\{x,y,z\}$. 以上的讨论说明,当 $a=\overrightarrow{OM}$ 时,向量 a 的坐标与点 M 的坐标是一样的. 由此不难推出

$$i=\{1,0,0\},\quad j=\{0,1,0\},\quad k=\{0,0,1\}.$$

向量 xi,yj,zk 分别叫做向量 $\overrightarrow{OM}$ 在 x 轴,y 轴,z 轴方向的分量.

如果知道两向量 a 与 b 的坐标表达式

$$a=\{a_x,a_y,a_z\},\quad b=\{b_x,b_y,b_z\},$$

或

$$a=a_xi+a_yj+a_zk,\quad b=b_xi+b_yj+b_zk,$$

则根据向量的线性运算所满足的法则,我们可以得到向量 $a+b$, $a-b$ 与 λa 的坐标表达式:

$$\begin{aligned}a\pm b&=(a_xi+a_yj+a_zk)\pm(b_xi+b_yj+b_zk)\\&=a_xi\pm b_xi+a_yj\pm b_yj+a_zk\pm b_zk\\&=(a_x\pm b_x)i+(a_y\pm b_y)j+(a_z\pm b_z)k,\end{aligned}$$

或
$$\lambda \boldsymbol{a} = \lambda(a_x\boldsymbol{i} + a_y\boldsymbol{j} + a_z\boldsymbol{k}) = \lambda a_x\boldsymbol{i} + \lambda a_y\boldsymbol{j} + \lambda a_z\boldsymbol{k},$$

$$\boldsymbol{a} \pm \boldsymbol{b} = \{a_x, a_y, a_z\} \pm \{b_x, b_y, b_z\}$$
$$= \{a_x \pm b_x, a_y \pm b_y, a_z \pm b_z\},$$
$$\lambda \boldsymbol{a} = \lambda(a_x, a_y, a_z) = \{\lambda a_x, \lambda a_y, \lambda a_z\}.$$

例1 给定两点 $M_1(x_1, y_1, z_1)$ 与 $M_2(x_2, y_2, z_2)$，试求向量 $\overrightarrow{M_1M_2}$ 的坐标表达式.

解 作向量 $\overrightarrow{OM_1}$ 与 $\overrightarrow{OM_2}$. 因为
$$\overrightarrow{OM_1} = x_1\boldsymbol{i} + y_1\boldsymbol{j} + z_1\boldsymbol{k}, \quad \overrightarrow{OM_2} = x_2\boldsymbol{i} + y_2\boldsymbol{j} + z_2\boldsymbol{k}.$$
而 $\overrightarrow{M_1M_2} = \overrightarrow{OM_2} - \overrightarrow{OM_1}$（见图 6.14），所以
$$\overrightarrow{M_1M_2} = (x_2 - x_1)\boldsymbol{i} + (y_2 - y_1)\boldsymbol{j} + (z_2 - z_1)\boldsymbol{k}.$$

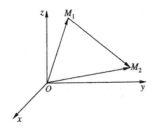

图 6.14

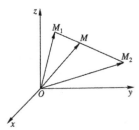

图 6.15

例2 给定一线段，两端点分别是 $M_1(x_1, y_1, z_1)$ 与 $M_2(x_2, y_2, z_2)$. 试求线段上一点 $M(x, y, z)$，使 $|\overrightarrow{M_1M}| : |\overrightarrow{MM_2}| = \lambda(\lambda > 0)$.

解 依题意有 $\overrightarrow{M_1M} = \lambda \overrightarrow{MM_2}$. 作向量 $\overrightarrow{OM_1}, \overrightarrow{OM}, \overrightarrow{OM_2}$（见图 6.15），因为
$$\overrightarrow{M_1M} = \overrightarrow{OM} - \overrightarrow{OM_1}, \quad \overrightarrow{MM_2} = \overrightarrow{OM_2} - \overrightarrow{OM},$$
所以按题设应有 $\overrightarrow{OM} - \overrightarrow{OM_1} = \lambda(\overrightarrow{OM_2} - \overrightarrow{OM})$. 于是
$$\overrightarrow{OM} = \frac{\overrightarrow{OM_1} + \lambda \overrightarrow{OM_2}}{1 + \lambda} = \left\{ \frac{x_1 + \lambda x_2}{1 + \lambda}, \frac{y_1 + \lambda y_2}{1 + \lambda}, \frac{z_1 + \lambda z_2}{1 + \lambda} \right\},$$
即

$$x = \frac{x_1 + \lambda x_2}{1 + \lambda}, \quad y = \frac{y_1 + \lambda y_2}{1 + \lambda}, \quad z = \frac{z_1 + \lambda z_2}{1 + \lambda}.$$

特别当 $\lambda = 1$ 时，M 是 M_1 与 M_2 的中点，这时

$$x = \frac{x_1 + x_2}{2}, \quad y = \frac{y_1 + y_2}{2}, \quad z = \frac{z_1 + z_2}{2}.$$

这说明中点的坐标等于两端点坐标的平均值.

4. 向量的方向余弦

设非零向量 a 的坐标为 $\{a_x, a_y, a_z\}$，如果我们把 a 的起点放在原点 O，那么终点 A 的坐标是 (a_x, a_y, a_z)（见图 6.16）. 显然向量 a 的模就是

$$|a| = \sqrt{a_x^2 + a_y^2 + a_z^2}.$$

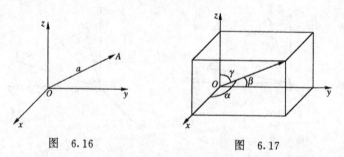

图 6.16　　　　　　　图 6.17

如果向量 a 与三个坐标轴之夹角分别为 α, β, γ，则称 α, β, γ 为向量 a 的**方向角**，$\cos\alpha, \cos\beta, \cos\gamma$ 为 a 的**方向余弦**. 由图 6.17 可见，方向余弦可表为

$$\cos\alpha = \frac{a_x}{|a|}, \quad \cos\beta = \frac{a_y}{|a|}, \quad \cos\gamma = \frac{a_z}{|a|}, \tag{1}$$

其中 $|a| = \sqrt{a_x^2 + a_y^2 + a_z^2}$. 又因为

$$\left(\frac{a_x}{|a|}\right)^2 + \left(\frac{a_y}{|a|}\right)^2 + \left(\frac{a_z}{|a|}\right)^2 = 1,$$

所以方向余弦 $\cos\alpha, \cos\beta, \cos\gamma$ 满足关系式

$$\cos^2\alpha + \cos^2\beta + \cos^2\gamma = 1.$$

由此看出,以方向余弦为三个分量的向量 $\{\cos\alpha,\cos\beta,\cos\gamma\}$ 正好就是沿向量 a 方向的单位向量,即有 $a^0=\{\cos\alpha,\cos\beta,\cos\gamma\}$.

向量 a 也可以用它的模与方向余弦来表示. 事实上,由(1)式得

$$a_x = |a|\cos\alpha, \quad a_y = |a|\cos\beta, \quad a_z = |a|\cos\gamma,$$

所以向量 a 可表为

$$a = \{|a|\cos\alpha, |a|\cos\beta, |a|\cos\gamma\}$$
$$= |a|\{\cos\alpha, \cos\beta, \cos\gamma\}.$$

例 3 设向量 $a=\{1,1,1\}$,求 a 的模、方向余弦与沿 a 方向的单位向量 a^0.

解 a 的模是

$$|a| = \sqrt{1^2 + 1^2 + 1^2} = \sqrt{3};$$

a 的方向余弦是

$$\cos\alpha = \frac{1}{\sqrt{3}}, \quad \cos\beta = \frac{1}{\sqrt{3}}, \quad \cos\gamma = \frac{1}{\sqrt{3}};$$

沿 a 方向的单位向量

$$a^0 = \left\{\frac{1}{\sqrt{3}}, \frac{1}{\sqrt{3}}, \frac{1}{\sqrt{3}}\right\}.$$

5. 两个向量的数量积

我们知道,如果一个质点由点 A 位移到点 B,$\overrightarrow{AB}=s$,质点所受的力为 f(见图 6.18),则力 f 所作的功为

$$W = |f| \cdot |s|\cos(f,s),$$

其中 (f,s) 表示两向量 f 与 s 间的夹角,且 $0 \leqslant (f,s) \leqslant \pi$.

这种由两个向量 f 与 s 确定出一个数量 W 的法则,在几何、物理问题中经常要用到,由此抽象出数量积的定义.

定义 4 两个向量 a 与 b 的**数量积**(或**点乘**)规定是一个实数 $|a| \cdot |b|\cos(a,b)$,记作 $a \cdot b$,也就是

$$\boldsymbol{a} \cdot \boldsymbol{b} = |\boldsymbol{a}| \cdot |\boldsymbol{b}| \cos(\boldsymbol{a}, \boldsymbol{b}).$$

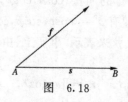

图 6.18

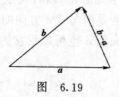

图 6.19

根据余弦定理,可以推得数量积 $\boldsymbol{a} \cdot \boldsymbol{b}$ 的坐标表达式. 事实上,设 $\boldsymbol{a} = \{a_x, a_y, a_z\}, \boldsymbol{b} = \{b_x, b_y, b_z\}$,由图 6.19 看出,

$$|\boldsymbol{b} - \boldsymbol{a}|^2 = |\boldsymbol{a}|^2 + |\boldsymbol{b}|^2 - 2|\boldsymbol{a}| \cdot |\boldsymbol{b}| \cos(\boldsymbol{a}, \boldsymbol{b}),$$

于是

$$\boldsymbol{a} \cdot \boldsymbol{b} = |\boldsymbol{a}| \cdot |\boldsymbol{b}| \cos(\boldsymbol{a}, \boldsymbol{b}) = \frac{1}{2}(|\boldsymbol{a}|^2 + |\boldsymbol{b}|^2 - |\boldsymbol{b} - \boldsymbol{a}|^2)$$
$$= a_x b_x + a_y b_y + a_z b_z.$$

这就是说,两个向量的数量积等于它们的对应坐标的乘积之和. 由这个公式我们立刻得到用向量的坐标表示两向量间的夹角的公式:

$$\cos(\boldsymbol{a}, \boldsymbol{b}) = \frac{a_x b_x + a_y b_y + a_z b_z}{|\boldsymbol{a}| \cdot |\boldsymbol{b}|}$$
$$= \frac{a_x b_x + a_y b_y + a_z b_z}{\sqrt{a_x^2 + a_y^2 + a_z^2} \cdot \sqrt{b_x^2 + b_y^2 + b_z^2}}.$$

例 4 如果质点受力 $\boldsymbol{f} = 2\boldsymbol{i} + 4\boldsymbol{j} + 6\boldsymbol{k}$,作了位移 $\boldsymbol{s} = 3\boldsymbol{i} + 2\boldsymbol{j} - \boldsymbol{k}$,则力所作的功

$$W = \boldsymbol{f} \cdot \boldsymbol{s} = 2 \cdot 3 + 4 \cdot 2 + 6 \cdot (-1) = 8.$$

例 5 求向量 $\boldsymbol{a} = \boldsymbol{i} + \boldsymbol{j} - 4\boldsymbol{k}, \boldsymbol{b} = \boldsymbol{i} - 2\boldsymbol{j} + 2\boldsymbol{k}$ 之间的夹角.

解 因为

$$\cos(\boldsymbol{a}, \boldsymbol{b}) = \frac{\boldsymbol{a} \cdot \boldsymbol{b}}{|\boldsymbol{a}||\boldsymbol{b}|}$$
$$= \frac{1 \cdot 1 + 1 \cdot (-2) + (-4) \cdot 2}{\sqrt{1^2 + 1^2 + (-4)^2} \sqrt{1^2 + (-2)^2 + (2)^2}}$$

$$= \frac{1-2-8}{\sqrt{18}\cdot\sqrt{9}} = -\frac{1}{\sqrt{2}}.$$

所以 a 与 b 之间的夹角为 $3\pi/4$.

向量的数量积具有下列性质：

(i) $a \cdot b = b \cdot a$；

(ii) $(a+b) \cdot c = a \cdot c + b \cdot c$；

(iii) $(\lambda a) \cdot b = \lambda(a \cdot b)$；

(iv) $a \cdot a = |a|^2$；

(v) 如果 a, b 都不是零向量，则 $a \cdot b = 0$ 的充要条件是 a 与 b 垂直.

以上这些性质都可以根据数量积的定义或数量积的坐标表达式来验证. 例如，根据定义有

$$a \cdot b = |a||b|\cos(a, b) = |b||a|\cos(b, a) = b \cdot a.$$

根据数量积的坐标表达式有

$$(a+b) \cdot c = (a_x + b_x)c_x + (a_y + b_y)c_y + (a_z + b_z)c_z$$
$$= (a_x c_x + a_y c_y + a_z c_z) + (b_x c_x + b_y c_y + b_z c_z)$$
$$= a \cdot c + b \cdot c.$$

其他几个性质，请读者自己验证.

例 6 在 Oxy 平面上求这样的单位向量，使它与向量 $a = \{-4, 3, 7\}$ 垂直.

解 设所求向量为 $\{x, y, 0\}$，x, y 应满足

$$\begin{cases} -4x + 3y = 0, \\ x^2 + y^2 = 1. \end{cases}$$

由上解出 $x = \pm 3/5, y = \pm 4/5$，所以所求向量为

$$\left\{\frac{3}{5}, \frac{4}{5}, 0\right\} \quad \text{或} \quad \left\{-\frac{3}{5}, -\frac{4}{5}, 0\right\}.$$

例 7 已知 $|a| = 2, |b| = 1, (a, b) = \pi/3$，求向量

$$A = 2a + 3b \quad \text{与} \quad B = 3a - b$$

之间的夹角.

解 已知
$$\cos(A,B) = \frac{A \cdot B}{|A| \cdot |B|}.$$
现在
$$A \cdot B = (2a+3b) \cdot (3a-b) = 6a^2 + 7a \cdot b - 3b^2$$
$$= 6 \cdot 2^2 + 7 \cdot 2 \cdot 1 \cdot \cos\frac{\pi}{3} - 3 \cdot 1 = 28,$$
其中 $a^2 = a \cdot a, b^2 = b \cdot b$. 又
$$|A|^2 = A \cdot A = (2a+3b)^2 = 4a^2 + 12a \cdot b + 9b^2 = 37,$$
$$|B|^2 = B \cdot B = (3a-b)^2 = 9a^2 - 6a \cdot b + b^2 = 31,$$
所以 $|A| = \sqrt{37}, |B| = \sqrt{31}$. 于是
$$\cos(A,B) = \frac{28}{\sqrt{37} \cdot \sqrt{31}} \approx 0.8267,$$
$$(A,B) \approx 34°14'.$$

例8 设 $a = \{3,4,-4\}, e = \{1,1,1\}$,求 a 在 e 方向的投影.

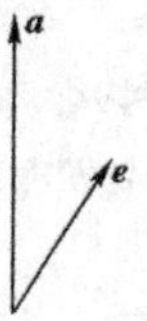

解 由图 6.20 看出,a 在 e 方向的投影为
$$|a|\cos(a,e) = |a| \cdot \frac{a \cdot e}{|a| \cdot |e|} = \frac{a \cdot e}{|e|}$$
$$= a \cdot e^0.$$

图 6.20

今 $a \cdot e = 3, |e| = \sqrt{3}$,所以 a 在 e 方向的投影为 $\sqrt{3}$.

6. 两个向量的向量积

在引进向量积的概念之前,我们先介绍二阶行列式与三阶行列式的概念.以便于简化向量积的坐标表示.

设 a,b,c,d 为四个实数,将它们排成二行二列,便可构成一个二阶行列式:
$$\begin{vmatrix} a & b \\ c & d \end{vmatrix}.$$
其中横排称为行,竖排称为列.如 a 是第一行第一列的元素,b 是

第一行第二列的元素，c 是第二行第一列的元素，d 是第二行第二列的元素(以下三阶行列式的行与列的定义也类似). 二阶行列式规定为一个数：

$$\begin{vmatrix} a & b \\ c & d \end{vmatrix} = ad - bc.$$

如 $\begin{vmatrix} 1 & 2 \\ 3 & 4 \end{vmatrix} = 4 - 6 = -2.$

同理，由 9 个数可构成一个三阶行列式，它也规定为一个数：

$$\begin{vmatrix} a_1 & b_1 & c_1 \\ a_2 & b_2 & c_2 \\ a_3 & b_3 & c_3 \end{vmatrix} = a_1 b_2 c_3 + a_2 b_3 c_1 + a_3 b_1 c_2 - a_3 b_2 c_1 - a_2 b_1 c_3 - a_1 b_3 c_2.$$

如

$$\begin{vmatrix} 1 & 2 & 1 \\ -2 & 1 & -1 \\ 1 & -4 & 2 \end{vmatrix} = 2 + 8 - 2 - 1 + 8 - 4 = 11.$$

由以上二阶行列式与三阶行列式的定义看出，三阶行列式也可用二阶行列式表出，即有

$$\begin{vmatrix} a_1 & b_1 & c_1 \\ a_2 & b_2 & c_2 \\ a_3 & b_3 & c_3 \end{vmatrix} = a_1 \begin{vmatrix} b_2 & c_2 \\ b_3 & c_3 \end{vmatrix} - b_1 \begin{vmatrix} a_2 & c_2 \\ a_3 & c_3 \end{vmatrix} + c_1 \begin{vmatrix} a_2 & b_2 \\ a_3 & b_3 \end{vmatrix}.$$

其规律是：把三阶行列式的第一行的各元素乘以划掉该元素所在的行和列之后剩下的二阶行列式，然后作它们的代数和(上式中第二项取负号)，上式称为三阶行列式按第一行展开的展开式.

从行列式的定义还可看出：若将行列式的两行(或两列)互换，则变换后的行列式与原行列式反号. 例如，

$$\begin{vmatrix} a_2 & b_2 & c_2 \\ a_1 & b_1 & c_1 \\ a_3 & b_3 & c_3 \end{vmatrix} = - \begin{vmatrix} a_1 & b_1 & c_1 \\ a_2 & b_2 & c_2 \\ a_3 & b_3 & c_3 \end{vmatrix}.$$

下面我们讨论两个向量的向量积.

向量积是两个向量之间的又一种乘法运算,它与数量积的不同之处在于,其运算结果仍是一个向量.这种乘法也有着丰富的几何及物理背景.

例如,在一刚体转动的问题中,设 O 为转动中心,f 为作用于 A 点的力(见图 6.21),则 f 对于 O 点的力矩是一个向量 M：其模 $|M|=|\overrightarrow{OA}|\cdot|f|\sin(\overrightarrow{OA},f)$,而向量 M 的方向垂直于 $\overrightarrow{OA}$ 与 f 所决定的平面,且 $\overrightarrow{OA},f,M$ 符合右手法则. 即将右手沿 $\overrightarrow{OA}$ 到 f 的方向握紧时,大拇指伸开正沿着 M 的方向. 这种由两个向量 $\overrightarrow{OA}$ 与 f 确定出另一个向量 M 的法则在几何、力学问题中经常遇到,由此抽象出向量积的定义.

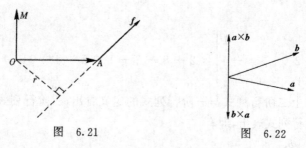

图 6.21　　　　　　　图 6.22

定义 5　向量 a 与 b 的**向量积**(或**叉乘**)规定为一个向量,记作 $a\times b$,它的模等于以 a,b 这两个向量为邻边的平行四边形的面积,即

$$|a\times b|=|a||b|\sin(a,b);$$

它的方向规定为：$a\times b$ 同时垂直于 a 与 b 且使得 $a,b,a\times b$ 符合右手法则.

根据定义不难看出：$i\times j=k, j\times k=i, k\times i=j$. 向量积具有以下性质：

(i) $a\times b=-(b\times a)$；

(ii) $(\lambda a)\times b=\lambda(a\times b)=a\times(\lambda b)$；

(iii) $(a+b)\times c=a\times c+b\times c$；

(iv) 如果 a,b 都不是零向量,则 $a\times b=0$ 的充要条件是 a 与

b 平行.

性质(i)与(iv)根据定义立刻可得(见图 6.22).

性质(ii)的证明要分别 λ 的情况讨论. 若 $\lambda=0$, 或 a 与 b 平行, 则(ii)显然成立. 若 $\lambda>0$, a 与 b 不平行, 则

$$|(\lambda a)\times b| = |\lambda a||b|\sin(\lambda a,b) = \lambda|a||b|\sin(a,b)$$
$$= \lambda|a\times b| = |\lambda(a\times b)| = |a\times(\lambda b)|.$$

并且当 $\lambda>0$ 时, 向量 $(\lambda a)\times b, (a\times \lambda b)$ 都与向量 $\lambda(a\times b)$ 的方向相同, 故 $(\lambda a)\times b = \lambda(a\times b) = a\times(\lambda b)$. 若 $\lambda<0$, a 与 b 不平行, 证明与上面类似.

为证明性质(iii), 先考虑 $a\times c^0$. 过 c^0 的起点 O 作一个平面 $P\perp c^0$(见图 6.23). 把向量 $a=\overrightarrow{OA}$ 投影到平面 P 上得向量 $\overrightarrow{OA_1}$. 再将 $\overrightarrow{OA_1}$ 在 P 上沿顺时针方向转 $\frac{\pi}{2}$ 得向量 $\overrightarrow{OA_2}$. 显然, $\overrightarrow{OA_2}\perp c^0$, 又 $\overrightarrow{OA_2}\perp \overrightarrow{OA_1}$, 因而 $\overrightarrow{OA_2}\perp a$, 且 $a, c^0, \overrightarrow{OA_2}$ 符合右手法则. 又

$$|\overrightarrow{OA_2}| = |\overrightarrow{OA_1}| = |a|\cos\left(\frac{\pi}{2}-\varphi\right) = |a|\sin\varphi$$
$$= |a|\cdot|c^0|\sin(a,c^0),$$

所以 $\overrightarrow{OA_2} = a\times c^0.$

再作 $\overrightarrow{AB}=b$(见图 6.24), 则 $\overrightarrow{OB}=a+b$, 把 $\overrightarrow{OB}$ 投影到平面 P 上得向量 $\overrightarrow{OB_1}$, 再将 $\overrightarrow{OB_1}$ 在 P 上沿顺时针方向转 $\frac{\pi}{2}$ 得向量 $\overrightarrow{OB_2}$, 与上同理可得

$$\overrightarrow{OB_2} = (a+b)\times c^0. \tag{2}$$

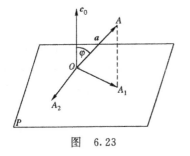

图 6.23

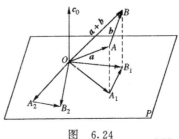

图 6.24

又这时 $\overrightarrow{A_2B_2} \perp \overrightarrow{A_1B_1}$,因而 $\overrightarrow{A_2B_2} \perp \boldsymbol{b}$. 故同理有
$$\overrightarrow{A_2B_2} = \boldsymbol{b} \times \boldsymbol{c}^0. \tag{3}$$
将(2),(3)式代入关系式 $\overrightarrow{OB_2} = \overrightarrow{OA_2} + \overrightarrow{A_2B_2}$,得到
$$(\boldsymbol{a}+\boldsymbol{b}) \times \boldsymbol{c}^0 = \boldsymbol{a} \times \boldsymbol{c}^0 + \boldsymbol{b} \times \boldsymbol{c}^0. \tag{4}$$
再将(4)式两边乘 $|\boldsymbol{c}|$,即得性质(iii).

应用向量积的这几个性质,可以导出向量积的坐标表达式:
$$\begin{aligned}\boldsymbol{a} \times \boldsymbol{b} &= (a_x\boldsymbol{i} + a_y\boldsymbol{j} + a_z\boldsymbol{k}) \times (b_x\boldsymbol{i} + b_y\boldsymbol{j} + b_z\boldsymbol{k}) \\ &= a_xb_x(\boldsymbol{i}\times\boldsymbol{i}) + a_xb_y(\boldsymbol{i}\times\boldsymbol{j}) + a_xb_z(\boldsymbol{i}\times\boldsymbol{k}) \\ &\quad + a_yb_x(\boldsymbol{j}\times\boldsymbol{i}) + a_yb_y(\boldsymbol{j}\times\boldsymbol{j}) + a_yb_z(\boldsymbol{j}\times\boldsymbol{k}) \\ &\quad + a_zb_x(\boldsymbol{k}\times\boldsymbol{i}) + a_zb_y(\boldsymbol{k}\times\boldsymbol{j}) + a_zb_z(\boldsymbol{k}\times\boldsymbol{k}).\end{aligned}$$
因为
$$\boldsymbol{i}\times\boldsymbol{i} = \boldsymbol{j}\times\boldsymbol{j} = \boldsymbol{k}\times\boldsymbol{k} = 0, \quad \boldsymbol{i}\times\boldsymbol{j} = -(\boldsymbol{j}\times\boldsymbol{i}) = \boldsymbol{k},$$
$$\boldsymbol{j}\times\boldsymbol{k} = -(\boldsymbol{k}\times\boldsymbol{j}) = \boldsymbol{i}, \quad \boldsymbol{k}\times\boldsymbol{i} = -(\boldsymbol{i}\times\boldsymbol{k}) = \boldsymbol{j},$$
所以
$$\boldsymbol{a} \times \boldsymbol{b} = (a_yb_z - a_zb_y)\boldsymbol{i} + (a_zb_x - a_xb_z)\boldsymbol{j} + (a_xb_y - a_yb_x)\boldsymbol{k}.$$
利用行列式的展开式,我们可以把上式形式地记为:
$$\boldsymbol{a}\times\boldsymbol{b} = \begin{vmatrix} \boldsymbol{i} & \boldsymbol{j} & \boldsymbol{k} \\ a_x & a_y & a_z \\ b_x & b_y & b_z \end{vmatrix}.$$

例9 若 $\boldsymbol{a} = \{2,5,7\}, \boldsymbol{b} = \{1,2,4\}$,则
$$\boldsymbol{a}\times\boldsymbol{b} = \begin{vmatrix} \boldsymbol{i} & \boldsymbol{j} & \boldsymbol{k} \\ 2 & 5 & 7 \\ 1 & 2 & 4 \end{vmatrix} = 6\boldsymbol{i} - \boldsymbol{j} - \boldsymbol{k}.$$

例10 求以点 $A(3,0,2), B(5,3,1), C(0,-1,3)$ 为顶点的三角形的面积.

解 由图 6.25 可见,三角形 ABC 的面积是平行四边形 $ABDC$ 的面积之半,所以

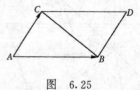

图 6.25

$$\triangle ABC \text{ 的面积} = \frac{1}{2}|\overrightarrow{AB} \times \overrightarrow{AC}|.$$

而 $\overrightarrow{AB} = \{2,3,-1\}, \overrightarrow{AC} = \{-3,-1,1\}$. 于是

$$\overrightarrow{AB} \times \overrightarrow{AC} = \begin{vmatrix} \boldsymbol{i} & \boldsymbol{j} & \boldsymbol{k} \\ 2 & 3 & -1 \\ -3 & -1 & 1 \end{vmatrix} = 2\boldsymbol{i} + \boldsymbol{j} + 7\boldsymbol{k},$$

$$|\overrightarrow{AB} \times \overrightarrow{AC}| = \sqrt{2^2 + 1^2 + 7^2} = \sqrt{54},$$

$$\triangle ABC \text{ 的面积} = \frac{1}{2}\sqrt{54} \approx 3.67.$$

习 题 6.2

1. A, B, C, D 是空间任意四个点, M 和 N 分别是 AB 和 CD 的中点, 求证:

$$\overrightarrow{MN} = \frac{1}{2}(\overrightarrow{AD} + \overrightarrow{BC}).$$

2. 已知 $\overrightarrow{AM} = \overrightarrow{MB}$, 求证: 对于任意的点 O,

$$\overrightarrow{OM} = \frac{1}{2}(\overrightarrow{OA} + \overrightarrow{OB}).$$

3. 设 M 是 $\triangle ABC$ 的重心, 求证: 对于任意的点 O,

$$\overrightarrow{OM} = \frac{1}{3}(\overrightarrow{OA} + \overrightarrow{OB} + \overrightarrow{OC}).$$

4. 设 $ABB_1A_2, BCC_1B_2, CAA_1C_2$ 皆为平行四边形, 求证:

$$\overrightarrow{A_1A_2} + \overrightarrow{B_1B_2} + \overrightarrow{C_1C_2} = 0.$$

5. 已知三点 A, B, C 的坐标各为 $(1,0,0), (1,1,0), (1,1,1)$, 求 D 点的坐标使 $ACDB$ 成一平行四边形.

6. 证明: 菱形的对角线互相垂直.

7. 设 $\boldsymbol{a} = \boldsymbol{i} + 2\boldsymbol{j} + 3\boldsymbol{k}, \boldsymbol{b} = 2\boldsymbol{i} - 2\boldsymbol{j} + 3\boldsymbol{k}$, 求

(1) $\boldsymbol{a} + \boldsymbol{b}$; (2) $\boldsymbol{a} - \boldsymbol{b}$; (3) $2\boldsymbol{a} + \frac{1}{3}\boldsymbol{b}$; (4) $\frac{1}{2}\boldsymbol{a} - 3\boldsymbol{b}$.

8. 设两点 $M_1 = (4,5,-2), M_2 = (3,-6,1)$, 求矢量 $\overrightarrow{M_1M_2}$,

$\overrightarrow{M_2M_1}$.

9. 设点 $A=(1,-1,2), B=(4,1,3)$，求(1) $\overrightarrow{AB}$ 在三个坐标轴上的坐标和分量；(2) $|\overrightarrow{AB}|$；(3) $\overrightarrow{AB}$ 的方向余弦.

10. 一力在各坐标轴上的分力分别是 $X=-6i, Y=-2j, Z=9k$，求此力的大小和方向余弦.

11. 向量 $\overrightarrow{OM}$ 与 x 轴成 $45°$，与 y 轴成 $60°$，它的长度等于 6，它在 z 轴上的坐标是负的，求向量 $\overrightarrow{OM}$ 的坐标以及沿 $\overrightarrow{OM}$ 方向的单位向量.

12. 设 $a=i+j-4k, b=i-2j+2k$，求(1) a 与 b 的大小和方向余弦；(2) a 和 b 间的夹角.

13. 计算 (1) $(2i-j)\cdot j$；(2) $(2i+3j+4k)\cdot k$；(3) $(i+5j)\cdot i$.

14. 若 $a=6i+4j-3k, b=5i-2j+2k$，求 $a\cdot b$.

15. 验证 $a=i+3j-k$ 与 $b=2i-j-k$ 互相垂直.

16. 在力 $F=\{2,4,6\}$ 作用下，一点发生位移 $S=\{3,2,-1\}$，求力所作的功及力与位移的夹角.

17. 设 $a=\{1,1,4\}, b=\{1,-2,2\}$，求 b 在 a 方向上的投影.

18. 设在平行四边形 $ABCD$ 中，$\overrightarrow{AB}=\{2,1,0\}, \overrightarrow{AD}=\{0,-1,2\}$，求对角线的夹角 $(\overrightarrow{AC}, \overrightarrow{BD})$.

19. 证明：$c\perp[(b\cdot c)a-(a\cdot c)b]$.

20. 证明：三角形的三条高线共点.

21. 求下列行列式的值：

(1) $\begin{vmatrix} 3 & -1 \\ 7 & 2 \end{vmatrix}$；

(2) $\begin{vmatrix} 0 & 1 \\ 0 & 0 \end{vmatrix}$；

(3) $\begin{vmatrix} 1 & 4 & 2 \\ 3 & 5 & 1 \\ 2 & 1 & 6 \end{vmatrix}$；

(4) $\begin{vmatrix} 3 & 1 & -2 \\ 2 & -1 & 5 \\ 1 & 4 & 6 \end{vmatrix}$；

(5) $\begin{vmatrix} a_{11} & a_{12} & a_{13} \\ 0 & a_{22} & a_{23} \\ 0 & 0 & a_{33} \end{vmatrix}$；

(6) $\begin{vmatrix} a & 0 & 0 \\ 0 & b_1 & b_2 \\ 0 & c_1 & c_2 \end{vmatrix}$.

22. 证明:$(a-b)\times(a+b)=2(a\times b)$,并说明其几何意义.

23. 试证:$|a\times b|^2=|a|^2|b|^2-(a\cdot b)^2$.

24. 求

(1) $i\times(i+j+k)+(j+k)\times(i-j)$;

(2) $(i+2k)\times(2i-3j+k)$;

(3) $(b-2a)\times(a-3b)$;

(4) $(a+2b)\times(2c-a)+(b+2c)\times(2a-b)$.

25. 设一力 $F=\{2,-4,3\}$ 作用于点 $B(1,5,0)$,求 F 对原点的力矩.

26. 设 $\overrightarrow{OA}=i+3k, \overrightarrow{OB}=j+2k$,以 OA, OB 与 AB 为边作三角形,求三角形的面积.

27. 已知三点 $A(3,4,1), B(2,3,0), C(3,5,1)$,试求三角形 ABC 的面积.

28. 求垂直于两向量 $a=2i-j+k$ 及 $b=i+2j-k$ 的单位向量 c^0.

29. 已知 $|a|=1, |b|=5, a\cdot b=-3$,求 $|a\times b|$.

§3 平面与直线的方程

1. 平面的方程

我们先来求通过一已知点 $M_0(x_0, y_0, z_0)$,垂直于一已知非零向量 $n=\{A,B,C\}$ 的平面方程.

设 $M(x,y,z)$ 为所求平面上任意一点(见图 6.26).因为平面垂直于向量 n,所以平面上的向量 $\overrightarrow{M_0M}$ 与向量 n 垂直,即有 $n\cdot\overrightarrow{M_0M}=0$.于是点 M 的坐标 (x,y,z) 应满足方程

$$A(x-x_0)+B(y-y_0)+C(z-z_0)=0.$$

因 M 是平面上任意一点,所以平面上一切点的坐标都应满足这个方程.反之,其坐标满足此方程的点必在所求的平面上.所以,此方程为所求的平面方程.

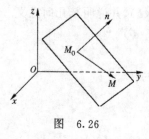

图 6.26

我们称垂直于平面的非零向量为平面的法向量.因此上面的方程也叫做平面的**点法式方程**.例如,过点 $M_0(1,-1,0)$,且法向量为 $\boldsymbol{n}=\{2,-1,3\}$ 的平面方程是

$$2(x-1)-(y+1)+3z=0,$$

即 $\quad 2x-y+3z-3=0.$

在点法式方程中,令 $D=-(Ax_0+By_0+Cz_0)$,则平面的点法式方程化为

$$Ax+By+Cz+D=0.$$

又因 $\boldsymbol{n}\neq\boldsymbol{0}$,故一次项系数 A,B,C 不同时为 0,因此,任一平面都可以用一次方程来表示.现在我们来证明它的逆命题:任何一个一次方程

$$Ax+By+Cz+D=0$$

都表示一个平面,其中 A,B,C 不同时为 0.

事实上,找一组 x_0,y_0,z_0 满足方程,即

$$Ax_0+By_0+Cz_0+D=0.$$

于是,D 可表为 $D=-(Ax_0+By_0+Cz_0)$,原方程可表为

$$A(x-x_0)+B(y-y_0)+C(z-z_0)=0.$$

这就说明,原方程表示一个平面,此平面过点 (x_0,y_0,z_0) 且以向量 $\{A,B,C\}$ 为法向量.

我们称方程

$$Ax+By+Cz+D=0$$

为平面的**一般式方程**.

例 1 求过点 $(1,2,-1)$,且与平面 $3x+y-2z-1=0$ 平行的平面方程.

解 平面 $3x+y-2z-1=0$ 的法向量为 $\{3,1,-2\}$,所求的平面与它平行,因此法向量也是 $\{3,1,-2\}$.由平面的点法式方程可知,所求的平面方程为

$$3(x-1)+(y-2)-2(z+1)=0.$$

例2 一平面过点$(2,1,1)$,它的法向量同时垂直于向量$\boldsymbol{a}=\{2,1,1\}$与$\boldsymbol{b}=\{3,-2,3\}$,求此平面的方程.

解 依题意,向量
$$\boldsymbol{a}\times\boldsymbol{b}=\begin{vmatrix}\boldsymbol{i}&\boldsymbol{j}&\boldsymbol{k}\\2&1&1\\3&-2&3\end{vmatrix}=5\boldsymbol{i}-3\boldsymbol{j}-7\boldsymbol{k}$$
是平面的一个法向量.由平面的点法式方程知,所求的平面方程为
$$5(x-2)-3(y-1)-7(z-1)=0,$$
即
$$5x-3y-7z=0.$$

例3 求通过x轴与点$(4,-3,-1)$的平面方程.

解 设所求之平面方程为
$$Ax+By+Cz+D=0.$$
因为此平面过x轴,故它的法向量$\boldsymbol{n}=\{A,B,C\}$垂直于向量$\boldsymbol{i}=\{1,0,0\}$,由此可知$\boldsymbol{n}\cdot\boldsymbol{i}=0$,即$A=0$.又平面过$x$轴也就过原点,由此可知$(0,0,0)$满足方程,即$D=0$.于是此平面方程应为
$$By+Cz=0.$$
又点$(4,-3,-1)$在平面上,故$-3B-C=0$,即$C=-3B$.因此所求之平面方程为
$$y-3z=0.$$

例4 若一平面在三个坐标轴上的截距分别为a,b,c(这里$a\cdot b\cdot c\neq 0$),试求此平面的方程.

解 设所求的平面方程为
$$Ax+By+Cz+D=0.$$
由题意,点$(a,0,0),(0,b,0),(0,0,c)$都在平面上,因此它们的坐标分别满足方程,即有
$$\begin{cases}aA+D=0,\\bB+D=0,\\cC+D=0,\end{cases}$$

由此解出
$$A = -\frac{D}{a}, \quad B = -\frac{D}{b}, \quad C = -\frac{D}{c}.$$
将 A,B,C 代入方程并消掉 D,得所求之平面方程为
$$\frac{x}{a} + \frac{y}{b} + \frac{z}{c} = 1.$$
此方程称为平面的**截距式方程**.

2. 点到平面的距离·平面的法式方程

给定了一个点 $M_1 = (x_1, y_1, z_1)$ 和一个平面 P:
$$Ax + By + Cz + D = 0,$$
我们来求点 M_1 到平面 P 的距离 p.

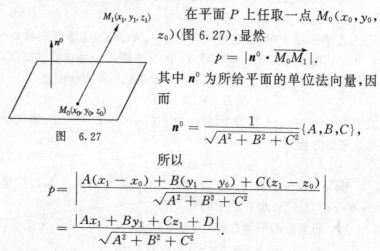

图 6.27

在平面 P 上任取一点 $M_0(x_0, y_0, z_0)$(图 6.27),显然
$$p = |\boldsymbol{n}^0 \cdot \overrightarrow{M_0M_1}|.$$
其中 $\boldsymbol{n}^0$ 为所给平面的单位法向量,因而
$$\boldsymbol{n}^0 = \frac{1}{\sqrt{A^2 + B^2 + C^2}} \{A, B, C\},$$
所以
$$p = \left| \frac{A(x_1 - x_0) + B(y_1 - y_0) + C(z_1 - z_0)}{\sqrt{A^2 + B^2 + C^2}} \right|$$
$$= \frac{|Ax_1 + By_1 + Cz_1 + D|}{\sqrt{A^2 + B^2 + C^2}}.$$
我们把
$$\frac{1}{\sqrt{A^2 + B^2 + C^2}}$$
称为**法化因子**,乘上了法化因子后的平面方程
$$\frac{Ax + By + Cz + D}{\sqrt{A^2 + B^2 + C^2}} = 0$$

称为平面的**法式方程**. 于是, 点到平面的距离就是把点的坐标代入平面的法式方程左端时所得值的绝对值.

3. 直线的方程

任意两个不平行的平面相交于一直线, 反之, 任一直线可以看成是两个不平行的平面的交线. 因此, 任一直线可以用两个联立的一次方程

$$\begin{cases} A_1 x + B_1 y + C_1 z + D_1 = 0, \\ A_2 x + B_2 y + C_2 z + D_2 = 0 \end{cases}$$

来表示, 其中 A_1, B_1, C_1 与 A_2, B_2, C_2 不成比例. 上面的方程组称为直线的**二面式方程**.

如果已知一直线过点 $M_0(x_0, y_0, z_0)$, 且平行于非零向量 $s = \{m, n, p\}$, 则此直线的位置就完全确定了, 我们称向量 s 为该直线的一个**方向向量**. 现在我们来求此直线的方程.

在所论直线上任意取定一点 $M(x, y, z)$, 则向量 $\overrightarrow{M_0 M}$ 与向量 s 共线 (见图 6.28). 因而存在惟一的实数 t, 使

$$\overrightarrow{M_0 M} = t s \qquad (1)$$

(t 的正、负号由 $\overrightarrow{M_0 M}$ 与 s 同向或反向而定). 反过来, 任意给定一个实数 t, 则在直线上可确定惟一的点 M, 使(1)式成立. 由此可见, 直线上的点 M 与方程

$$\overrightarrow{M_0 M} = t s \quad (-\infty < t < +\infty)$$

图 6.28

中的实数 t 之间有一一对应的关系. 将上式写成坐标形式, 即有

$$\begin{cases} x - x_0 = tm, \\ y - y_0 = tn, \quad (-\infty < t < +\infty) \\ z - z_0 = tp, \end{cases}$$

或

$$\begin{cases} x = x_0 + tm, \\ y = y_0 + tn, \quad (-\infty < t < +\infty). \\ z = z_0 + tp. \end{cases}$$

这个方程组称为直线的**参数方程**，t 称为**参数**. 非零向量 s 称为直线的**方向向量**.

由直线的参数方程中消去参数 t，就得到直线的**标准方程**：

$$\frac{x-x_0}{m} = \frac{y-y_0}{n} = \frac{z-z_0}{p}.$$

当 $m=0, n\neq 0, p\neq 0$ 时，方向向量 $\{0,n,p\}$ 与 x 轴垂直，上式表示两面式方程 $\begin{cases} x=x_0, \\ \dfrac{y-y_0}{n}=\dfrac{z-z_0}{p}; \end{cases}$ 当 $m=n=0, p\neq 0$ 时，方向向量 $\{0,0,p\}$ 与 z 轴平行，上式表示两面式方程 $\begin{cases} x=x_0, \\ y=y_0. \end{cases}$ 其余情况类似.

例 5 已知一直线的二面式方程为
$$\begin{cases} A_1 x + B_1 y + C_1 z + D_1 = 0, \\ A_2 x + B_2 y + C_2 z + D_2 = 0. \end{cases}$$
求此直线的一个方向向量.

解 因为所论直线同时在两个平面上，所以它的方向向量应同时垂直于两平面之法向量 $\boldsymbol{n}_1 = \{A_1, B_1, C_1\}$ 与 $\boldsymbol{n}_2 = \{A_2, B_2, C_2\}$. 于是向量

$$\boldsymbol{n}_1 \times \boldsymbol{n}_2 = \begin{vmatrix} \boldsymbol{i} & \boldsymbol{j} & \boldsymbol{k} \\ A_1 & B_1 & C_1 \\ A_2 & B_2 & C_2 \end{vmatrix}$$

$$= \begin{vmatrix} B_1 & C_1 \\ B_2 & C_2 \end{vmatrix} \boldsymbol{i} + \begin{vmatrix} C_1 & A_1 \\ C_2 & A_2 \end{vmatrix} \boldsymbol{j} + \begin{vmatrix} A_1 & B_1 \\ A_2 & B_2 \end{vmatrix} \boldsymbol{k}$$

为此直线的一个方向向量.

例 6 求直线 $\begin{cases} 3x+2y+4z-11=0 \\ 2x+y-3z-1=0 \end{cases}$ 之标准方程.

解 由例 5 可知向量

$$\{3,2,4\} \times \{2,1,-3\} = \begin{vmatrix} \boldsymbol{i} & \boldsymbol{j} & \boldsymbol{k} \\ 3 & 2 & 4 \\ 2 & 1 & -3 \end{vmatrix} = -10\boldsymbol{i} + 17\boldsymbol{j} - \boldsymbol{k}$$

是此直线的一个方向向量.为写出直线的标准方程,只需再求出此直线上一个点.为此在方程组中令 $x=1$,而得到
$$\begin{cases} 2y + 4z = 8, \\ y - 3z = -1, \end{cases}$$
解出
$$\begin{cases} y = 2, \\ z = 1. \end{cases}$$
这就表示点 $(1,2,1)$ 在此直线上.所以直线之标准方程为
$$\frac{x-1}{-10} = \frac{y-2}{17} = \frac{z-1}{-1} \quad 或 \quad \frac{x-1}{10} = \frac{y-2}{-17} = z-1.$$

例7 求过点 $M_1(x_1,y_1,z_1)$ 与点 $M_2(x_2,y_2,z_2)$ 的直线方程.

解 因为直线过点 M_1 与 M_2,向量 $\overrightarrow{M_1M_2} = \{x_2-x_1, y_2-y_1, z_2-z_1\}$ 为此直线的一个方向向量,所以直线方程为
$$\frac{x-x_1}{x_2-x_1} = \frac{y-y_1}{y_2-y_1} = \frac{z-z_1}{z_2-z_1}.$$
这个方程也叫做直线的**两点式方程**.

例8 已知一直线过直线
$$\begin{cases} x = 1 + 2t, \\ y = -t, \\ z = 1 - t \end{cases}$$
与平面 $x+y-z=1$ 的交点 A,并且与平面 $2x-y+z=1$ 垂直,求此直线的方程.

解 既在平面 $x+y-z=1$ 上又在直线
$$\begin{cases} x = 1 + 2t, \\ y = -t, \\ z = 1 - t \end{cases}$$
上的点 A 所对应的参数 t 应满足条件
$$(1+2t) + (-t) - (1-t) = 1,$$
即

$$t = \frac{1}{2}.$$

代入直线的参数方程即得交点 A 的坐标:

$$\left(2, -\frac{1}{2}, \frac{1}{2}\right).$$

因为所求的直线与平面 $2x-y+z=1$ 垂直,所以平面的法向量 $\{2,-1,1\}$ 就是直线的一个方向向量. 于是,所求直线的标准方程是

$$\frac{x-2}{2} = \frac{y+\frac{1}{2}}{-1} = \frac{z-\frac{1}{2}}{1}.$$

习 题 6.3

1. 平面 $4x-y+3z+1=0$ 是否经过 $A(-1,6,3)$, $B(0,1,0)$, $C(3,-2,-5)$ 三点?

2. 指出下列平面位置的特点:
(1) $3x+5z+1=0$;   (2) $2x+3y-7z=0$;
(3) $y-2=0$;   (4) $8y-3z=0$;
(5) $x+y-5=0$;   (6) $x=0$.

3. 设点 $A=(2,-1,-2)$, $B=(8,7,5)$, 求通过点 B, 垂直于线段 $\overrightarrow{AB}$ 的平面方程.

4. 设点 $A=(-7,43,12)$, $B=(3,4,10)$, $\overrightarrow{AC}=\{9,-23,-4\}$, 求通过 A, B 两点且与向量 $\overrightarrow{AC}$ 平行的平面方程.

5. 求平面 $2x-y+8z-4=0$ 在各坐标轴上的截距.

6. 平面过点 $(5,-7,4)$ 且在各坐标轴上的截距相等, 求此平面的方程.

7. 求通过已知三点的平面方程:
(1) $A=(7,6,7)$, $B=(5,10,5)$, $C=(-1,8,9)$;
(2) $A=(2,4,8)$, $B=(-3,1,5)$, $C=(6,-2,7)$.

8. 求过点 $(2,0,-3)$ 且与两平面 $x-2y+4z-7=0$, $2x+y$

$-2z+5=0$ 垂直的平面方程.

9. 求通过 x 轴且垂直于平面 $5x-4y-2z+3=0$ 的平面方程.

10. 求下列各平面的方程:

(1) 平行于 y 轴,且通过点 $(1,-5,1)$ 和 $(3,2,-2)$;

(2) 平行于平面 xOz,且通过点 $(3,2,-7)$;

(3) 垂直于平面 $x-4y+5z=1$ 且通过点 $(-2,7,3)$ 及 $(0,0,0)$;

(4) 垂直于平面 yOz 且通过点 $(5,-4,3)$ 与 $(-2,1,8)$.

11. 指出下列直线位置的特点:

(1) $\begin{cases} Ax+D_1=0, \\ By+D_2=0; \end{cases}$

(2) $\begin{cases} A_1x+C_1z=0, \\ A_2x+C_2z=0, \end{cases}$ 其中 $\begin{vmatrix} A_1 & C_1 \\ A_2 & C_2 \end{vmatrix} \neq 0$;

(3) $\begin{cases} 3x-2y+5z+1=0, \\ 2y+3=0; \end{cases}$ (4) $\begin{cases} 2y+5z+3=0, \\ y-z+1=0. \end{cases}$

12. 化下列直线方程为标准方程及参数方程:

(1) $\begin{cases} 2x+y-z+1=0, \\ 3x-y+2z-3=5; \end{cases}$ (2) $\begin{cases} x-3z+5=0, \\ y-2z+8=0. \end{cases}$

13. 求下列各直线的方程:

(1) 过点 $(1,-1,3)$ 与 $(2,1,-1)$;

(2) 过点 $(2,1,0)$ 平行于向量 $\{1,-1,5\}$;

(3) 过点 $(2,0,1)$ 平行直线 $\dfrac{x-3}{3}=\dfrac{y+1}{1}=\dfrac{z-4}{6}$;

(4) 过点 $(1,1,1)$ 平行于 y 轴;

(5) 过点 $(1,-1,3)$ 平行于直线 $\begin{cases} 3x-y+2z-7=0, \\ x+3y-2z+3=0; \end{cases}$

(6) 过点 $(2,-1,3)$ 垂直于平面 $x+y-z+5=0$.

14. 证明直线 $x=-2+\dfrac{2}{3}t, y=-\dfrac{2}{3}t, z=6+\dfrac{t}{3}$ 在平面 $x-2y-6z+38=0$ 上.

15. 已知直线与两坐标平面的交点为 $(2,1,0)$ 与 $(3,0,5)$. 试求它在第三个坐标平面的交点.

16. 当 D 为何值时直线 $\begin{cases} 3x-y+2z-6=0 \\ x+4y-z+D=0 \end{cases}$ 与 z 轴相交?

17. 证明直线

$$\frac{x-3}{5} = \frac{y+1}{2} = \frac{z-2}{4} \quad 与 \quad \frac{x-8}{3} = y-1 = \frac{z-6}{2}$$

相交,并求过这两条直线的平面.

18. 试决定下列各题中直线和平面的关系:

(1) $\frac{x+3}{-2} = \frac{y+4}{-7} = \frac{z}{3}$ 和 $4x-2y-2z-3=0$;

(2) $\frac{x}{3} = \frac{y}{-2} = \frac{z}{7}$ 和 $3x-2y+7z-8=0$;

(3) $\frac{x-2}{3} = y+2 = \frac{z-3}{-4}$ 和 $x+y+z-3=0$.

19. 求通过 Ox 轴以及点 $(3,2,-5)$ 的平面与另一平面 $3x-y-7z+9=0$ 相交的直线方程.

20. 求过直线 $\begin{cases} x-2z-4=0 \\ 3y-z+8=0 \end{cases}$ 且与直线 $\begin{cases} x-y-4=0 \\ z-y+6=0 \end{cases}$ 平行的平面.

§4 二次曲面

由上节的讨论我们已经知道,取定空间直角坐标系 $Oxyz$ 后,x,y,z 的一个三元一次方程表示一张平面.本节我们要讨论 x,y,z 的三元二次方程所表示的图形.

三元二次方程的一般形式是

$$\begin{aligned} & Ax^2 + By^2 + Cz^2 + Dxy + Eyz + Fzx \\ & + Gx + Hy + Iz + J = 0, \end{aligned} \quad (1)$$

其中 $A,\cdots,J$ 是常数,且 A,B,C,D,E,F 不全为零.任意给定一个这样的方程,除去极少数方程表示的图形可能退化为一个点或若干条直线外,在大多数情况下满足这个方程的全体点(x,y,z)形成一个曲面.这种曲面被称为**二次曲面**.而且可以证明,通过适当的坐标变换,任一二次曲面的方程都可化为下列 9 类典型的形式之一.下面逐个介绍并说明这 9 类方程所表示的曲面名称及特性.

1. 椭球面

椭球面的标准方程是

$$\frac{x^2}{a^2}+\frac{y^2}{b^2}+\frac{z^2}{c^2}=1 \ (a,b,c>0).$$

下面来讨论它的形状与简单性质:

(i) 因为方程左端各项都是正的,所以必须有

$$\frac{x^2}{a^2}\leqslant 1, \quad \frac{y^2}{b^2}\leqslant 1, \quad \frac{z^2}{c^2}\leqslant 1,$$

即 $|x|\leqslant a, \quad |y|\leqslant b, \quad |z|\leqslant c.$

这表明,椭球面在 $x=\pm a, y=\pm b, z=\pm c$ 这六个平面所围成的长方体内.

(ii) 在各坐标平面上的截痕,分别是曲线[①]

$$\begin{cases} z=0, \\ \dfrac{x^2}{a^2}+\dfrac{y^2}{b^2}=1; \end{cases} \begin{cases} y=0, \\ \dfrac{x^2}{a^2}+\dfrac{z^2}{c^2}=1; \end{cases} \begin{cases} x=0, \\ \dfrac{y^2}{b^2}+\dfrac{z^2}{c^2}=1. \end{cases}$$

它们都是椭圆.

(iii) 以平行于坐标面 Oxy 的平面 $z=h$ ($|h|\leqslant c$) 来截椭球面时,所交出的曲线为

$$\begin{cases} z=h, \\ \dfrac{x^2}{a^2}+\dfrac{y^2}{b^2}=1-\dfrac{h^2}{c^2}. \end{cases}$$

这是平面 $z=h$ 上的椭圆,两个半轴分别是

[①] 在空间直角坐标系中,只有两个变量 x,y(或 y,z;或 z,x)的一个二次方程不表示一条曲线而表示一个曲面.这种曲面与相应的坐标平面 $z=0$(或 $x=0$,或 $y=0$)的交线,是所论坐标面上的一条曲线.

$$a\sqrt{1-\frac{h^2}{c^2}} \quad 与 \quad b\sqrt{1-\frac{h^2}{c^2}}.$$

随着 $|h|$ 的增大，椭圆逐渐缩小，到 $|h|=c$ 时，截痕退化为一个点．

用平行于其他坐标面的平面截椭球面时，也得到类似的结果．按照这些结果可以作出椭球面的图形（见图 6.29）．

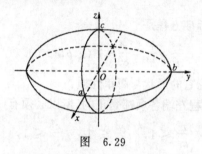

图 6.29

特别当 $a=b=c=R$ 时，椭球面变成球面：

$$x^2 + y^2 + z^2 = R^2.$$

容易看出，球面方程有两个特点：

(i) x^2, y^2, z^2 这三个二次项的系数相等；

(ii) xy, yz, zx 三个交叉项不出现．

现在我们指出，具有上述两个特点的二次方程

$$x^2 + y^2 + z^2 + Ax + By + Cz + D = 0$$

如有实数解，则该方程所表示的曲面一定是球面．事实上，经过配方上式就化成

$$\left(x+\frac{A}{2}\right)^2 + \left(y+\frac{B}{2}\right)^2 + \left(z+\frac{C}{2}\right)^2 = \frac{A^2+B^2+C^2-4D}{4}.$$

当方程有实数解时，必有 $A^2+B^2+C^2-4D \geqslant 0$，这样上述方程所表示的曲面是以点

$$\left(-\frac{A}{2}, -\frac{B}{2}, -\frac{C}{2}\right)$$

为球心，以

$$\frac{\sqrt{A^2+B^2+C^2-4D}}{2}$$

为半径的球面(当 $A^2+B^2+C^2=4D$ 时,退化为一点).

例1 求球面 $x^2+y^2+z^2-2x-4y-4=0$ 的球心与半径.

解 把方程左端配方,得
$$(x-1)^2+(y-2)^2+z^2=9.$$
因此球心在点 $(1,2,0)$ 处,半径为 3.

2. 椭圆抛物面

椭圆抛物面的标准方程是
$$\frac{x^2}{a^2}+\frac{y^2}{b^2}=2cz \quad (a>0, b>0).$$

我们先讨论 $c>0$ 的情况.

(i) 因为方程左端非负,又 $c>0$,所以 z 必须非负,也就是曲面不在坐标面 Oxy 之下方.

(ii) 曲面在坐标面 Oxy 上的截痕是
$$\begin{cases} z=0, \\ \dfrac{x^2}{a^2}+\dfrac{y^2}{b^2}=0, \end{cases} \quad \text{即} \quad \begin{cases} z=0, \\ x=y=0. \end{cases}$$
也就是说,曲面与坐标面 Oxy 只交于原点.

曲面在坐标面 Oyz 与 Ozx 上的截痕分别是
$$\begin{cases} x=0, \\ \dfrac{y^2}{b^2}=2cz, \end{cases} \quad \text{与} \quad \begin{cases} y=0, \\ \dfrac{x^2}{a^2}=2cz. \end{cases}$$
它们都是抛物线.

(iii) 以平行于坐标面 Oxy 的平面 $z=h(h\geqslant 0)$ 来截曲面时,所交出的曲线为
$$\begin{cases} z=h, \\ \dfrac{x^2}{a^2}+\dfrac{y^2}{b^2}=2ch. \end{cases}$$

它是平面 $z=h$ 上的椭圆,两半轴分别是 $a\sqrt{2ch}$ 与 $b\sqrt{2ch}$. 随着 h 的增大,椭圆也增大,曲面无界.

按照这些结果可以作出椭圆抛物面的图形(见图 6.30).

当 $c<0$ 时,曲面向下"张口".

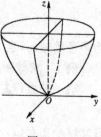

图 6.30

3. 椭圆锥面

椭圆锥面的标准方程是

$$\frac{x^2}{a^2}+\frac{y^2}{b^2}=\frac{z^2}{c^2} \quad (a,b,c>0).$$

下面来讨论它的形状与简单的性质:

(i) 曲面在坐标面 Oxy 上的截痕是

$$\begin{cases} z=0, \\ \dfrac{x^2}{a^2}+\dfrac{y^2}{b^2}=0, \end{cases} \quad 即 \quad \begin{cases} z=0, \\ x=y=0, \end{cases}$$

因此,曲面与坐标面 Oxy 仅交于原点.

曲面在坐标面 Oyz 与 Ozx 上的截痕分别是

$$\begin{cases} x=0, \\ \dfrac{y^2}{b^2}=\dfrac{z^2}{c^2}, \end{cases} \quad 与 \quad \begin{cases} y=0, \\ \dfrac{x^2}{a^2}=\dfrac{z^2}{c^2}. \end{cases}$$

它们是通过原点的直线.

(ii) 以平行于坐标平面 Oxy 的平面 $z=h$ 来截曲面时,所交出的曲线是

$$\begin{cases} z=h, \\ \dfrac{x^2}{a^2}+\dfrac{y^2}{b^2}=\dfrac{h^2}{c^2}, \end{cases}$$

它是平面 $z=h$ 上的椭圆,两半轴

$$\frac{a}{c}|h| \quad 与 \quad \frac{b}{c}|h|$$

随 $|h|$ 的增大而增大. 曲面无界.

(iii) 曲面是由一些过原点的直线组成的. 也就是说,若点 M_0 在曲面上,则直线 $\overline{OM_0}$ 在曲面上. 这是因为点 $M_0(x_0,y_0,z_0)$ 在曲面上,就表明 x_0,y_0,z_0 满足曲面方程:

$$\frac{x_0^2}{a^2}+\frac{y_0^2}{b^2}-\frac{z_0^2}{c^2}=0.$$

于是直线 $\overline{OM_0}$ 的参数方程

$$\begin{cases} x=tx_0, \\ y=ty_0, \\ z=tz_0 \end{cases}$$

也满足曲面方程:

$$\frac{(tx_0)^2}{a^2}+\frac{(ty_0)^2}{b^2}-\frac{(tz_0)^2}{c^2}=t^2\left[\frac{x_0^2}{a^2}+\frac{y_0^2}{b^2}-\frac{z_0^2}{c^2}\right]\overset{t}{\equiv}0.$$

根据以上的讨论可以作出椭圆锥面的图形(见图 6.31).

一般地说,在空间中给定一条闭曲线 C 以及不在 C 上的任意一点 M_0,由全体联结 M_0 和 C 上的点的直线所构成的曲面都称为**锥面**.

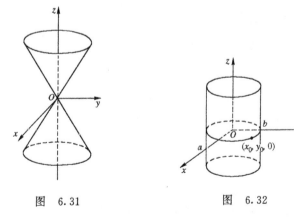

图 6.31   图 6.32

4. 椭圆柱面

椭圆柱面的标准方程是

$$\frac{x^2}{a^2}+\frac{y^2}{b^2}=1.$$

这个曲面在 Oxy 坐标平面上的投影是一个椭圆. 若 (x_0,y_0) 满足上述方程, 则对任意 z, 点 (x_0,y_0,z) 均在该曲面上, 因此, 过点 $(x_0,y_0,0)$ 且平行于 z 轴的直线落在曲面上. 整个曲面也可以看做是由平行于 z 轴的动直线沿 Oxy 平面上的一个椭圆周平行移动的结果(见图 6.32).

一般说来, 由平行于某给定方向的动直线沿着给定曲线移动所得到的曲面均称作柱面. 动直线称作**母线**, 给定曲线称作**准线**. 上述椭圆柱面之准线为椭圆周, 其母线平行于 z 轴.

由上不难看出, 在空间直角坐标系中, 方程 $F(x,y)=0$ 表示一个柱面, 它的母线平行于 z 轴; Oxy 平面上的曲线 $F(x,y)=0$ 是它的准线. 类似地, 方程 $F(y,z)=0, F(z,x)=0$ 分别是母线平行于 x 轴与母线平行于 y 轴的柱面.

5. 双曲柱面

双曲柱面的标准方程是

$$\frac{x^2}{a^2}-\frac{y^2}{b^2}=1.$$

该曲面是以 Oxy 平面上的双曲线

$$\begin{cases} \dfrac{x^2}{a^2}-\dfrac{y^2}{b^2}=1, \\ z=0 \end{cases}$$

为准线的柱面, 其母线平行于 z 轴(图 6.33).

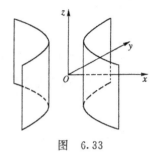
图 6.33

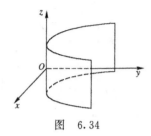
图 6.34

6. 抛物柱面

抛物柱面的标准方程是
$$\frac{x^2}{a^2} - y = 0.$$
这是一张以 Oxy 平面上的抛物线
$$\begin{cases} y = \dfrac{x^2}{a^2}, \\ z = 0 \end{cases}$$
为准线的柱面,其母线平行于 z 轴.见图 6.34.

7. 单叶双曲面

单叶双曲面的标准方程是
$$\frac{x^2}{a^2} + \frac{y^2}{b^2} - \frac{z^2}{c^2} = 1 \quad (a,b,c > 0).$$
这个曲面在 Oxy 平面上的截痕为椭圆(见图 6.35)
$$\begin{cases} z = 0, \\ \dfrac{x^2}{a^2} + \dfrac{y^2}{b^2} = 1, \end{cases}$$
称之为**腰椭圆**.曲面在 Oxz 平面上的截痕为双曲线
$$\begin{cases} y = 0, \\ \dfrac{x^2}{a^2} - \dfrac{z^2}{c^2} = 1. \end{cases}$$

它在 Oyz 平面上的截痕为双曲线
$$\begin{cases} x=0, \\ \dfrac{y^2}{b^2}-\dfrac{z^2}{c^2}=1. \end{cases}$$

如果用平面 $z=h$ 去截它,所交出的曲线方程为
$$\begin{cases} \dfrac{x^2}{a^2}+\dfrac{y^2}{b^2}=1+\dfrac{h^2}{c^2}, \\ z=h, \end{cases}$$

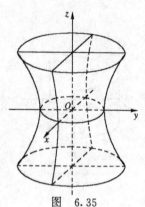

图 6.35

或
$$\begin{cases} \dfrac{x^2}{a'^2}+\dfrac{y^2}{b'^2}=1, \\ z=h, \end{cases}$$

其中
$$a'=a\sqrt{1+\dfrac{h^2}{c^2}}, \quad b'=b\sqrt{1+\dfrac{h^2}{c^2}}.$$

这是 $z=h$ 平面上的以 a', b' 为两半轴的椭圆. 对任意 h, 这样的截痕都存在. 当 $|h|$ 增大时, 半轴 a', b' 也增大. 显然, 曲面是单叶的, 即整个曲面是连在一起的, 它向平面 Oxy 两侧无限伸张(见图 6.35).

8. 双叶双曲面

双叶双曲面的标准方程是
$$\dfrac{x^2}{a^2}+\dfrac{y^2}{b^2}-\dfrac{z^2}{c^2}=-1 \quad (a,b,c>0).$$

坐标平面 Oxz 和 Oyz 与曲面的交线的方程分别是双曲线
$$\begin{cases} y=0, \\ \dfrac{x^2}{a^2}-\dfrac{z^2}{c^2}=-1 \end{cases} \quad \text{与} \quad \begin{cases} x=0, \\ \dfrac{y^2}{b^2}-\dfrac{z^2}{c^2}=-1. \end{cases}$$

它与平面 Oxy 不相交.

用平面 $z=h$ 去截它, 所交出的曲线方程是
$$\begin{cases} z=h, \\ \dfrac{x^2}{a^2}+\dfrac{y^2}{b^2}=\dfrac{h^2}{c^2}-1. \end{cases}$$

由方程看出,当 $|h|<c$ 时,没有轨迹. 当 $|h|=c$ 时,为一个点. 当 $|h|>c$ 时,上式可改写为

$$\begin{cases} z=h, \\ \dfrac{x^2}{a'^2}+\dfrac{y^2}{b'^2}=1, \end{cases}$$

其中

$$a'=a\sqrt{\dfrac{h^2}{c^2}-1}, \quad b'=b\sqrt{\dfrac{h^2}{c^2}-1}.$$

截痕是一个椭圆,中心在 Oz 轴上,半轴为 a',b'. 它们随着 $|h|$ 的增大而增大.

曲面上没有点在平面 $z=c$ 与 $z=-c$ 之间,因此曲面分为两叶(见图 6.36).

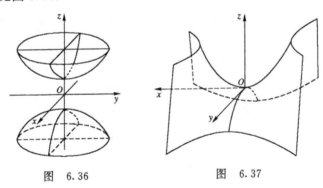

图 6.36　　　　　　图 6.37

9. 双曲抛物面

双曲抛物面的标准方程是

$$\dfrac{x^2}{p}-\dfrac{y^2}{q}=z \quad (p>0, q>0).$$

平面 $z=h$ 与曲面的交线方程为

$$\begin{cases} z=h, \\ \dfrac{x^2}{ph}-\dfrac{y^2}{qh}=1, \end{cases}$$

这是 $z=h$ 平面上的双曲线. 当 $h>0$ 时, 双曲线的实轴平行于 Ox 轴, 虚轴平行于 Oy 轴; 当 $h<0$ 时, 双曲线的实轴平行于 Oy 轴, 虚轴平行于 Ox 轴.

曲面与坐标面 $x=0$ 和 $y=0$ 的交线方程分别是

$$\begin{cases} x=0, \\ y^2=-qz \end{cases} \text{和} \begin{cases} y=0, \\ x^2=pz, \end{cases}$$

它们都是抛物线, 前者"开口"朝下, 后者"开口"朝上. 与 $z=0$ 的交线是两直线

$$\begin{cases} z=0, \\ y=\pm\sqrt{\dfrac{q}{p}}x. \end{cases}$$

在原点附近, 曲面的形状像马鞍(见图 6.37), 因此也称它为**马鞍面**.

下面的方程也表示一张马鞍面:

$$z=axy \quad (a \text{ 是非零常数}),$$

为了说明这一点, 作坐标变换: 保持原点和 Oz 轴不变, 将 Ox 轴和 Oy 轴在 Oxy 平面上旋转 $\pi/4$. 于是坐标变换的公式为

$$\begin{cases} x=\dfrac{\sqrt{2}}{2}x'-\dfrac{\sqrt{2}}{2}y', \\ y=\dfrac{\sqrt{2}}{2}x'+\dfrac{\sqrt{2}}{2}y', \\ z=z'. \end{cases}$$

在新坐标系中, 曲面的方程为

$$\frac{a}{2}(x'^2-y'^2)=z'.$$

当 $a>0$ 时, 这正是双曲抛物面的标准方程; 当 $a<0$ 时, 曲面与马鞍面 $z=|a|xy$ 关于 Oxy 平面对称, 所以也是马鞍面.

习 题 6.4

1. 在空间直角坐标系中，下列方程表示怎样的曲面，并作出略图.

(1) $x^2+y^2=49$；
(2) $4x^2+9y^2+16z^2-144=0$；
(3) $x^2+2y^2=z$；
(4) $y^2+2y-6x+1=0$；
(5) $16x^2+z^2=64y$；
(6) $x^2+4x+y^2+3=0$；
(7) $x^2-2y^2+z^2=0$；
(8) $x^2+4y^2-z^2=1$；
(9) $x^2-y^2-z^2=16$；
(10) $16x^2-4y^2-z^2=0$；
(11) $x^2+y^2-z^2+2z-1=0$；
(12) $x^2-y^2+9z^2=1$.

2. 试画出下列曲面所围成的立体的图形.

(1) $x^2+y^2+z^2=64$, $x^2+y^2-8z=0$.
(2) $1-z=x^2+y^2$, $z=0$.
(3) $x^2+y^2=16$, $x+z=4$, $z=0$.
(4) $z^2=x^2+y^2$, $z=1$.

习题答案与提示

第 一 章

习 题 1.1

2. (1) $x=-\frac{1}{3}$, $x=-3$; (2) $x=-\frac{1}{5}$, $x=\frac{13}{5}$.

3. (1) $(-4,-2)$; (2) $(-1,3)$; (3) $(-2,1)$; (4) $[0,4]$.

4. (1) $|x-6|<3$; (2) $|x+1|<4$.

5. (1) $(\sqrt{99},\sqrt{101})$; (2) $(22.21, 23.81)$; (3) $(20,30)$.

6. (1) $|x-6|<1$; (2) $|x-2|<\frac{0.03}{|m|}$.

7. $\left[\frac{990}{36\pi},\frac{1010}{36\pi}\right]\approx[8.7535, 8.9304]$（单位为 cm）.

习 题 1.2

1. (1) $|x-k\pi|\leqslant\frac{\pi}{6}$ $(k=0,\pm 1,\pm 2,\cdots)$;

(2) $-\infty<x<-3$, $\frac{1}{2}<x<+\infty$;

(3) $2<x<+\infty$;　　(4) $-1<x<1$;

(5) $x>-2; x\neq n$ $(n=-1,0,1,2,\cdots)$;

(6) $[-4,-\pi]\cup[0,\pi]$.

2. $f(-1)=0$, $f(-0.001)=-6$, $f(100)=4$.

3. $f(-x)=\frac{1+x}{1-x}$, $f(x+1)=\frac{-x}{2+x}$, $f(x)+1=\frac{2}{1+x}$,

$f\left(\frac{1}{x}\right)=\frac{x-1}{x+1}$, $\frac{1}{f(x)}=\frac{1+x}{1-x}$.

4. $f(1)=\frac{1}{2}$, $\varphi(-1)=\frac{1}{3}$, $f(x)-\varphi(t)=\frac{1}{1+x}-\frac{1}{2-t}$,

$f(x-t)=\frac{1}{1+x-t}$, $f(\varphi(0))=\frac{2}{3}$,

$\varphi(f(t)) = \dfrac{1+t}{1+2t}$, $f\left(\dfrac{1}{u}\right) = \dfrac{u}{1+u}$.

5. $f(0)=0$, $f\left(\dfrac{1}{2}\right)=0$, $f(1)=\dfrac{1}{2}$, $f\left(\dfrac{5}{4}\right)=1$, $f(2)=1$.

6. $\varphi(t^2)=t^6+1$, $[\varphi(t)]^2=(t^3+1)^2$. **7.** x, x, e^{e^x}, $e^{e^{e^x}}$, e^x.

8. $y=f[g(x)]=\sqrt{1-x^2}$,

$$y=g[f(x)]=\begin{cases}\left(2n+\dfrac{1}{2}\right)\pi-x, & \left(2n-\dfrac{1}{2}\right)\pi\leqslant x\leqslant\left(2n+\dfrac{1}{2}\right)\pi \text{ 时};\\ x-\left(2n+\dfrac{1}{2}\right)\pi, & (2n+1)\pi-\dfrac{\pi}{2}\leqslant x\leqslant(2n+1)\pi+\dfrac{\pi}{2} \text{ 时},\\ & n=0,\pm 1,\pm 2,\cdots.\end{cases}$$

10. (1) 奇函数； (2) 奇函数； (3) 偶函数； (4) 偶函数；
(5) 奇函数； (6) 非奇非偶函数.

13. (i) (1) $-\dfrac{1}{x}$； (2) $x^{\frac{2}{3}}$． (ii) (1) $\dfrac{1}{x}$； (2) $-x^{\frac{2}{3}}$．

14. (1) 非； (2) 是； (3) 非； (4) 非； (5) 是； (6) 是.

15. $a=-2, b=5$. **16.** $V=x(a-2x)^2, 0<x<\dfrac{a}{2}$.

17. $V=\dfrac{R^3 x^2\sqrt{4\pi^2-x^2}}{24\pi^2}$, $0<x<2\pi$.

18. $S=\begin{cases}\dfrac{h}{a-b}x^2, & 0\leqslant x\leqslant\dfrac{a-b}{2},\\ h\left(x-\dfrac{a-b}{4}\right), & \dfrac{a-b}{2}<x<\dfrac{a+b}{2},\\ h\left[\dfrac{a+b}{2}-\dfrac{(a-x)^2}{a-b}\right], & \dfrac{a+b}{2}\leqslant x\leqslant a.\end{cases}$

19. (1) $1,2,2,0$； (2) $f(x)=\begin{cases}-4/x, & x<-2,\\ 2, & -2\leqslant x<0,\\ 0, & x>0.\end{cases}$

20.

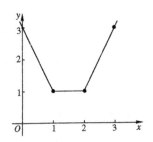

习 题 1.3

1. (1) $x=\pi-\arcsin y$;
   (2) $x=\dfrac{y+1}{y-1}$ $(y\neq 1, -\infty<y<+\infty)$;
   (3) $x=y+\sqrt{y^2+1}$ $(-\infty<y<+\infty)$;
   (4) $x=\ln(y+\sqrt{y^2-1})$ $(1\leqslant y<+\infty)$;
   (5) $x=\ln(y+\sqrt{y^2+1})$ $(-\infty<y<+\infty)$.

2. (1) 2; (2) 22; (3) x^2+2; (4) $x^2+10x+22$;
   (5) 5; (6) -2; (7) $x+10$; (8) x^4-6x^2+6.

3. (1) $\dfrac{4}{x^2}-5$; (2) $\dfrac{4}{x^2}-5$; (3) $\left(\dfrac{4}{x}-5\right)^2$;
   (4) $\left(\dfrac{1}{4x-5}\right)^2$; (5) $\dfrac{1}{4x^2-5}$; (6) $\dfrac{1}{(4x-5)^2}$.

4. (1) x^2; (2) x; (3) $\dfrac{1}{x-1}$; (4) $\dfrac{1}{x}$.

5. $x=\begin{cases} y-2, & y\leqslant 4, \\ \dfrac{1}{3}(y+2), & y>4. \end{cases}$

习 题 1.4

2. $\dfrac{\pi}{8}$. 18. $+1; -1$.

19. $\lim\limits_{x\to 0+0}f(x)=\dfrac{\pi}{2}$, $\lim\limits_{x\to 0-0}f(x)=-\dfrac{\pi}{2}$, $\lim\limits_{x\to 0}f(x)$ 不存在.

20. $\lim\limits_{x\to 0+0}f(x)=0$; $\lim\limits_{x\to 0-0}f(x)=1$; $\lim\limits_{x\to 1+0}f(x)=1$;
    $\lim\limits_{x\to 1-0}f(x)=1$; $\lim\limits_{x\to 0}f(x)$ 不存在; $\lim\limits_{x\to 1}f(x)=1$.

习 题 1.5

1. 0. 2. $\dfrac{1}{3}$. 3. $\dfrac{2}{3}$. 4. $\dfrac{1}{2}$.
5. 1. 6. -1. 7. $\dfrac{4}{3}$. 8. 0.
9. $\dfrac{2}{3}$. 10. n. 11. $\dfrac{q}{p}$. 12. $\dfrac{a_m}{b_n}$.

13. $\infty, m>n$ 时; $\dfrac{a_0}{b_0}, m=n$ 时; $0, m<n$ 时.

14. $\dfrac{1}{2}$.   **15.** $-\dfrac{1}{2}$.   **16.** $\dfrac{1}{2}$.

18. (1) 2; (2) 1; (3) $\max(a_1,a_2,\cdots,a_k)$.

19. -1.   **20.** 0.   **21.** $\dfrac{1}{2}$.   **22.** $\dfrac{3}{5}$.

23. $\sqrt{2}$.   **24.** $\cos a$.   **25.** $\dfrac{1}{2}$.   **26.** $a^2-\beta^2$.

27. -1.   **28.** $\dfrac{2}{\pi}$.   **29.** e^5.   **30.** e.

习 题 1.6

1. 当 $x\neq -1$ 时,函数连续;$x=-1$ 是第二类间断点.

2. 当 $-1\leqslant x<+\infty$ 时,函数连续.

3. 当 $|x|>2$ 时,函数连续.

4. $-\infty<x<+\infty$ 时,函数连续.

5. 当 $x\neq 0$ 时,函数连续. $x=0$ 是第一类间断点.

6. 当 $x\neq 0$ 时,函数连续. $x=0$ 是第一类间断点.

7. 当 $x\neq 1$ 时,函数连续. $x=1$ 是第二类间断点.

8. 当 $x\neq 0$ 时,函数连续. $x=0$ 是第一类间断点.

9. (1) 7; (2) $-\ln 2$.

10. $-\dfrac{\lg 6}{9+\cos 2}$.   **11.** 0.   **12.** $\dfrac{1}{3}$.   **13.** π.

14. a.   **15.** $\dfrac{1}{2\sqrt{2}}$.

18. **提示**:不妨设所论多项式为
$$p(x)=a_0 x^n+a_1 x^{n-1}+\cdots+a_n \quad (a_0>0).$$
当 $x\neq 0$ 时,令 $p(x)=x^n g(x)$,证明:当 $|x|$ 充分大时 $g(x)>0$,因而 $p(x)$ 与 x^n 同号.

19. **提示**:利用连续函数的介值定理.

20. (1) $L=13$; (2) $L=4$; (3) $L=4$.

21. **提示**:用定义证.

22. **提示**:对函数 $g(x)=f(x)-x$ 在区间 $[0,1]$ 上用连续函数的介值定理.

23. (1) $x=0$; (2) $x=1$ 为可去间断点,$x=-1$ 为第二类间断点.

24. **提示**:对函数 $g(x)=f(x+1.5)-f(x)$ ($0\leqslant x\leqslant 1.5$) 在区间 $[0,1.5]$ 上用连续函数的介值定理.

第 二 章

习 题 2.1

1. $3ax^2$.　　2. $\dfrac{1}{3\sqrt[3]{x^2}}$.　　3. $2x+2$.　　4. $5\cos(5x+1)$.

5. (1)～(3) 略. (4) $v(t)=3t^2-14t+8$;当 $t=\dfrac{2}{3}$ 或 $t=4$ 时, $v(t)=0$;$t>4$ 或 $t<\dfrac{2}{3}$ 时,质点自左向右运动;$\dfrac{2}{3}<t<4$ 时质点自右向左运动.

6. 切线方程:$y=\dfrac{x}{3}+\dfrac{2}{3}$;法线方程:$y=-3x+4$.

7. 切线方程:$y=-\dfrac{x}{4}-1$;法线方程:$y=4x+\dfrac{15}{2}$.

8. 切线方程:$y=5x\cos 1+\sin 1$;　法线方程:$y=-\dfrac{x}{5\cos 1}+\sin 1$.

9. 12.　　10. $x=\pm 1$.

11. 切线方程:$y=4x$;法线方程:$y=-\dfrac{x}{4}+\dfrac{17}{4}$.

12. $f'(0)=0$.　　14. 不存在.因为左、右导数不相等.

15. (1) 是; (3) 非.　16. $-\dfrac{1}{2}x^2+3x+\dfrac{1}{2}$.　17. $y'=\sqrt{\dfrac{p}{2x}}$.

18. $P(t)=(\tan t,\tan^2 t), v(t)=(\sec^2 t, 2\tan t\sec^2 t)$,
    $a(t)=2\sec^2 t(\tan t, 1+3\tan^2 t)$.

习 题 2.2

1. 都不成立,等号右端应为:

   (1) $\dfrac{1}{x^2}\sin\dfrac{1}{x}$;　(2) $\dfrac{-1}{1-x}$;　(3) $2x\sqrt{1+x^2}+\dfrac{x^3}{\sqrt{1+x^2}}$;

   (4) $\dfrac{1}{x+2\cos^2 x}[1+4\cos x\cdot(-\sin x)]$.

2. (1) $2x$, 0, $2x^2$, $2\sin x$;　(2) $4x^3$, $2\sin x\cos x$;

   (3) 两者不相同,$\dfrac{\mathrm{d}}{\mathrm{d}x}[f(\varphi(x))]=f'(\varphi(x))\cdot\varphi'(x)$.

3. $24x^2+\dfrac{1}{3\sqrt[3]{x^2}}+1$.　　4. $90x^2+36x-10$.

5. $2x\tan x+\dfrac{x^2-1}{\cos^2 x}$.　　6. $\dfrac{5x^2+12x+54}{(5x+6)^2}$.

7. $-\dfrac{1}{2\sqrt{x}}\left(1+\dfrac{1}{x}\right)$.   8. $-\dfrac{6x^2}{(x^3-1)^2}$.

9. $\dfrac{1}{2\sqrt{x}}[(1+\sqrt{2}+\sqrt{3})+2(\sqrt{2}+\sqrt{3}+\sqrt{6})\sqrt{x}$

$\quad+3x\sqrt{6}]$.

10. $\dfrac{3x^2+x-1}{2x\sqrt{x}}$.   11. $\dfrac{1+2\theta}{2\theta\sqrt{2\theta}}$.

12. $12(x-1)^{11}$.   13. $\dfrac{1+4x}{2\sqrt{1+x+2x^2}}$.

14. $\dfrac{x}{\sqrt{x^2-a^2}}$.   15. $\dfrac{x}{(a^2-x^2)\sqrt{a^2-x^2}}$.

16. $3\cos 3x - 2\sin 2x$.   17. $\dfrac{x\sec^2\sqrt{x^2+1}}{\sqrt{x^2+1}}$.

18. $\dfrac{1}{3}\sec\left(\dfrac{x+1}{3}\right)\cdot\tan\left(\dfrac{x+1}{3}\right)$.   19. $\dfrac{1}{2\sqrt{1-x}}\csc\sqrt{1-x}\cdot\cot\sqrt{1-x}$.

20. $3\sin^2 x \cdot \cos 4x$.   21. $\dfrac{\sin 2x \cdot \cos(x^2) + 2x\sin(x^2)\cdot(1+\sin^2 x)}{\cos^2(x^2)}$.

22. $\tan^4\theta$.   23. $\dfrac{1}{\cos x}$.   24. $\dfrac{1}{x^2-a^2}$.

25. $\theta'(10) = \dfrac{1}{10}$ 弧度/s.   26. 16π m/s.

习 题 2.3

1. (1) $-\sqrt[3]{\dfrac{y}{x}}$; (2) $\dfrac{a-x}{y-b}$; (3) $\dfrac{x+y}{x-y}$.

2. 切线方程：$y = -\dfrac{1}{4}x - \dfrac{1}{2}$；法线方程：$y = 4x - 9$.

3. 切线方程：$y = -\dfrac{x}{e} + 1$；法线方程：$y = ex + 1$.

6. $\dfrac{1}{\sqrt{-(x^2+3x+2)}}$.   7. $\dfrac{-1}{\sqrt{-x^2+x+2}}$.   8. $\dfrac{2x}{1+x^4}$.

9. $\dfrac{1}{2\sqrt{1-x^2}}$.   10. $\dfrac{-2x}{|x|(1+x^2)}$.   11. $\dfrac{x^2}{1+x^2}\arctan x$.

12. $\sqrt{a^2-x^2}$.   13. $\sqrt{a^2+x^2}$.   14. $\dfrac{\sqrt{2au-u^2}}{u}$.

15. $x^2\arctan x$.   16. $y\left[\dfrac{1}{x}+\dfrac{1}{3x+a}-\dfrac{1}{2x+b}\right]$.   17. $e^x x^{e^x}\left(\dfrac{1}{x}+\ln x\right)$.

18. $x(4x^2-7)^{2+\sqrt{x^2-5}} \cdot \left[\dfrac{8(2+\sqrt{x^2-5})}{4x^2-7} + \dfrac{\ln(4x^2-7)}{\sqrt{x^2-5}}\right]$.

19. $x^{\sin x}\left(\dfrac{\sin x}{x} + \cos x \cdot \ln x\right)$. 20. $(\cos x)^x(\ln\cos x - x\tan x)$.

21. $y\left[\dfrac{1}{x-1} + \dfrac{2}{3x+1} - \dfrac{1}{3(2-x)}\right]$. 22. $e^x(1+e^{e^x})$.

23. $a^a x^{a-1} + ax^{a-1}a^x \ln a + a^x a^a \ln^2 a$.

24. 切线方程:$y = y_0 - \dfrac{b^2 x_0(x-x_0)}{a^2 y_0}$; 法线方程:$y = y_0 + \dfrac{a^2 y_0(x-x_0)}{b^2 x_0}$.

25. $s'(0) = 3 \text{ m/s}$,当 $t = \dfrac{3}{2}$ s 时开始向下滚.

26. (1) 0.875 m/s; (2) 下端离墙 $\dfrac{5}{\sqrt{2}}$ m 时; (3) 下端离墙 4 m 时.

27. (1) $y' = \dfrac{3-x}{(1+x)^3}$, $y'' = \dfrac{2x-10}{(1+x)^4}$;

   (2) $y' = e^{-x^2}(1-2x^2)$, $y'' = (4x^3-6x)e^{-x^2}$;

   (3) $y' = (\cos x - \sin x)e^x$, $y'' = -2e^x\sin x$;

   (4) $y' = \sec^2 x \cdot \arcsin\dfrac{x}{2} + \dfrac{\tan x}{\sqrt{4-x^2}}$,

   $y'' = 2\sec^2 x \cdot \tan x \cdot \arcsin\dfrac{x}{2} + \dfrac{2\sec^2 x}{\sqrt{4-x^2}} + \dfrac{x\tan x}{(4-x^2)\sqrt{4-x^2}}$.

28. $\dfrac{1-(n+1)x^n + nx^{n+1}}{(1-x)^2}$.

30. $\lambda = \dfrac{-p \pm \sqrt{p^2-4q}}{2}$,当 $p^2 > 4q$ 时,λ 可取两个不同的实数值;当 $p^2 = 4q$ 时,λ 只能取一个实数值;当 $p^2 < 4q$ 时,λ 可取两个共轭的复数值.

34. $(x^2 + 20x + 90)e^x$.

习 题 2.4

1. 一阶. 2. $\dfrac{1}{2}$阶. 3. 2 阶.

4. $-\dfrac{2}{(x-1)^2}dx$. 5. $\dfrac{1}{2\sqrt{x}}dx$. 6. $2\cos 2x\,dx$.

7. $3\sin^2 x \cdot \cos x\,dx$. 8. $(1+x)e^x dx$. 9. $\dfrac{1}{2}(x^2+4x+1)e^{x/2}dx$.

10. $\csc x \cdot \sec x\,dx$. 11. $\dfrac{1}{\sqrt{x^2+a^2}}dx$. 12. $\dfrac{a^2-2x^2}{\sqrt{a^2-x^2}}dx$.

13. $\dfrac{-a}{(a+t)\sqrt{a^2-t^2}}dt$. 14. $\Delta y=-0.0004998$; $dy=-0.0005$.
15. ≈ 3.168. 16. ≈ 1.2. 17. ≈ -0.87475.
18. ≈ 0.01. 19. ≈ 0.8103982. 20. ≈ 10.954546.
21. ≈ 1.01. 25. 不超过 0.025%. 26. $\approx 0.06\ \pi m^3$.
27. $2\pi rht$. 28. 0.4343δ.
29. (1) $2(x-1)$; (2) $\pi-x$; (3) $\dfrac{1}{4}x+1$; (4) $1+2\left(x-\dfrac{\pi}{4}\right)$.
30. (1) $x_0=-1$, $L(x)=-5$, $L(x_1)=-5$;
    (2) $x_0=8$, $L(x)=\dfrac{x}{12}+\dfrac{4}{3}$, $L(x_1)=\dfrac{8.5}{12}+\dfrac{4}{3}\approx 2.04$.
33. $\dfrac{3(1+t)}{2}$. 34. $-\tan t$. 35. $\dfrac{\sin t}{1-\cos t}$.
36. $\dfrac{1}{t}$. 37. $\dfrac{t^2-1}{2t}$. 38. $\dfrac{t}{2}$.

第 三 章

习 题 3.1

1. $\dfrac{1}{\sqrt{3}}$. 2. $\dfrac{1}{2}$. 3. 1.

4. (1) 满足, $c=\dfrac{m-n}{m+n}$; (2) 不满足, $f(x)$ 在 $x=0$ 处不可导.

5. (1)  (2)

   (3)

   (4)

17. $\dfrac{1}{2}$, $\sqrt{2}$.

习 题 3.2

1. 在 $\left(-\infty,\dfrac{1}{2}\right)$ 内递增; 在 $\left(\dfrac{1}{2},+\infty\right)$ 内递减; $x=\dfrac{1}{2}$ 是极大点.
2. 在 $(-\infty,-1)$, $(1,+\infty)$ 内递减; 在 $(-1,+1)$ 内递增;

$x=-1$ 是极小点；$x=1$ 是极大点.

3. 在 $(-\infty,-1)$，$(0,1)$ 内递减；在 $(-1,0)$，$(1,+\infty)$ 内递增；
   $x=-1$ 是极小点，$x=1$ 是极小点.

4. 在 $(-\infty,-1)$，$(1,+\infty)$ 内递减；在 $(-1,+1)$ 内递增；
   $x=-1$ 是极小点，$x=1$ 是极大点.

5. 在 $(-\infty,0)$ 内递增；在 $(0,+\infty)$ 内递减；$x=0$ 是极大点.

6. 在 $(-\infty,+\infty)$ 内递增.

习题 3.3

1. 在 $\left[\dfrac{1}{2},\dfrac{7}{2}\right]$ 上，$x=1$ 是最大点，$y(1)=0$；$x=3$ 是最小点，$y(3)=-4$. 在 $[0,4]$ 上，$x=0$ 及 $x=3$ 是最小点，$y(0)=y(3)=-4$；$x=1$ 及 $x=4$ 是最大点，$y(1)=y(4)=0$；在 $[-1,4]$ 上，$x=-1$ 是最小点，$y(-1)=-20$；$x=1$ 及 $x=4$ 是最大点，$f(1)=f(4)=0$.

2. 最小值 $y(0)=0$；最大值 $y(-1)=e$.

3. 最小值 $y(0)=1$；最大值 $y(1)=y(-1)=\dfrac{e+e^{-1}}{2}$.

4. $R=\sqrt[3]{\dfrac{150}{\pi}}\approx 3.62783\ \text{m}$；$h=2R$.   5. $\dfrac{a}{2}$.

6. 水塔到 A' 的距离为 $\dfrac{al}{a+b}$.   7. $\sqrt{1+\left(\dfrac{b}{a}\right)^{2/3}}\cdot\left[a+b\left(\dfrac{a}{b}\right)^{1/3}\right]$.

8. $R=\dfrac{2\sqrt{2}}{3}a$；$h=\dfrac{4}{3}a$.

9. 圆锥底面半径为 $\sqrt{\dfrac{3}{2}}a$，圆锥母线与底面夹角为 $\arctan\sqrt{2}$.

10. 6.   11. 圆柱高 $=\dfrac{1}{3}$ 圆锥高.

12. 20 m.   13. $a\sqrt{2}\cdot b\sqrt{2}$.

14. (1) $2a, 2b$； (2) $a+a^{1/3}b^{2/3}, b+a^{2/3}b^{1/3}$； (3) $a+\sqrt{ab}, b+\sqrt{ab}$.

15. $x=12\ \text{cm}, y=6\ \text{cm}$.   16. $a=-3, b=-9$.

习题 3.4

1. 在 $(-\infty,2)$ 内凸，在 $(2,+\infty)$ 内凹，$(2,-2)$ 是拐点.

2. 在 $(-\infty,0)$ 内凸，在 $(0,+\infty)$ 内凹.

3. 在$(-\infty,+\infty)$内凹.

4. 在$(-\infty,2-\sqrt{2})$内凹,在$(2-\sqrt{2},2+\sqrt{2})$内凸,在$(2+\sqrt{2},+\infty)$内凹,拐点是$(2-\sqrt{2},2(3-2\sqrt{2})\mathrm{e}^{-(2-\sqrt{2})})$和$(2+\sqrt{2},2(3+2\sqrt{2})\mathrm{e}^{-(2+\sqrt{2})})$.

5. 在$(0,2)$内凹,在$(2,+\infty)$内凸,拐点是$\left(2,\dfrac{1}{2}+\ln 2\right)$.

6. 在$(-\infty,-1)$与$(1,+\infty)$内凸,在$(-1,1)$内凹,拐点是$(-1,\ln 2)$和$(1,\ln 2)$.

习题 3.5

1. $\dfrac{1}{n}$. 2. $\dfrac{\ln 2}{\ln 3}$. 3. $\ln\dfrac{a}{b}$. 4. $\cos\varphi$.

5. 2. 6. $\dfrac{1}{3}$. 7. 0. 8. $\dfrac{a^2}{b^2}$.

9. 0. 10. ∞. 11. 0. 12. 1.

13. 1. 14. $-\dfrac{1}{8}$. 15. 1. 16. $\ln a$.

17. $\dfrac{1}{2}$. 18. 0. 19. 2. 20. $\dfrac{1}{2}$.

21. $-\dfrac{1}{6}$. 22. $\dfrac{1}{2}$. 23. ∞. 24. $\dfrac{1}{2}$.

25. 不能,因为$\lim\limits_{x\to\infty}\dfrac{f'(x)}{g'(x)}$不存在. 26. 不能,$\lim\limits_{x\to 0}\dfrac{f'(x)}{g'(x)}$不存在.

习题 3.6

1. (1) $(x-1)-\dfrac{1}{2}(x-1)^2+\cdots+(-1)^{n-1}\dfrac{1}{n}(x-1)^n+o((x-1)^n)$, $x\to 1$;

    (2) $2-(x-2)+(x-2)^2+\cdots+(-1)^n(x-2)^n+o((x-2)^n)$, $x\to 2$.

2. (1) $x^2+x^3+\dfrac{x^4}{2!}+\cdots+\dfrac{x^{2n}}{(2n-2)!}+o(x^{2n})$, $x\to 0$;

    (2) $1+\dfrac{x^2}{2!}+\dfrac{x^4}{4!}+\cdots+\dfrac{x^{2n}}{(2n)!}+o(x^{2n})$, $x\to 0$.

3. (1) $x^2-\dfrac{1}{3}x^4+\dfrac{2}{45}x^6+o(x^6)$, $x\to 0$;

    (2) $1+x^2+\dfrac{x^4}{2!}+\dfrac{x^6}{3!}+\dfrac{x^8}{4!}+o(x^8)$, $x\to 0$.

4. (1) $x+\dfrac{1+2\sin^2(\theta x)}{3\cos^4(\theta x)}x^3$, $0<\theta<1$;

(2) $x+\dfrac{x^3}{6}+\dfrac{3(\theta x)+2(\theta x)^3}{8[1-(\theta x)^2]^{7/2}}x^4$, $0<\theta<1$.

5. (1) $\dfrac{1}{12}$; (2) $\dfrac{1}{2}$.

6. $82+27(x-3)+81(x-3)^2$, 81.4924, 82.2781.

7. (1) $|x|<0.1817(\approx 10.4°)$; (2) $|x|<0.6543(\approx 37.5°)$.

习 题 3.7

1. 共两个实根. 在$[1,2]$内的一个根对应的序列的前四项为: $x_0=2, x_1=1.5455, x_2=1.2759, x_3=1.1764$. $[-2,-1]$内一个根对应的序列的前四项为: $x_0=-2, x_1=-1.6452, x_2=-1.4858, x_3=-1.4538$.

2. 0.450.

第 四 章

习 题 4.1

1. $9x^{\frac{4}{3}}+C$.
2. $2\sqrt{x}+C$.
3. $-\dfrac{1}{2x^2}+C$.
4. $e^{x^2}+C$.

习 题 4.2

1. $\dfrac{2}{3}x^3-\dfrac{3}{2}x^2+3x+C$.
2. $2a\sqrt{x}+\dfrac{b}{x}+\dfrac{9}{5}cx^{5/3}+C$.
3. $\dfrac{2}{3}x^{\frac{3}{2}}+\dfrac{3}{4}x^{\frac{4}{3}}+C$.
4. $x+\dfrac{4}{3}x^{3/2}+\dfrac{1}{2}x^2+C$.
5. $4t^2-\dfrac{8}{3}t^{\frac{3}{4}}+C$.
6. $7\tan\theta+C$.
7. $\tan\varphi-\varphi+C$.
8. $-\cot\varphi-\varphi+C$.
9. $x^2+\dfrac{2}{x}+C$.
10. $x+2\arctan x+C$.
11. $6\sqrt{x}+4\arcsin x+C$.
12. $\tan\theta+\sin\theta+C$.

习 题 4.3

1. $\dfrac{1}{3}(1+2x)^{3/2}+C$.
2. $-\dfrac{1}{2}\sqrt{5-4x}+C$.
3. $2x+\ln|1+x|+C$.
4. $-\dfrac{3}{2(1+x^2)}+C$.

5. $\frac{1}{6}(2x^2+7)^{3/2}+C.$

6. $\frac{9}{4}(x^3+10)^{4/3}+C.$

7. $-\frac{8}{3}(8-x^2)^{3/4}+C.$

8. $\frac{1}{24}(3t+2)^8+C.$

9. $\frac{1}{5}(2x^{3/2}+1)^{5/3}+C.$

10. $-e^{1/x}+C.$

11. $\ln(2x^2+x+1)+C.$

12. $\frac{(2+\ln x)^2}{2}+C.$

13. $-\frac{1}{8}\cos 4x+C.$

14. $\frac{2}{3}\sin^3\frac{x}{2}+C.$

15. $\frac{\tan^2 ax}{2a}+C.$

16. $-\frac{2}{3}\sqrt{5+\cos 3x}+C.$

17. $-\frac{1}{1+\tan x}+C.$

18. $\frac{1}{\sqrt{6}}\arctan\sqrt{\frac{3}{2}}x+C$

19. $-\frac{1}{3}\ln|4-3e^\theta|+C.$

20. $\frac{1}{183}(3x-1)^{61}+C.$

21. $2\arcsin\sqrt{x}+C.$

22. (提示：分子分母同乘 $1+\sin x$)，$\tan\left(\frac{x}{2}+\frac{\pi}{4}\right)+C.$

23. $\frac{1}{11}(e^x+2)^{11}+C.$

24. $a(e^{\frac{x}{a}}-e^{-\frac{x}{a}})+C.$

25. $2e^{\sqrt{x}}+C.$

26. (提示：分子分母同乘 e^x)，$\arctan e^x+C.$

27. $-\frac{1}{6(1+x^3)^2}+\frac{1}{9(1+x^3)^3}+C.$

28. $-\frac{1}{2}[\ln(x+1)-\ln x]^2+C.$

29. $\frac{1}{2}\arctan\frac{x}{2}+C.$

30. $\frac{1}{6}\ln\left|\frac{x-3}{x+3}\right|+C.$

31. $\arcsin\frac{y}{4}+C.$

32. $\arcsin\frac{u+b}{a}+C.$

33. $-2\sqrt{1-x^2}-\arcsin x+C.$

34. $\frac{1}{3}(1-x^2)^{3/2}-2(1-x^2)^{1/2}+C.$

35. (提示：分子分母同乘 x^{n-1})，$\frac{1}{an}\ln\left|\frac{x^n}{x^n+a}\right|+C.$

36. $\frac{1}{a^2}\cdot\frac{x}{\sqrt{a^2-x^2}}+C.$

37. $\sqrt{x^2-a^2}-a\arccos\frac{a}{x}+C.$

38. $\frac{1}{2}\arcsin x-\frac{x}{2}\sqrt{1-x^2}+C.$

39. $-\frac{(1+x^2)^{3/2}}{3x^3}+\frac{\sqrt{1+x^2}}{x}+C.$

40. $-\frac{1}{a^2}\frac{\sqrt{a^2+x^2}}{x}+C.$

41. (**提示**：先将根式内的二次式配方)，$\arcsin\dfrac{1}{\sqrt{21}}(2x-1)+C$.

习 题 4.4

1. $\dfrac{1}{2}x^2\ln x-\dfrac{1}{4}x^2+C$. 2. $\dfrac{1}{a^2}(ax-1)\mathrm{e}^{ax}+C$.

3. $\dfrac{1}{a^3}(a^2x^2-2ax+2)\mathrm{e}^{ax}+C$. 4. $\dfrac{1}{4}\sin 2x-\dfrac{1}{2}x\cos 2x+C$.

5. $x\arcsin x+\sqrt{1-x^2}+C$.

6. $x(\arcsin x)^2+2\sqrt{1-x^2}\arcsin x-2x+C$.

7. $\dfrac{1}{13}(2\cos 3t+3\sin 3t)\mathrm{e}^{2t}+C$. 8. $-\dfrac{1}{10}(\sin 3\theta+3\cos 3\theta)\mathrm{e}^{-\theta}+C$.

9. $\dfrac{1}{3}\left(x^3\ln x-\dfrac{x^3}{3}\right)+C$. 10. (**提示**：令 $u=x\mathrm{e}^x$)，$\dfrac{\mathrm{e}^x}{1+x}+C$.

11. $-\dfrac{1}{2}\cot x\cdot\csc x+\dfrac{1}{2}\ln|\csc x-\cot x|+C$.

12. $\dfrac{1}{2}\left(x\sqrt{4x^2-1}-\dfrac{1}{2}\ln|2x+\sqrt{4x^2-1}|\right)+C$.

13. $\dfrac{1}{6}(3x\sqrt{1+9x^2}+\ln|3x+\sqrt{1+9x^2}|)+C$.

14. $\dfrac{1}{2}\tan x\cdot\sec x+\dfrac{1}{2}\ln|\tan x+\sec x|+C$.

习 题 4.5

1. $\dfrac{5}{2}\ln|x+4|-\dfrac{3}{2}\ln|x+2|+C$.

2. $x^3-\dfrac{3}{2}x^2+22x-\dfrac{253}{5}\ln|x+3|+\dfrac{53}{5}\ln|x-2|+C$.

3. $\dfrac{x^3}{3}+\dfrac{x^2}{2}+4x+2\ln|x|+5\ln|x-2|-3\ln|x+2|+C$.

4. $\dfrac{x^2}{2}-2x+\dfrac{1}{6}\ln|x-1|-\dfrac{1}{2}\ln|x+1|+\dfrac{16}{3}\ln|x+2|+C$.

5. $\dfrac{1}{2\sqrt{2}}\ln\left|\dfrac{x-\sqrt{2}}{x+\sqrt{2}}\right|+\dfrac{1}{2\sqrt{3}}\ln\left|\dfrac{x-\sqrt{3}}{x+\sqrt{3}}\right|+C$.

6. $\dfrac{1}{x-1}+\ln\left|\dfrac{x-2}{x-1}\right|+C$. 7. $-\dfrac{x}{(x^2-1)^2}+C$.

8. $-\dfrac{1}{2}\left[\arctan x+\dfrac{1}{2}\ln\left|\dfrac{x-1}{x+1}\right|\right]+C$.

9. $\frac{1}{3}\left(\ln|x+1|-\frac{1}{2}\ln|x^2-x+1|+\sqrt{3}\arctan\frac{2x-1}{\sqrt{3}}\right)+C.$

10. $\frac{x^2}{2}+x+\ln(x^2+1)+\arctan x-2\ln|x-1|-\frac{1}{x-1}+C.$

11. (提示：$1+x^4=(1+x^2)^2-2x^2=(1+x^2+\sqrt{2}\,x)(1+x^2-\sqrt{2}\,x)$)

$\frac{1}{\sqrt{2}}\ln\frac{x^2+x\sqrt{2}+1}{x^2-x\sqrt{2}+1}+\frac{2}{\sqrt{2}}\arctan(x\sqrt{2}+1)$

$+\frac{2}{\sqrt{2}}\arctan(x\sqrt{2}-1)+C.$

12. $\frac{1}{2}\ln(x^2+2)+\frac{1}{\sqrt{2}}\arctan\frac{x}{\sqrt{2}}+\frac{1}{x^2+2}+C.$

13. $-\ln|1+x|+\frac{1}{2}\ln(1+x^2)+\arctan x+C.$

14. $\frac{x^2}{2}+2x+3\ln|x-1|-\frac{1}{x-1}+C.$

15. $-\frac{\ln|\theta|}{2}+\frac{\ln|\theta+2|}{6}+\frac{\ln|\theta-1|}{3}+C.$ 16. $\ln\frac{1+e^t}{2+e^t}+C.$

17. $-\frac{1}{5}\ln|\sin x+3|+\frac{1}{5}\ln|\sin x-2|+C.$ 18. $\frac{1}{3}\ln\left|\frac{2+\cos\theta}{1-\cos\theta}\right|+C.$

19. $-\frac{1}{x}-\frac{x}{2(1+x^2)}-\frac{3}{2}\arctan x+C.$

20. $\frac{1}{3}\left[\frac{2}{\sqrt{15}}\arctan\frac{2}{\sqrt{15}}\left(x+\frac{1}{2}\right)+\frac{1}{x+2}\right]+C.$

习 题 4.6

1. $\tan\frac{x}{2}+C.$

2. $\frac{2}{\sqrt{3}}\arctan\frac{1+2\tan\frac{x}{2}}{\sqrt{3}}+C.$

3. $\ln\left|1+\tan\frac{\theta}{2}\right|+C.$

4. $\frac{1}{2}\ln\left|\tan\frac{x}{2}\right|-\frac{1}{4}\tan^2\frac{x}{2}+C.$

5. $-\frac{\cot^3\theta}{3}+\cot\theta+\theta+C.$

6. $\tan\theta+\frac{\tan^3\theta}{3}+C.$

7. $\arctan\left(1+2\tan\frac{x}{2}\right)+C.$

8. $-\frac{\theta}{3}+\frac{5}{6}\arctan\left(2\tan\frac{\theta}{2}\right)+C.$

9. $\frac{2}{5}\arctan\left(\tan\frac{x}{2}\right)+\frac{4}{15}\ln\left|\frac{\tan\frac{x}{2}-3}{\tan\frac{x}{2}+3}\right|+C.$

10. $\frac{1}{4}\ln|1+\tan x|-\frac{1}{8}\ln|1+\tan^2 x|+\frac{1}{2}x+\frac{1}{4}\cos^2 x+\frac{1}{4}\tan x \cdot \cos^2 x+C.$
(提示：令 $u=\tan x$)

11. $-\frac{1}{3}\cos^3 x+\frac{2}{5}\cos^5 x-\frac{1}{7}\cos^7 x+C.$

12. $\frac{1}{8}\left[\frac{5}{2}x-2\sin 2x+\frac{3}{8}\sin 4x+\frac{1}{6}\sin^3 2x\right]+C.$

13. $\frac{1}{ab}\arctan\left(\frac{a}{b}\tan x\right)+C.$ 14. $-\frac{1}{2}\arctan(\cos 2x)+C.$

习 题 4.7

1. $2[x/2-\sqrt{x}+\ln(1+\sqrt{x})]+C.$

2. $\frac{3}{28}(4y-3a)(a+y)^{4/3}+C.$ 3. $\frac{4}{3}[x^{3/4}-\ln|1+x^{3/4}|]+C.$

4. $\frac{3}{2}(x+a)^{2/3}-3(x+a)^{1/3}+3\ln(1+\sqrt[3]{x+a})+C.$

5. $2\sqrt{x^2+x}+2\ln|x+1/2+\sqrt{x^2+x}|+C.$

6. $\frac{1}{4}\sqrt{4x^2-4x+5}+\frac{5}{4}\ln|(2x-1)+\sqrt{4x^2-4x+5}|+C.$

7. $\frac{x-1}{2}\sqrt{5-2x+x^2}+2\ln|x-1+\sqrt{5-2x+x^2}|+C.$

8. $\frac{x+1}{2}\sqrt{3-2x-x^2}+2\arcsin\frac{x+1}{2}+C.$

第 五 章

习 题 5.1

3. (1) $\int_{-a}^{a}\sqrt{a^2-x^2}dx.$ (2) $\frac{\pi}{4}a^2.$ 4. (2) $\frac{1}{2}(a^2-b^2).$

习 题 5.2

1. $4,-12.$

2. (1) $\int_{0}^{1}x^2dx<\int_{0}^{1}xdx;$ (2) $\int_{1}^{2}xdx<\int_{1}^{2}x^2dx;$
   (3) $\int_{1}^{2}x^2dx<\int_{1}^{2}3xdx;$ (4) $\int_{5}^{6}3xdx<\int_{5}^{6}x^2dx.$

3. (1) $-1/2,x_0=\pm 1/2;$ (2) $1,x_0=2;$ (3) $1/4,x_0=5/4.$

5. 提示：用反证法. 若存在 x_0 使 $f(x_0)>0$,不妨设 $x_0\in(a,b)$,则存在 $\delta>0$,

使当 $x \in [x_0-\delta, x_0+\delta] \subset (a,b)$ 时有 $f(x) > \dfrac{f(x_0)}{2} > 0$. 再利用定积分的性质,即可推出矛盾.

6. 提示：求函数 x^2-x 在区间 $[1,2]$ 上的最小值与最大值.

习 题 5.3

1. $\dfrac{25}{4}$. 2. 21. 3. -2. 4. $-\dfrac{\pi}{4a}$.

5. 1. 6. $-\dfrac{1}{12}\ln 5$. 7. $\dfrac{2}{3}ab^2$. 8. $-\dfrac{\pi}{4}$.

9. $7\ln 2$. 10. $\dfrac{\pi}{3}$. 11. $\ln(2+2\sqrt{2})-\ln(1+\sqrt{5})$.

12. $\dfrac{1}{6}$. 13. $\dfrac{1}{2}(1-\ln 2)$. 14. $3\ln 2-1$. 15. $1-e$.

18. $3x^2-2$. 19. $-\sqrt{1+x^2}$. 20. $\dfrac{1}{2\sqrt{x}}\sin x$.

21. $5x^4\cos x^{10}-4x^3\cos x^8$. 22. (提示：利用定积分的定义) $\ln 2$.

习 题 5.4

1. $\dfrac{\pi}{16}$. 2. π. 3. $a^2[\sqrt{2}-\ln(1+\sqrt{2})]$.

4. $10+\dfrac{9}{2}\ln 3$. 5. $\dfrac{\pi}{12}-\dfrac{\sqrt{3}}{8}$. 6. 1.

7. $\dfrac{\pi}{3}+\dfrac{\sqrt{3}}{2}$. 8. $\dfrac{1}{15}\ln\dfrac{3}{2}$. 9. $-\dfrac{45}{8}$. 10. $\dfrac{4}{3}$.

11. -2. 12. $2\left(1-\dfrac{1}{e}\right)$.

13. n 为奇数时,$a^{n+1}\dfrac{n!!}{(n+1)!!}\dfrac{\pi}{2}$；$n$ 为偶数时,$a^{n+1}\dfrac{n!!}{(n+1)!!}$.

14. $4-2\ln 3$. 15. $2\arctan 2-\dfrac{\pi}{2}$. 16. $8+\dfrac{3\pi\sqrt{3}}{2}$.

17. $\dfrac{1}{5}\ln\dfrac{3}{2}$. 18. $\dfrac{256}{693}$; $\dfrac{5}{16}\pi$. 19. $\sqrt{3}-\dfrac{\pi}{3}$. 28. $\dfrac{\pi^2}{4}$.

习 题 5.5

1. $\dfrac{3}{8}$. 2. $\dfrac{1}{2}$. 3. $\dfrac{1}{6}$. 4. $\dfrac{1}{3}$.

5. πab. 6. $\dfrac{8}{3}$. 7. $\dfrac{5}{12}$. 8. $\dfrac{16}{3}$.

9. $\frac{1}{2}(e^\pi+1)^2$. **10.** 4.9 J. **11.** 17070.8 J. **13.** $2\pi ab^2$.

14. $\frac{32}{105}\pi a^3$. **15.** $\frac{1}{2}\pi^2$. **16.** $\frac{1}{4}\pi(e^2-1)$. **17.** 64π.

18. $\frac{3}{7}\pi a^{2/3}b^{7/3}$. **19.** $\frac{32}{105}\pi a^2 b$. **20.** $2\pi e^2$.

21. (1) 64π; (2) $\frac{512}{7}\pi$; (3) $\frac{384}{7}\pi$; (4) 192π.

22. $\left(\sqrt[3]{25a^2}+\frac{4}{9a}\right)^{3/2}-\frac{8}{27a\sqrt{a}}$. **23.** $4\sqrt{3}\,a$. **24.** $\frac{14}{3}$.

25. $\frac{3}{2}\pi a$. **28.** $4\frac{a^2+ab+b^2}{a+b}$. **29.** $\frac{56}{3}\pi a^2$.

30. $2\pi ab\left(\sqrt{1-\varepsilon^2}+\frac{\arcsin\varepsilon}{\varepsilon}\right)$; $2\pi a^2+\frac{2\pi b^2}{\varepsilon}\ln\left[\frac{a}{b}(1+\varepsilon)\right]$,其中 $\varepsilon=\frac{\sqrt{a^2-b^2}}{a}$ 是椭圆之离心率.

31. $\frac{12}{5}\pi a^2$. **32.** πa^2. **33.** $2\pi a^2(2-\sqrt{2})$.

34. $\frac{m_1 m_2}{l_1 l_2}k\cdot\ln\frac{(a+l_1)(a+l_2)}{a(a+l_1+l_2)}$. **35.** $F_x=0, F_y=-\frac{2k\rho_0}{a}$.

36. 绝对值为 $\frac{2km}{\pi r^2}$,方向由质点指向弧中心. **37.** 176400 N. **38.** 96693 N.

习 题 5.6

1. 1.09131,当 $0\le x\le 1$ 时 $|f''(x)|<3$, $|T_{10}|\le 0.0025$.

习 题 5.7

1. 发散. **2.** $\frac{\pi}{3}$. **3.** $2\pi a^2$. **4.** $\frac{\pi}{4}$. **5.** $\frac{1}{a}$. **6.** π.

第 六 章

习 题 6.1

1. 关于 Oxy 平面的对称点分别是:$(2,-3,1),(a,b,-c)$.
关于 Oyz 平面的对称点分别是:$(-2,-3,-1),(-a,b,c)$.
关于 Ozx 平面的对称点分别是:$(2,3,-1),(a,-b,c)$.
关于 x 轴的对称点分别是:$(2,3,1),(a,-b,-c)$.
关于 y 轴的对称点分别是:$(-2,-3,1),(-a,b,-c)$.

关于 z 轴的对称点分别是：$(-2,3,-1),(-a,-b,c)$.

关于原点 O 的对称点分别是：$(-2,3,1),(-a,-b,-c)$.

2. 到原点的距离为 $5\sqrt{2}$；到 x 轴的距离为 $\sqrt{34}$；到 y 轴的距离为 $\sqrt{41}$；到 z 轴的距离为 5.

习 题 6.2

5. $D=(1,2,1)$.

7. (1) $\{3,0,6\}$； (2) $\{-1,4,0\}$； (3) $\left\{2\dfrac{2}{3},3\dfrac{1}{3},7\right\}$；

    (4) $\left\{-5\dfrac{1}{2},7,-7\dfrac{1}{2}\right\}$.

8. $\overrightarrow{M_1M_2}=\{-1,-11,3\}$；$\overrightarrow{M_2M_1}=\{1,11,-3\}$.

9. (1) $\overrightarrow{AB}$ 在三个坐标轴上的分量分别为 $3i,2j,k$，坐标分别是 $3,2,1$；

    (2) $|\overrightarrow{AB}|=\sqrt{14}$；(3) $\cos\alpha=\dfrac{3}{\sqrt{14}},\cos\beta=\dfrac{2}{\sqrt{14}},\cos\gamma=\dfrac{1}{\sqrt{14}}$.

10. $|F|=11,\cos\alpha=-\dfrac{6}{11},\cos\beta=-\dfrac{2}{11},\cos\gamma=\dfrac{9}{11}$.

11. $\overrightarrow{OM}=\{3\sqrt{2},3,-3\},\overrightarrow{OM}^0=\left\{\dfrac{\sqrt{2}}{2},\dfrac{1}{2},-\dfrac{1}{2}\right\}$.

12. (1) $|a|=\sqrt{18},\cos\alpha=\dfrac{1}{3\sqrt{2}},\cos\beta=\dfrac{1}{3\sqrt{2}},\cos\gamma=\dfrac{-4}{3\sqrt{2}}$；$|b|=3$，$\cos\alpha'=\dfrac{1}{3},\cos\beta'=-\dfrac{2}{3},\cos\gamma'=\dfrac{2}{3}$；(2) $\dfrac{3\pi}{4}$.

13. (1) -1； (2) 4； (3) 1.   14. 16.

16. $8,(F,S)=\arccos\dfrac{2}{7}$.   17. $\dfrac{7}{3\sqrt{2}}$.   18. $\dfrac{\pi}{2}$.

21. (1) 13； (2) 0； (3) -49； (4) -103；

    (5) $a_{11}a_{22}a_{33}$； (6) $a(b_1c_2-c_1b_2)$.

22. 以 a,b 为相邻边所作平行四边形面积的两倍等于以两条对角线为相邻边的平行四边形的面积.

24. (1) $\{1,0,0\}$； (2) $\{6,3,-3\}$； (3) $5a\times b$； (4) $2c\times a+6b\times c$.

25. $-\{-15,3,14\}$. 26. $\dfrac{\sqrt{14}}{2}$. 27. $\dfrac{\sqrt{2}}{2}$. 28. $\pm\dfrac{1}{\sqrt{35}}\{-1,3,5\}$.

29. 4.

习 题 6.3

2. (1) 与 Oy 轴平行； (2) 过原点； (3) 与 Ozx 平面平行；

317

(4) 过 Ox 轴； (5) 与 Oz 轴平行； (6) Oyz 平面.

3. $6x+8y+7z-139=0.$ **4.** $10x+2y+11z-148=0.$

5. x 轴上的截距为 2，y 轴上的截距为 -4，z 轴上的截距为 $1/2$.

6. $x+y+z-2=0.$

7. (1) $3x+5y+7z-100=0$；(2) $-15x-17y+42z-238=0.$

8. $2y+z+3=0.$ **9.** $y-2z=0.$

10. (1) $3x+2z-5=0$； (2) $y=2$； (3) $47x+13y+z=0$；
(4) $y-z+7=0.$

11. (1) 与 Oz 轴平行； (2) 与 Oy 轴平行； (3) 与 Ozx 平面平行；
(4) 与 Ox 轴平行.

12. (1) 过点 $(1,-1,2)$ 的标准方程为：$x-1=\dfrac{y+1}{-7}=\dfrac{z-2}{-5}$,

参数方程：$\begin{cases} x=1+t, \\ y=-1-7t, \\ z=2-5t. \end{cases}$

(2) 过点 $(-5,-8,0)$ 的标准方程为：$\dfrac{x+5}{3}=\dfrac{y+8}{2}=z$,

参数方程：$\begin{cases} x=-5+3t, \\ y=-8+2t, \\ z=t. \end{cases}$

13. (1) $x-1=\dfrac{y+1}{2}=\dfrac{z-3}{-4}$；   (2) $x-2=\dfrac{y-1}{-1}=\dfrac{z}{5}$；

(3) $\dfrac{x-2}{3}=y=\dfrac{z-1}{6}$；   (4) $\dfrac{x-1}{0}=y-1=\dfrac{z-1}{0}$；

(5) $\dfrac{x-1}{-2}=\dfrac{y+1}{4}=\dfrac{z-3}{5}$；   (6) $x-2=y+1=\dfrac{z-3}{-1}.$

15. $(0,3,-10).$ **16.** $D=3.$ **17.** 交点 $(8,1,6)$, $2y-z+4=0.$

18. (1) 直线平行于平面但不在此平面上；(2) 直线垂直于平面；(3) 直线在平面上.

19. $\dfrac{x+3}{11}=\dfrac{y}{-2}=\dfrac{z}{5}.$ **20.** $2x+3y-5z=0.$

习 题 6.4

1. (1) 圆柱面；(2) 椭球面；(3) 椭圆抛物面；(4) 抛物柱面；(5) 椭圆抛物面；(6) 圆柱面；(7) 圆锥面；(8) 单叶双曲面；(9) 双叶旋转双曲面；(10) 椭圆锥面；(11) 圆锥面；(12) 单叶双曲面.